大飞机出版工程·航空发动机系列

新一代航空燃烧室设计研发

New Generation Aero Combustor Design-Development

曾青华 金如山 著

上海交通大学出版社
SHANGHAI JIAO TONG UNIVERSITY PRESS

内容提要

本书阐述了新一代航空燃烧室的设计和研发,共 11 章:第 1 章阐明总的燃烧室设计研发要领;第 2 章讨论燃烧室设计研发的技术成熟度;第 3~5 章探讨民用航空发动机低污染燃烧室的设计和研发;第 6~8 章探讨军用航空发动机高油气比燃烧室的设计和研发;第 9 章讨论与气动热力设计相关的其他问题;第 10 章分析先进航空燃烧室研发试验及测量技术;第 11 章讨论航空发动机及燃烧室的发展问题。

本书适用于从事航空发动机燃烧室的设计研发人员及科研技术人员。

图书在版编目(CIP)数据

新一代航空燃烧室设计研发 / 曾青华,金如山著.
上海 : 上海交通大学出版社,2025.4. -- (大飞机出版
工程). -- ISBN 978-7-313-32587-7

Ⅰ. V235.1

中国国家版本馆 CIP 数据核字第 2025KG0380 号

新一代航空燃烧室设计研发

XINYIDAI HANGKONG RANSHAOSHI SHEJI YANFA

著   者:曾青华 金如山

出版发行:上海交通大学出版社   地   址:上海市番禺路 951 号

邮政编码:200030   电   话:021 - 64071208

印   制:上海颛辉印刷厂有限公司   经   销:全国新华书店

开   本:710 mm×1000 mm 1/16   印   张:17.75

字   数:307 千字

版   次:2025 年 4 月第 1 版   印   次:2025 年 4 月第 1 次印刷

书   号:ISBN 978 - 7 - 313 - 32587 - 7

定   价:148.00 元

作 者 简 介

　　曾青华,清华大学航空发动机研究院副研究员,燃烧与传热研究所书记兼副所长。兼任中国航空学会动力分会燃烧与传热传质专业委员、中国空天动力联合会航空燃气涡轮推进技术专委会委员,及《推进技术》期刊青年编委。主要从事航空发动机燃烧及燃烧室研究。荣获军事科学技术进步奖二等奖(排名第一)、中国科技产业化促进会科技创新奖一等奖(排名第一),以及中国发明协会发明创业奖成果奖二等奖(排名第一)等科技奖项。发表学术论文 56 篇,授权发明专利 16 项,开发软件著作权 6 项,参研制定国家标准 1 项,并著有《燃气涡轮燃烧室基础》(2023 年)和《新一代航空燃烧室设计研发》(2025 年)。

　　金如山,教授,浙江宁波人,1935 年生于青岛,1958 年毕业于北京航空学院(现北京航空航天大学)发动机系,英国克兰菲尔德大学访问学者。曾担任中国燃气涡轮研究院(现中国航发四川燃气涡轮研究院)燃烧顾问、西北工业大学客座教授,及美国普渡大学客座教授。1992 年入选《中国人名大词典·当代人物卷》(上海辞书出版社)。自 1993 年起在 Rolls-Royce 公司担任航空燃烧室资深工程师,2008 年退休。1982 年当选为美国 AIAA Associate Fellow。著有《航空燃气轮机燃烧室》(1988 年)、《先进燃气轮机燃烧室设计研发》(2014 年)和《先进燃气轮机燃烧室》(2016 年),并应邀撰写 *Technical Notes on Next Generation Aero Combustor Design-Development and Related Combustion Researche*(2021 年)。荣获美国 NASA 的 TGIR 奖。

前　　言

随着航空发动机燃烧室技术的不断进步,其长远发展方向已经明确:军用航空燃烧室朝向高油气比方向发展,而民用航空燃烧室则更倾向于超高压比的低污染设计。

近十年来,航空燃烧室技术有了新的发展,为此,作者系统梳理了相关技术的发展脉络,拓展了设计与研发的内容,融入了最新的研究成果。本书旨在阐明更加准确和前瞻性的设计研发技术。

作　者

2025 年 4 月

目　　录

第1章 燃烧室设计研发总论

1.1 燃烧室设计研发特点

航空燃烧室的设计研发具有以下特点。

1. 设计与研发密不可分

与造桥或盖房子不同,航空燃烧室没有不经过试验、修改的,也不可能设计、加工装配后就马上投入使用。航空燃烧室设计后必须试验、修改,而且还不止一次。一个很有水平和经验的燃烧室设计者,如果能够适当地(不是彻底地大改)改动三次就可以过关,使设计定型(design freeze),那就是很不错的了。这个试验—修改—再试验—再修改的过程,就是研发,实际上主要是"发",即发展。因此,航空燃烧室的设计总是和研发不可分的,连起来叫设计研发,新一代航空燃烧室尤其如此。

2. 燃烧室设计研发以试验为主

航空燃烧室设计研发与压气机或风扇的设计研发不同。现在在燃烧室的设计研发中,三元流的计算方法还起不到关键性的作用。对于这一点,所有直接从事燃烧室设计研发的人都很清楚,也很有体会。正是这一特点,本书在第10章专门讨论燃烧室的研发试验。

3. 燃烧室设计研发的综合性

燃烧室的设计研发涉及多门学科,既有物理学科,如热力学、化学热力学、传热学、流体力学、空气动力学;也有化学学科,如化学动力学;不仅涉及基础学科,还涉及机械设计、强度、应力分析、材料选择,以及重量分析和价值工程;更有工艺、装配、试验;还离不开维修、寿命。总之,燃烧室设计研发是综合性的,绝非只靠加强基础研究就能搞好的。既然燃烧室设计研发是综合性的,需要形成良好的设计研发体系。由于要求是多方面的,设计研发必然要平衡折中,但根据用途不同,可以各有侧重。

4. 燃烧室设计研发发展迅速

燃烧室设计研发的迅速发展是由航空发动机的迅速发展所决定的。回顾几十年的发展历程，先后经历单管燃烧室、环管燃烧室、环形燃烧室、短环形燃烧室，燃烧室压力由 10 atm(1 atm＝101 325 Pa)以下到 20 atm、30 atm、现在的50 atm，下一步可以提高到 70 atm。曾有人主观地说压力最多也就能达到40 atm，不知道他们的依据是什么。燃烧室油气比从 0.02 以下到 0.03，再到0.046，下一步可以超过 0.051。

总的来说，现在已由常规燃烧室进展到以低污染为代表的民航燃烧室和以高油气比为代表的军航燃烧室等先进燃烧室。这说明，如果现在还在仿制几十年前的低压比、技术相当落后的航空燃烧室，那么由于研发资金、人力都是有限的，无疑就"自甘落后"了。更重要的是，如果永远下不了决心走上自主设计研发的艰苦之路，也就永远没有"出头之日"。

5. 先进航空燃烧室设计研发特点

从设计研发的角度看，新一代航空燃烧室用于燃烧的空气比例大大增加，因而燃烧组织的设计也大有不同。大量的燃烧空气从燃烧室的头部进入，不需要再用主燃孔进气，于是火焰筒上可以没有主燃孔。现在仍然有设计者想用常规的方法设计新一代燃烧室，但都不成功。因为头部进入的大量空气会带来一系列问题。新一代航空燃烧室在设计研发上的主要特点就是如何解决由头部空气大量增加而引起的燃烧上的种种问题。当然还有其他问题，如冷却、冒烟、进口马赫数(Ma)高带来的总压损失加大等。但最主要的特点是头部空气比例大量增加，带来燃烧组织上与常规的不同。应当说明，新一代航空燃烧室也是从常规燃烧室发展过来的，常规燃烧室上成功的措施、方法、经验，仍然是有参考价值的。

1.2　燃烧室设计研发初始考虑因素

燃烧室设计研发的初始考虑因素有四方面：其一，发动机的用途；其二，对发动机燃烧室的要求；其三，发动机循环参数(因为燃烧室是按循环参数来设计的，也是按循环参数试验研发的)；其四，燃料。

关于发动机的用途，不管是民航发动机、军航发动机，还是船用、工业用发动机均会影响对燃烧室的要求，继而影响其性能指标、工作性和寿命要求等方面。例如，工业用发动机燃烧室如果寿命只有几千小时，那肯定不符合要求；但军用战斗机的发动机燃烧室有两千小时的寿命就已经很好了。又如高空点火，工业用发动机燃烧室根本没这项要求,军用战斗机的发动机燃烧室高空点火要求比民航发动机燃烧室的要求高。慢车贫油熄火油气比这项性能,同样是军用战斗机的发动机燃烧室比民航发动机燃烧室的要求严(但民航发动机燃烧室的慢车贫油熄火油气比也绝对不能放宽到 0.01)。但直升机发动机燃烧室因为慢车工况油气比高,因而对慢车贫油熄火油气比与其他航空发动机的要求又有所不同。发动机的用途决定其推力水平,而用途、推力水平又决定其压比和循环参数,有关对燃烧室的要求以及循环参数可参阅文献[1]有关章节。

　　关于对燃烧室的要求,在此处只强调一点:性能、工作和经济性(重量、寿命等)三方面缺一不可,并非永远是性能第一,常常会因为某一方面的"致命弱点"而限制了研发成功。例如,慢车贫油熄火油气比差得太远,或高空点火高度太低,都可能成为研发的"瓶颈"。也就是说,要全面考虑,不能过分强调一方面而忽略其他方面。有人曾问笔者燃烧室设计研发为什么难。除了政策和经费上的各种因素外,从技术上说,难就难在很多方面是互相矛盾的。要达到恰当的平衡,全面照顾到各方面的因素并不容易。例如,NO_x 排放与 CO 排放是矛盾的;要想寿命长就要用好材料,好的工艺要用更好的室壁结构,但这又与成本、价格有矛盾。笔者曾比喻过,燃烧室的设计研发好比在上海市的南京路步行街高速开摩托车而不碰到两边的行人一样不容易。这就是说,设计研发者在想到解决某一问题的设计措施时,也必须想到对其他方面可能带来什么负面影响。不要搞成跷跷板,一头下去了,另一头又上来了。要确定可以解决某一问题,而又不影响其他方面的设计措施并非易事。例如,燃烧室各个性能都不错了,就是出口温度的径向分布还不过关。这时设计者可以不去动头部的油嘴,或空气动力学设计,而是通过掺混孔的改变解决问题,因为只动掺混孔不至于对燃烧组织造成很大的变化,因而不会影响燃烧室已经调好的一些性能。

　　发动机循环参数是燃烧室设计研发最重要的依据。民航发动机可分为慢车工况(7%)、30%工况、85%工况、100%工况(这里 7%、30%、85%均为推力相对于最大工况推力的比例),也有最大巡航工况。而军航燃烧室没有 30%工况,没有 85%工况,也没有最大巡航工况,但有不同高度、不同马赫数的巡航。关于循环参数有以下几点需要说明。

　　(1) 设计工况和非设计工况。通常以 100%工况作为设计工况,但也有一些特殊情况。在航空低污染燃烧室设计中,其中副油-副模燃烧,包括副模空气比例、副油嘴的流量数等,以慢车工况来设计。油嘴的流量数(flow number, FN)

的定义为 $FN = \dfrac{M_f}{\sqrt{\Delta p_f}}$，$M_f$ 的单位为 lb/h（1 lb/h＝0.126 g/s），Δp_f 的单位为 psi（1 psi＝6 894.76 Pa）。对燃烧室的冷却设计，也可能有一些特殊情况。例如，军航燃烧室有低空突防工况，这时燃烧室压力、进气温度可能比 100% 工况还高，而油气比没有比 100% 工况低多少，这样燃烧室冷却就可能以这工况来设计。有的发动机有 49℃（120℉）气温最大工况，这时火焰筒壁温度比海平面标准大气压（15℃）的 100% 工况还高，甚至有的民航发动机在最大巡航工况的油气比高于100% 工况，这些情况有可能导致设计冷却时以相应的最严重的壁温情况来考虑。

（2）发动机压比是循环参数中最重要的一项参数，它常常与推力水平有相应关系。也就是大发动机不会用低的压比，而小发动机不会用很高的压比。现在民航发动机大致有 4 个档次。

① 压比 50 的一档，这是现在推力最大的一族发动机，用于额外加宽的宽体客机，推力在 40 000 kgf（1 kgf＝9.806 65 N）的量级。

② 压比 40 的一档，推力大约在 27 000 kgf 量级。

③ 压比 30 的一档，推力大约在 15 000 kgf 量级。

④ 压比 20 的一档，推力大约在 4 000 kgf 量级。

这里将压比和推力分为典型的若干档次，只是有利于讨论设计研发。例如，推力很大、压比很高要求大流量的燃烧室，但现在还没有这么大流量、高压力、高进气温度的全环形燃烧室试验台，这会给研发带来困难。又如，高压比的低污染燃烧室在设计上可以不同于低压比的低污染燃烧室，应当说明，显然有介于上述两个档次之间的情况，如推力为 7 000 kgf，压比为 25。

发动机压比指的是压气机出口总压 p_{t3}［也就是燃烧室（扩压器）进口总压］与环境压力之比。对于燃烧室设计研发，最重要的是火焰筒进口的参数，如：火焰筒进口总压 $p_{t3.1}$，它与燃烧室进口总压 p_{t3} 相差一个扩压器总压损失；火焰筒空气流量 $W_{a3.1}$，由于可能有放气、漏气、涡轮冷却空气，火焰筒空气流量常常不等于燃烧室空气流量（顺便提一下，火焰筒和燃烧室要严格地区分开）；火焰筒进气温度 $T_{t3.1}$，通常等于燃烧室进口总温 T_{t3}；火焰筒的燃油流量，即燃烧室的燃油流量，但火焰筒的油气比 f_L 并不等于燃烧室的油气比；火焰筒的总压损失，即燃烧室总压损失减去扩压器的总压损失，但火焰筒的总压损失系数加上扩压器的总压损失系数不等于燃烧室的总压损失系数。火焰筒的总压损失系数并非常数，而是随工况而变，慢车工况时总压损失系数比其他工况的大（这里千万不要提总压恢复系数，这是一个概念性错误，因为总压总是越来越小的，不存在总压恢复一说,静压才有恢复一说)。几十年前的老发动机燃烧室进口马赫数低,火焰筒油气比低,燃烧室总压损失系数低,可以是5%多一点。现在燃烧室进口马赫数提高了(可以到0.38),火焰筒的油气比也高了,燃烧室总压损失系数大致为7%,再要求5%的总压损失就不现实了。要知道火焰筒总压损失系数低于3%时燃烧就不是太好;降到2.5%,就容易出现燃烧不稳。在以下列出的火焰筒参数中大体上火焰筒总压损失系数在3.5%左右。

火焰筒典型参数(只作为举例,均为非军航发动机循环参数)如表1-1所示。

表 1-1　火焰筒典型参数

压比	工况/%	$p_{t3.1}$/atm	T_{t3}/K	$W_{a3.1}$/(kg/s)	f_L	W_f/(kg/h)
50.0	7	6.82	559.6	19.64	0.014 20	1 004
	30	17.87	717.4	45.68	0.018 80	3 091.60
	85	40.66	875.2	89.74	0.029 60	9 562.70
	100	47.9	918	102.2	0.032 90	12 104.60
42.0	7	6.40	552	16.81	0.011 10	671.82
	30	15.26	691	35.46	0.016 00	2 042.70
	85	35.29	856	68.65	0.027 60	6 820.80
	100	41.20	900	77.18	0.031 00	8 613.30
30.6	7	5.47	511.9	9.67	0.012 36	430.28
	30	12.52	651.4	19.48	0.017 36	1 217.20
	85	26.26	792.3	35.73	0.026 18	3 367.46
	100	29.71	820.9	39.40	0.028 41	4 030.40
19.0	7	3.05	438	4.14	0.011 20	166.94
	30	7.79	563.3	9.48	0.013 50	460.70
	85	16.05	690.5	16.62	0.021 80	1 304.10
	100	18.23	715.8	18.34	0.024 00	1 584.70

（3）循环参数由性能部给出。如果遇到对燃烧室设计研发要求不合理的情况，研发者可以提出异议，如慢车工况油气比太低了，燃烧室难以设计，但一旦确定下来就不能更改了。循环参数在一定程度上代表技术水平，如同样的燃烧室进口总压，T_{t3} 高表明压气机效率低，更不用说单位燃油消耗率直接代表着设计水平。对燃烧室设计研发者来说，即使只是燃烧室的技术研发计划，也需知道 100％工况推力以及压比，因为要计算相对于国际民航组织环境保护委员会第八次会议（ICAO CAEP/8）所要求的减少了多少 NO_x、CO、未燃碳氢化合物（UHC）的排放，必须知道发动机地面起飞工况推力及压比。

（4）设计研发燃烧室，必须解决过渡工况稳定、可靠的问题，因此仅仅给出国际民航组织（ICAO）规定的计算污染排放的几个工况（加上巡航工况）是不够的，还要知道每隔 2％或 3％的推力间隔的详细工况参数。在研发中，除了稳态工况的燃烧室试验外，也要做过渡工况的燃烧试验。

无论是完全新设计发动机的燃烧室，还是改装设计（retrofit）的燃烧室，都在开始设计前已经对几何尺寸上有某些限制。例如，燃烧室总长度（从压气机出口到涡轮进口）总是限定的；燃烧室进口平均直径及环形高度，以及出口平均直径和环形高度已经确定（研发过程中可能有少量改动）；燃烧室内机匣直径有限。燃烧室外机匣直径限定得更严，对于改装设计的燃烧室限定因素则更多。如果要求只改换火焰筒而不改机匣，那么油嘴数目不可变，机匣上给油嘴安装的开孔尺寸限制了油嘴直径，油嘴的其他尺寸也受限制，这种改装常希望最好不动燃油系统，那就意味着油泵供油压力不变，即燃烧室压力与油嘴压力降之和要求不变。

对于低污染燃烧室设计研发的要求，要明确是发动机特性污染指标还是单台的污染指标，其中发动机特性污染指标常常以三台发动机验收试车的结果计算，对燃烧室要求请参阅文献[1]。

无论航空发动机燃烧室，还是工业用发动机燃烧室，都是以一种燃料来设计研发的。这对航空燃烧室影响并不大，因为现在没有使用 JP‐4 航油，也极少有用 JP‐5 航油的。用 JetA 或 JetA‐1，JP‐8 或 JP‐8+100 航油不至于造成燃烧室不良工作，但对非航空燃烧室就关系很大，以 DF‐2 柴油设计的燃烧室改用家用取暖油（home heating oil）就不大好，更不必说改烧重油或渣油。而以天然气设计的气体燃料燃烧室，不能改烧低热值煤气，甚至天然气成分中的非甲烷超过规定值太多也不行。

1.3　技术研发和型号研发

用于燃烧室设计研发的发展计划通常有两种，即：技术研发计划和型号研发计划。这两种发展计划有共同点，也有不同点。

共同点之一是都从循环参数开始设计。技术研发计划可以是整个发动机的技术研发，也可以只涉及燃烧室。这种情况就如美国国家航空航天局（National Aeronautics and Space Administration，NASA）组织的低污染燃烧室技术研发计划，近 30 年来一个接一个地搞。尽管只是燃烧室的技术研发，但也是针对不同用途（如亚声速民航机、超声速民航机），大发动机或中、小发动机的各种不同循环参数。这些循环参数事先确定后开始燃烧室技术研发。对于航机陆用的燃烧室，则更是循环参数非常明确（甚至连总体尺寸都规定了），这也正是技术研发与预先研究（更不谈基础研究）的不同之处。技术研发不仅着眼于某个问题的解决，或某个单项技术的发展，而且要将可以在发动机上实用的燃烧室综合技术拿到手。不只是技术报告，而是在预定的试验设备上，用预定的循环参数进行设计的燃烧室试验，以达到预定的技术要求，并以此试验标志技术的实现。

共同点之二是就其技术性能指标而言，与型号燃烧室的要求一样，是全面的要求。它也要求可靠稳定的工作，如高空点火、慢车贫油熄火、雷雨熄火等等。

但技术研发计划的燃烧室设计研发与型号研发计划的燃烧室的研发有很大的不同之处。

其一，技术研发的目标是技术，而型号研发的目标是可以销售出去、实用的发动机燃烧室产品。这是很大的不同，这一点决定了其他的不同。

其二，可以有单独燃烧室的技术研发，而型号研发则必然是针对一台发动机。

其三，由于技术研发的主要目标是技术，而非产品，因而主要是气动热力设计研发。除了专门研发新的室壁，或者专门研发长寿命燃烧室等之外，一般不涉及很多机械设计上的问题。在气动热力设计研发中主要集中于燃烧组织的设计研发，但型号研发必然要做好机械设计。有很多结构设计、强度和寿命预估上的工作，材料、公差、配合、工艺，以及装配上的考虑都缺一不可。型号研发势必不能只到技术成熟程度（technology readiness level，TRL）6 级的程度，而一定要到 TRL 7，TRL 8，一直到投入服役使用。但要说明，在技术研发中尽管并不详细考虑装配问题，但如果气动热力设计中选用的方案，明知道将来在发动机上很难实现，那么这种方案在气动热力设计中也不可取。例如，在低污染燃烧技术研发时,由于采用了成膜式空气雾化油嘴,使油嘴直径很大(如80 mm),那么这一方案在技术研发中也不可取。也就是说,技术研发不针对产品,针对的是技术,这个技术方案要预计在型号研发上实现起来没有太大问题。

其四,正是因为技术研发计划目的是发展新技术,那么必然要搞新东西,肯定要大胆创新,也允许失败。而型号研发偏向于保守,从理论上讲不允许失败。在型号研发上凡是未经试验证实为已经成熟的技术,一律不应该采用。一个经典的例子是1971年英国罗罗公司的破产,就是因为复合材料风扇叶片的技术还不成熟就在RB211型号上应用,与洛克希德公司签了合同,导致发动机无法交付,钱收不回来,而同时研发又要大量投入,因此仅风扇叶片问题就使公司破产。也正是这一事例使人们意识到,要先搞技术研发,待技术成熟后再进行型号研发。从那以后,开始有良好组织的、系统的、有明确目标的技术研发计划,而这种技术研发计划恰好是当前航空发动机发展的关键所在。没有技术研发打底,型号研发上不去,临时攻关可以解决一些小问题,而大的问题或先进技术不可能由临阵磨刀式的攻关来突破,这样的型号发展在技术上就是无源之水、无根之木。本书特别强调要搞先进燃烧室的技术研发计划,彻底改变"买、抄、仿"的技术路线,从基本理念开始,一步一步地靠自己研发先进燃烧室技术。对于先进航空燃烧室,不存在"先引进,消化,再创新"的可能。因为别人也正在研发最先进的技术,怎么可能现在就卖出来(且不说政治上的因素)。到可以卖出来时,也只是卖整台发动机,而不是其中的先进技术,况且时间上可能已经过去二三十年了,也谈不上真正的先进了。所以搞先进燃烧室,最重要的是制订、执行良好组织的技术研发计划。

其五,技术研发虽然多数是试验研发,但势必也要进行一些基本问题的分析。这种分析与基础研究有所不同,它是为技术研发及以后的型号研发提供设计的计算方法,是实用性的。典型的如先进的燃烧方式研发,就需要有相关的冷却计算方法。而这种设计计算方法通常不会是纯粹的计算流体力学(computational fluid dynamics,CFD),必然有试验数据相补充、相配合,因而是半理论、半经验性质的。对于先进航空燃烧室的设计研发,纯粹由试验数据归纳的经验关系式(correlation)也是很有用的。例如,由大量燃烧室试验概括出来的一氧化碳的经验关系式、燃烧效率的经验关系式等,尽管只适用于范围很窄的燃烧室设计,但仍然很有用。也可以专门安排一些试验来得出对设计有用的数据,如发光火焰与非发光火焰的辐射传热的比值随燃烧室设计与工作参数的变化规律,要由分析得出是不现实的,就由试验来得出,以供冷却计算用,这也是冷却设计所需要的。这些都是技术研发中的内容,而到型号研发,一般不再专门研究设计计算方法,而是运用前面已经研究过的方法和设计体系,再在型号研发中做一些修改和补充。

总之,技术研发计划中的燃烧室设计研发是搞技术,恰好为后来的型号研发做准备,打下技术基础。而型号研发是搞产品,是综合运用已经研发的技术到某个发动机型号上,着重于工程问题的实际解决。技术研发是不断进行的,即使没有国家或军方的燃烧室技术研发计划,发动机公司自己每年也会连续不断地投资关键性技术的发展(如低污染燃烧技术),而型号研发完全取决于市场或军方的需求。可以有一段时间没有新型号的研发,就算技术研发计划搞得很成功了,如果没有市场或需求,也谈不上型号研发。

1.4　初步与详细设计研发

几十年以来,燃烧室设计都有初步设计和详细设计之分,关于常规燃烧室的初步设计可参阅文献[2]的有关章节。常规燃烧室初步设计的内容如下。

(1) 计算火焰筒总的空气有效流通面积(AC_D)。

(2) 确定火焰筒空气流量分配。

(3) 选定火焰筒横截面积。

(4) 选定火焰筒与机匣之间环形高度,确定外机匣内径以及内机匣外径,给出环形火焰筒及机匣简图。

(5) 选定油嘴类型,确定油嘴数目。

(6) 选定冷却方式,确定室壁结构、材料和尺寸,做初步冷却设计和冷却计算等。

总之,在常规燃烧室中,初步设计就是"初步"地确定一个大致的轮廓,用Lefebvre[①]的话说,有一个草图,看看"舒服不舒服",如果"看上去顺眼",那么再走下一步。

以上常规燃烧室的初步设计内容在先进燃烧室设计研发中仍然存在,只是依据笔者的实际经验,提出以下补充修改。

(1) 将初步设计改为初步设计研发,因为在这一阶段已经包含了研发。

(2) 不仅要完成过去常规燃烧室的初步设计内容,而且要定义初步设计研

---

① Arthur H. Lefebvre(1923 年 3 月 14 日—2003 年 11 月 24 日),国际公认的航空发动机燃烧及燃烧室权威。

发到做完单模燃烧室试验为止。

（3）这意味着初步设计研发着重于做好气动热力（aero-thermo）设计研发中的基本燃烧组织设计研发。

这是燃烧室设计研发程序上的一大改变，引起这个变化的原因是先进燃烧室由头部进入的燃烧空气比例大大增加，很多情况下不需要或者说不能采用主燃孔进气，这样燃烧区的空气动力学就完全由头部决定。如果设计妥当，模与模之间的相互作用应该很弱，所以整个燃烧室的燃烧是由若干相对独立的、由头部设计决定的燃烧区相加而成的。这意味着单模燃烧组织完全可以代表整个燃烧室的燃烧，这就大大增强了单模燃烧室研发在整个燃烧室研发中的重要性（已由试验研发证明）。因此单模燃烧室试验研发就单独成为一个阶段，也是最基本、最关键的一个阶段，这样就把初步设计研发的内容扩展到做完单模燃烧室的设计、试验研发。要知道，有的发动机公司搞了八年、十年，还没完成这一步，可见其并不容易。

在完成了上述初步设计研发后，进入燃烧室详细设计研发阶段，通常是指做完全环形燃烧室的试验研发（TRL 5），再进入发动机试验研发。

应当说，初步设计研发只限于气动热力设计研发，尤其集中于燃烧组织的设计研发，而详细设计研发如果是针对型号研发，必然要涉及机械设计。

1.5　气动热力与机械设计研发

人们通常讲的燃烧室设计指的是燃烧室的气动热力设计，但实际上，尤其是型号发动机的燃烧室设计研发，不仅包括气动热力设计研发，还必须包括机械设计研发、强度计算、应力分析、寿命预估（要用到冷却计算或燃烧试验壁温数据）、结构设计、密封设计、定位、热膨胀设计、振动分析、装配设计等，最后出全套图纸。随后还有工艺设计以及工程性设计，如燃油总管、空间安排等。对于搞"抄、仿"的发动机公司就没有什么气动热力设计，只有反验算，同样也不需要机械设计，只有强度上的反验算。但对于独立自行设计研发的部门，要有各种气动热力设计的计算方法，全套的研发设计，也同样有机械设计、强度验算等的软件，也有结构、强度、振动的试验设备。在人力上，机械设计方面的燃烧室工程师会占到整个燃烧室研发技术力量的三分之一以上，肯定要比研究 CFD 的力量多。如果一个发动机公司燃烧室有大量的人力在研究 CFD，那么是不可能研究出可以实际应用的燃烧室的。

燃烧室气动热力设计包括以下几方面。

（1）燃烧组织设计。这是最基本和最重要的，包括三方面。首先是气——空气流量分配、燃烧区空气动力学；其次是油——油的喷射、油嘴的选择、油嘴流量数的选择以及油嘴压力降的设计、主副油路的关系（分流阀门打开压力的设计或主油分级的设计）；第三是油与气的关系——油雾的穿透、油-气的散布及混合。以上这些无疑是燃烧室设计研发核心中的核心。

（2）冷却的设计研发。它包括冷却方式的选择，冷却空气总量的选择，内、外火焰筒冷却空气的分配，轴向方向冷却空气的分配，冷却空气孔径的设计，冷却空气孔排列的选择，隔热涂料的选用，冷却计算的反复修正，最高壁温的调整，过大壁温梯度的调整，冷却空气总有效流通面积的控制以及头部冷却的设计。

（3）出口温度分布及掺混区的空气动力学设计。目前先进燃烧室的设计研发，有的采用掺混空气，有的不采取掺混空气。在可能的情况下，还是以采用掺混空气为佳。因为完全不用掺混空气，设计者若要调整出口温度分布，没有太多的有效手段。

（4）扩压器气动设计。对先进燃烧室扩压器的设计遇到的一个根本问题是，由于进口马赫数提高了，如果仍然采用短突扩的扩压器，则难以把总压损失降下来。因为扩压器的总压损失与进口马赫数的平方成正比，除非改用其他形式的扩压器（如笔者研发的连接式放气扩压器），在这个问题上前置扩压器采用什么方法设计无关大局，无论用静压恢复增长率恒定、面积比增长率恒定，还是附面层形状因子的变化来设计都差不多，因为扩压器的静压恢复都发生在前置扩压器，而总压损失都发生在前置扩压器出口之后的突扩区。英国有人研究把压气机最后一级导向叶片扭一扭，虽然有点好处，但仍不能解决问题。现在燃烧室扩压器的设计正处于十字路口，就是使用分叉多通道的扩压器也不能解决问题，因为多通道增大了摩擦损失，分叉点是根据 CFD 确定的，但不同工况下压气机出口流场并不恒定不变，这也会带来分离损失。

（5）火焰筒前流场设计。这里的一个主要问题是加不加导流片（又称整流罩、进气嘴或进气鼻，英文为 cowl）。在常规燃烧室里经常有导流片，其意图是控制从头部进入的空气量。但在先进燃烧室里本来就要加大从头部进入的空气量，那么就不一定再要控制（减少）进入头部的空气量。导流片对从前置扩压器出来的要进入内、外环形通道的空气的转弯有少量的帮助，但也会给油嘴的安装带来一些麻烦。火焰筒前流场设计的一个重点是确定从前置扩压器出口到头部油嘴旋流器进口截面的距离，这个距离会影响突扩区总压损失以及转弯流路的损失，尤其影响转弯流路流动的均匀性和稳定性。

应该着重说明,本书只讨论先进燃烧室的气动热力设计,只在第9章讨论与气动热力设计研发相关的其他一些设计问题。

1.6　燃烧室设计研发全过程

图1-1所示为燃烧室设计研发全过程,图中所列完全适用于航空发动机的研发全过程。

1A是概念预先研究,属于预先研究的范围,现举两个例子。30多年前航空低污染燃烧的研究开始,由基本概念得知,若要控制燃烧温度,有贫燃和富燃两种可能,也知道贫油预蒸发、预混合是一条正确的研发道路,于是人们就开始研究预蒸发的混合器。这是预先研究,是试探性的。当时两家大发动机公司都搞很长的混合器(150 mm),结果都自燃烧坏,这个预研失败了,使人们认识到自燃问题是个障碍,于是开展对自燃的预先研究,这时的自燃研究脱离了发动机循环参数,并不是针对某一类发动机,而是研究问题,是科学研究(请注意:研究和研发仅一字之差,含义有很大的差别),只有把问题搞清楚后才能考虑怎么搞防止自燃的技术。第二个例子是Don Bahr搞的高油气比燃烧室预研[3]。Don Bahr提到发展高油气比燃烧室的几个基本问题,如慢车贫油熄火,他研究了几个方案,都没有解决问题,说明这种预先研究失败的可能性是很大的。

图1-1中所列的第二项是方案选择设计研究。这仍属于预先研究范围,但进了一步,这里要研究的是方案,是设计研究(design study)的大方案的选择,为开展技术研发计划作准备。

图1-1中所列的第三项是技术研发。这可以是发动机的验证机计划中的燃烧室部分,也可以是单独的先进燃烧室的技术研发,纵向地向下则进入初步设计。前文已述先进燃烧室的初步设计研发,包括单模燃烧室试验研发,所以这里的试验研发技术指的就是单模燃烧室的试验研发。在这一关通过后,进入详细设计研发,这里主要是全环形燃烧室的详细设计研发,在试验设备能力不足或有其他考虑时,可以在全环形燃烧室研发之前或同时进行扇形(或矩形)燃烧室的试验研发(TRL 4)。最典型的就是试验设备无法实现全环形燃烧室的100%工况试验,改用90°扇形燃烧室实现100%工况试验,着重考查出口温度分布,包括热点指标及径向温度分布。对低污染燃烧室,用扇形(或矩形)燃烧室100%工况试验考查大工况的排放,看是否与单模燃烧室试验结果有出入。对高油气比燃烧室,要考查壁温,因为单模燃烧室试验在冷却上与全环形有相当大的差别,但重点在全环形试验,有降压力试验或降工况试验,全环形燃烧室试验通过就达

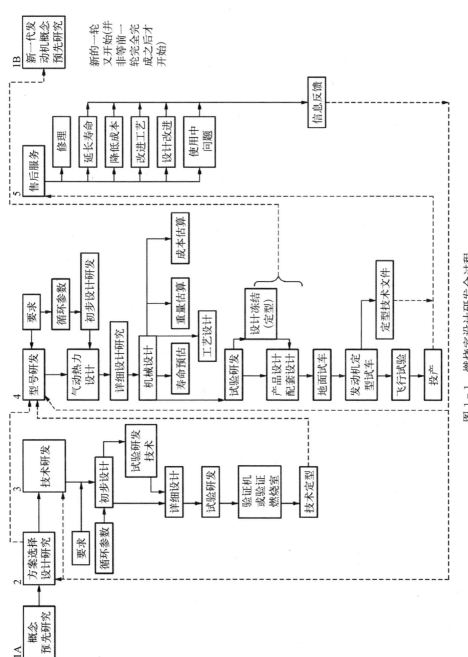

图 1-1　燃烧室设计研发全过程

到了 TRL 5。如果是发动机验证机研发，还有装上发动机的燃烧室考验 TRL 6。如果是技术研发计划，也就到此为止，称为技术定型。

　　再下一个阶段就是型号研发。由方案选择设计研究得出的总方案，由技术研发阶段得出的技术定型的结果，以及由售后服务、使用中问题的信息反馈，加上总体部门和性能部门的要求（这比技术研发计划中的要求更详细，除性能、工作外必然包括使用、维修要求，以及寿命、成本、重量等要求）和循环参数，开始进入型号研发计划。正如前文已提到的，型号研发是研发可以实用的、可供销售的产品，原则上是不允许失败的。发动机界最熟知的案例是因为一个发动机型号研发不成功而整个发动机公司破产，由于型号研发时已经与飞机公司（或民航公司）或军方签了合同，时间很紧，必须按部就班往前走，一旦出现大问题，往往不可能细细地研究，再确定解决问题的措施。这时只要能过得去（使用单位同意），往往"凑合"一下，可以说到那时"凑合"是必然的选择，而且一旦"凑合"过去了，以后也不会去大改它了。这方面最著名的例子是 LM6000 型号，到研发后期出现振荡燃烧这个拦路虎。在做了一些改进措施仍没有效果后，就在燃烧室头部机匣位置装上 23 根长短不一的直径 1 in（1 in＝2.54 cm）的亥姆霍兹四分之一波长防振管，尽管很难看，但也就凑合过去了。正因为时间紧，在型号研发时试验件常常不是只做一个，因为如果前一个试验件试验坏了，要等新的试验件加工出来，就太费时间了，或者至少把重要的组件事先准备好，如燃油油嘴、空气旋流器，这样难免会造成一些组件的浪费，但从时间上讲是划算的。具体说，在单模燃烧室上，要准备好各种流量数的油嘴。因为临时订货经常要等几星期，就是有现成的也要等一星期以上。也因为是产品的研发，研发中所用的材料、工艺应尽量与以后发动机上所用的一样（除了单件和批量生产差别之外）。也必然有一大堆的配套问题，包括紧固件、管接头，都必须仔细考虑，笔者自己遇到过以下情况：全环形试验台用于试验原有型号燃烧室，所用的燃油总管是和原有型号燃烧室相配的，新的燃烧室尽管油嘴数目与原来的一样，但所用管接头螺纹不一样，到新燃烧室上台架才发现对不上，幸好老工人翻出一套转换接头，才临时解决了难题。所以，主要设计者不能只想到燃烧组织、油气匹配这样的大问题而忽略"小"问题，在试验台上哪怕是少一个螺帽也会延误进度。型号研发成功后，就会遇到处理大量技术文件的琐事，搞设计研发的人不大喜欢这些琐事，但这又是完成型号研发必不可少的。

　　在燃烧室（发动机）定型试车后（TRL 7），就要进行飞行试验，尽管有高空台，但飞行试验仍不可少，对燃烧室最关键的是确定其高空点火的水平。

在投产之后是售后服务阶段,这一阶段中设计上仍需不断地改进,特别是使用中出现的问题应及时反馈,这对设计者非常有帮助。例如,有一个型号燃烧室,一开始定的环形火焰筒的环高太小了,研发者曾明确指出这在以后会有问题,但因为怕麻烦没有改动,在使用中油雾碰到火焰筒壁,导致寿命只达到预期的一半,这样就不得不改动了。由于火焰筒大改,或者油嘴大改,都要重新定型试车,结果带来了更大的麻烦。

最后要说明新的发动机燃烧室的概念预先研究并不需要等到前一档次燃烧室完全搞完了才开始,如现在的高油气比燃烧室并没有完全完成研发,就开始了探讨很高压力(如 40 atm)、更高油气比(如 0.051)的燃烧室的概念预先研究。例如,燃烧室进口油温高达 900°F 时,油嘴积炭怎么办? 当然,首先要搞清楚这么高油温下的积炭与现在的油温下的积炭有什么不同,然后有什么可能解决的方案,这种预先研究需要很长时间,也是不能间断的。在进行了一段预先研究后,有可能在先进燃烧室技术研发中考验防止油嘴积炭的技术。

1.7　燃烧室设计研发的经验

(1) 燃烧室是"试"出来的,不是"画"出来,不能"算"出来,更绝对不可"抄"来或"买"回来。因为一旦一型航空燃烧室投产服务,这就意味着其技术已经是 10 多年以前的了,绝对不可能买到最先进的设计,因为最先进的是在主要设计者头脑里的理念,他还正在设想但还没有试验,怎么可能卖出来?

"燃烧室是试出来的"这句话意味着要经常地、大量地做各种类型的试验,这一点在 Mongia[4] 写的文章中很坦率地表明了。试验的工作量非常之大,在研发的基本阶段每年均以数百小时计算。燃烧室研发是实实在在的工作,来不得半点虚假,行家的一个口头语是"燃烧室试验台上见(See you at combustion rig)",就代表这个意思。

(2) 燃烧室设计研发是对主要设计者或主要技术研发者的水平的考验,其他人尽量不要干扰决策。因为正如 Lefebvre 说的,完全可能是某一个人的设计思路比其他 10 个人加起来的还要好。

(3) 必须摆脱依赖"买、抄、仿"的惯性思维,增强自主创新能力。

(4) 巧妇难为无米之炊。对航空发动机公司而言,燃烧室试验设备就是"米",缺少这个重要试验硬件是无法为"炊"的。

总而言之,先进燃烧室设计研发必须注意以下几点。

(1) 要有第一流的设计者。无论是首席燃烧专家,还是主任设计师,都应亲自上阵，因为首先是这些人要在实战中学习、锻炼，没打过仗的将军怎么指挥？

（2）要有设备。先把单管试验台搞好，可以实用，使用效率高。

（3）下定决心自己搞，从头学起，承认自己的不足。

（4）在下决心自己搞的情况下，善于利用外部的资源，如冒烟测量纸、传感器、LabView 软件、研发所需钣料、激光打孔机等可以采购。不能什么东西都等自己搞出来，那会来不及。

（5）要按规律搞研发，要稳步前进，不能操之过急，但也不应每步都步别人的后尘。

第 2 章 燃烧室设计研发
技术成熟度

2.1 技术成熟度概念

20 世纪 80 年代,为了评估设计研发的技术发展风险,NASA 率先提出技术成熟度(technology readiness level,TRL)的概念,于 1999 年获得美国国防部认可并被推广应用到项目采办中。目前,技术成熟度评价方法已成为欧美国家在国防采办和科研管理中广泛采用的一种评估方法,也是产品开发和技术研究承担机构作为技术评估的手段,更是控制技术风险,确保装备研制质量,支持里程碑决策的重要工具之一。

NASA 针对低排放燃烧室于 2004 年修订了一份关于技术成熟度的文件。该文件在总体上也是适合军用航空燃烧室研发的。其定义了 1~9 级的技术成熟度。

TRL 1:提出基本原理并报告。

TRL 2:提出技术概念和/或应用设想。

TRL 3:完成概念或应用设想的可行性验证。

TRL 4:以部件和/或模拟装置为载体完成实验室环境验证。

TRL 5:以部件和/或模拟装置为载体完成相关环境验证。

TRL 6:以系统/分系统模型或真实尺寸测试装置为载体完成相关环境验证。(到这一步,研究计划停止并转至工业层,将技术应用于产品,即发动机。)

TRL 7:以系统原型为载体完成飞行环境验证。

TRL 8:以实际系统为载体完成飞行环境验证,取得飞行资质。

TRL 9:实际系统完成飞行任务验证。

该文件最初是由 NASA 刘易斯研究中心(Lewis Research Center,即现在的 Glenn Research Center)拟定的,其基本含义仍然正确,但有些内容与新的发展脱节了。针对这部分内容,笔者提出更正意见,详见下文。TRL 的文件很好地说明了航空燃烧室(不仅是低污染燃烧室)预先研究(预研)、技术研发和型号研发的关系。

应当说明,本书第 1 章所涉及航空燃烧室设计研发总论和本章的 TRL 论述完全一致,尤其是图 1-1,将研发的进展和 TRL 的分级具体化了。

2.2　燃烧室技术成熟度

NASA(2004)文件中包含燃烧室 TRL 1～TRL 9 相关试验和分析的详细阐释。根据此阐释,研发人员可更深入理解燃烧室的设计研发。图 2-1 所示为贫油预混合预蒸发(lean premixed pre-evaporation,LPP)低污染燃烧室设计研发过程与技术成熟度的总体情况,显示了所需试验的复杂性。随着技术成熟度级别的提高,必须增加相应的试验。这些试验与 TRL 等级密切相关。例如,单模燃烧室试验通常对应完成 TRL 3 所需测试;而扇形(或矩形)燃烧室试验对应 TRL 4;全环形燃烧室试验对应 TRL 5;整机中燃烧室试验则对应 TRL 6。

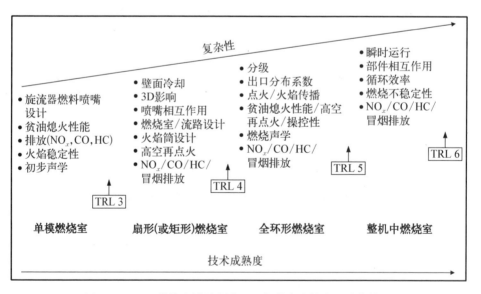

图 2-1　LPP 燃烧室设计研发过程与技术成熟度的总体情况

为阐明燃烧室设计研发的每个过程,NASA(2004)文件中列出了过去低排放燃烧室项目的一些具体示例。下面使用具体示例详细阐释燃烧室的技术成熟度,以更好地理解燃烧室技术成熟度概念。

TRL 1：这个阶段可以简单到一个研究报告，说明采用何种方法可以减少污染排放。

TRL 2：这个阶段涉及所提概念如何在某个特定用途和场合应用。其主要目标是消除那些明显不可行的概念，确定其他还需做进一步研究的概念。

TRL 3：在这个阶段，NASA 通常开始直接与工业部门合作。原始文件中提到，TRL 3 试验通常在理想化单模燃烧室中进行，这种表述是不正确的。单模燃烧室没有理想化的问题。

TRL 4：NASA(2004)文件指出，为了完成 TRL 4 试验，有必要启动构建合理模拟真实发动机的实验室环境。TRL 4 试验旨在证明燃料油嘴和燃烧室结构可在现有冷却条件下得到保护。其通常是在可相当精确模拟燃烧室断面的扇形（或矩形）燃烧室试验台上进行。NASA(2004)文件中提到，扇形（或矩形）燃烧室使用燃料油嘴数目通常为 1～5 个，但这是不严谨的。很少有航空发动机燃烧室只采用 4 个燃料油嘴，此类航空燃烧室肯定是用于极小型发动机，没有必要进行扇形（或矩形）燃烧室试验。笔者曾经审核过某位设计者设计的 12 个燃料油嘴燃烧室的扇形段，该扇形段 30°，只有一个燃料油嘴。设计者声称这是几何模拟。这种设计的空气动力学性能是非常差的。对于燃烧室设计者，正确的空气动力学特性是十分重要的，而不是取决于几何模拟。更重要的是，由于 30°扇形段两侧壁使得几何结构发生变化，因此单油嘴扇形（或矩形）燃烧室是一种不好的几何模拟。只要有可能，TRL 4 试验通常是在真实发动机燃烧室最大工况进口温度、压力和油气比条件下进行的，而选择扇形（或矩形）燃烧室只是为了缩小所需试验设施体积和降低复杂性。

TRL 5：NASA(2004)文件中提到，TRL 5 包括一系列试验，包括全尺寸模型试验和全环形燃烧室试验，其结构通常适合于现有产品发动机设计。对于下一代航空燃烧室设计，这种试验通常也是适用的。全环形燃烧室试验用于摸清燃烧室在点火和贫油熄火时的行为，以及测量燃烧室出口温度的变化。在某些情况下，全环形燃烧室试验也用于评估燃烧室分级对排放的影响。由于飞机应用中自燃的相对高风险和灾难性后果，NASA 飞机的贫油预蒸发预混合(LPP)燃烧室研发计划在 TRL 5 后终止。不过，LPP 燃烧室研发工作中被验证的许多技术后来在工业发动机中实现了 NO_x 的大幅减少。

TRL 6：NASA(2004)文件中提到，TRL 3 至 TRL 5 的试验是在稳态或准稳态下进行的。燃烧室 TRL 6 评估通常在发动机上进行。这是第一次在真实瞬态条件下（发动机启动、加速和减速）对燃烧室进行评估，也是第一次有机会评估燃烧室、压气机和涡轮之间的相互影响。在海平面工况下,燃烧室对发动机性能和运行的影响可以直接测试,它的耐久性也可以通过执行系列模拟任务循环得到评估。

NASA(2004)文件中提到,任何一项新燃烧室技术有必要进行折中妥协,以能够在现役发动机上得到验证。在某些情况下,新燃烧室技术和现役发动机之间也可能存在不匹配。例如,涡轮冷却流可能没有针对新技术燃烧室的出口温度分布进行优化,或者现役发动机控制系统可能没有能力控制燃烧室的所有功能。本书后续将对这个问题进行讨论。

TRL 7:NASA(2004)文件中提到,TRL 7试验可在高空模拟试验台或飞行测试平台上进行。这些试验提供了第一次真正评估发动机在空气启动和高空巡航状态时燃烧室特性的机会。在某些情况下,这种试验的耗费要比 TRL 6高得多。在 NASA 项目中,贫油分级低排放燃烧室技术虽然通过了起初的 TRL 6试验评估,但在项目收尾时,该技术的潜在回报并不能足以判断进行 TRL 7试验是必要的。然而,该技术后来显示出了军事应用前景,并在一项军航发动机研发项目中进行了初步 TRL 7试验。这很清楚地表明,民航燃烧室和军航燃烧室在技术研发上是相互融通的。

不过,TRL 7试验最有可能在新发动机项目上进行,其中设计的发动机要满足新燃烧室技术的几何需求,并且涡轮要针对新技术产生的出口温度情况进行特定设计,甚至有可能采用新的燃料控制系统。对于发动机燃烧室验证,有必要确定高空点火特性。在不同的高度和飞行马赫数下,燃烧室能够在风车状态或通过操作启动机成功点火,并且准确定义出高空点火包线。这种点火包线对高油气比(fuel air ratio, FAR)燃烧室来说尤为重要。在整个研发过程中验证环节至关重要。除了测量排放及其他性能外,还必须对运行参数进行测量。其中,燃烧室寿命测试在以往研发过程中是没有的。发动机一般运行数百个规定循环。该规定循环不等同于现实世界的飞行循环,而是一个修正循环。对于每次操作,燃烧室寿命通常会缩短。这就要评估它的耐久性能力。

TRL 8:NASA(2004)文件中提到,TRL 8试验是为了满足发动机适航和飞机认证要求。

TRL 9:NASA(2004)文件中提到,现役发动机燃烧室设计的重大改变可能导致燃烧室和/或涡轮的耐久性从一开始会有所下降。发动机使用新的部件设计,只有经历长达数月或数年的工厂耐久性试验,它们的耐久性问题才会显现出来。如果出现了严重的耐久性问题,那么设计修改、重新定型、生产线更新和在役发动机更新等的总耗费可能比从 TRL 1 到 TRL 8 的总投资还要多。这就是说,燃烧室研发永远不应操之过急,而必须是循序渐进、深思熟虑的过程。如果之前的任何一个步骤有不足,那么就不能匆忙跳到下一个步骤。

NASA(2004)文件自发表至今已 20 余年了。针对 TRL 3 到 TRL 6 的试验,笔者将在下文提供一些修改建议。

对于燃烧室研发人员,最重要的是从 TRL 3 到 TRL 6,如图 2-1 所示,分别是:

(1) 单模燃烧室设计研发;

(2) 扇形(或矩形)燃烧室设计研发;

(3) 全环形燃烧室设计研发(对于技术研发项目,全环形燃烧室试验往往是最后步骤);

(4) 发动机台架的燃烧室试验(燃烧室装配在发动机中)。

2.3　TRL 3: 单模燃烧室设计研发

对于新一代航空燃烧室,单模燃烧室研发相较以前更为重要。它是设计者能够"感受"到 100% 燃烧工况的第一个试验案例。有必要将单模燃烧室运行到 100% 甚至高于 100% 工况(如油气比相较 100% 工况时略高)。但在达到 100% 工况之前,有必要开展许多的试验。

单模燃烧室不仅可用于流态的研究,还可用于油气混合物分布的测量。油气混合物分布由激光诊断法获得,不仅有助于理解研发初期的燃烧概念,而且有助于理解后期全环形燃烧室试验结果。

单模燃烧室研发任务是对设计的基本燃烧组织开展研究。NASA(2004)文件建议用理想化的"火焰筒"进行试验,这是不正确的。单模燃烧室应该用实际的火焰筒进行"真实"的试验,而不是理想化的火焰筒试验。尽管火焰筒只是一个油气模,但它是整个燃烧室的一个基本单元。对于新一代燃烧室研发,在早期单模燃烧室试验阶段就去评估和解决高与低工况的矛盾问题会更好。例如,对于低排放燃烧室,虽然高工况时要求低 NO_x,但在任何低工况下要求火焰稳定,并且有良好的慢车贫油熄火特性和效率。在单模燃烧室试验中,必须确定是否有可能避免燃料分级,或者运用较少的燃料分级。对于高油气比燃烧室,要求高工况时无可见烟雾,效率高且壁温合理;而在低工况时,要求良好的火焰稳定性、慢车贫油熄火特性和高空点火特性。单模燃烧室试验可评估瞬态运行情况。对于第一种类型的低排放燃烧室(见 4.9 节),所有瞬态试验的执行可通过独立控

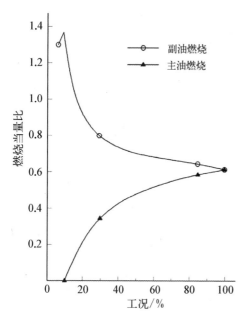

图 2-2　燃烧当量比随工况变化情况

制副油和主油的流量来实现,并且可估算两者流量的合理分配,如图 2-2 所示。同样地,对于高油气比燃烧室,假设存在分流阀,则所有瞬态副油燃烧当量比都能够被估算出来。因此,NASA(2004)文件认为开展流量不足 1 kg/s、压力为大气压的简单火焰筒试验,用于确定任何新燃烧室概念的相对稳定性是没有必要的。这种低压试验是毫无意义的。另外,笔者认为不应该使用方形火焰筒进行试验。对于下一代燃烧室,笔者强烈建议应使用圆形管状燃烧室的单油气模进行试验。

在很大程度上,针对低排放燃烧室和高油气比燃烧室的单模燃烧室研发,将聚焦在主油嘴及其伴流空气的耦合设计上。空气动力学研发的主要过程是高度相关联的。副油/空气燃烧和慢车贫油熄火通常是不存在问题的。因而研发需要更多地投向高工况方面。燃烧不稳定性监测常常是必不可少的。笔者建议在单模燃烧室试验中,动态压力的均方根(root mean square, RMS)不应超过0.5%。后续可将该测量的燃烧不稳定程度同扇形(或矩形)燃烧室和全环形燃烧室的试验结果进行比较。对于下一代航空燃烧室,由于其特点是燃烧没有预混合,因而燃烧不稳定性往往不是一个严重的问题。在燃烧稳定性方面,单模燃烧室同全环形燃烧室尽管可能存在一些差异,但该差异可能并不明显。可以预见,下一代航空燃烧室将不会出现严重的燃烧不稳定性问题。燃烧稳定性是贫油直混(lean direct mixing, LDM)燃烧相较于贫油预混合预蒸发燃烧的显著优势之一。

单模燃烧室试验最终结果表明所有燃烧性能预期和使用要求都应予以满足。例如,慢车贫油熄火油气比应在 0.006 的水平。

某些燃烧室工程师的慢车贫油熄火油气比试验数据不是那么相一致。例如,开展 10 次慢车贫油熄火试验,数据值可能从 0.006 到 0.007 不等地变化。不过,笔者曾进行慢车贫油熄火试验,并获得了非常一致的数据,如 0.005 77,0.005 76, 0.005 70。试验要达到这样精确的重复,这就需要研究者特别地留心。经验表明以下方法是有必要的。

（1）慢车贫油熄火油气比试验从控制良好的慢车条件开始。进口温度控制在 ± 1.1℃ 范围内，压力控制在 ± 3.4 kPa 范围内。

（2）很多时候，操作者仅通过减小燃料流量进行熄火，这是不正确的。随着燃料流量的减小，燃烧室压力降低，$\Delta p/p$ 增大。因此，在最终熄火时，燃烧室压力会明显不同于慢车状态时的压力。这就导致不同的慢车贫油熄火油气比值。笔者运用综合调节——减小燃料流量，增加空气流量，并始终保持燃烧室压力不变。

（3）在油气比达到 0.007 后，每步都必须控制到渐进式变小。那么每步的燃料流量变化只是瞬时流量的 2%，空气流量变化只有瞬时空气流量的 2%。如果控制幅度很大，那么就没有办法准确定义熄火油气比。例如，从 0.007 只通过一步减小到 0.005 8 就会导致熄火，那么就不能确定真正的熄火油气比是接近 0.007 还是接近 0.005 8。

（4）利用摄像机确定熄火。

TRL 3 应解决燃烧组织问题。燃烧室初步设计研发阶段结束以 TRL 3 试验成功完成为标志。不过，单模燃烧室试验表现出一些局限性。

（1）不存在扩压器，单模燃烧室火焰筒进口流场明显不同于全环形燃烧室从压气机出口至扩压器的流场。只有火焰筒总压损失能够得到测试，而燃烧室总压损失无法得到测试。

（2）虽然单模燃烧室火焰筒冷却孔构型与全环形燃烧室外火焰筒的相同，但它的冷却与全环形燃烧室的冷却是不同的。火焰筒壁温试验数据很有价值，但仅作参考。在单模燃烧室试验阶段，如果火焰筒壁温非常高，那么这是一个警报信号，必须改进冷却效果（这种情况极为少见）。燃烧室耐久性问题总是因头部壁温和火焰筒的壁温及其轴向或周向分布问题而引起，因此发动机燃烧室在验证前应解决火焰筒的壁温问题。研发人员必须严格注意单模燃烧室试验壁温的测量结果。在单模燃烧室试验中，周向排列的热电偶（6 或 8 只）对指示周向燃烧是否均匀很有用。

（3）在单模燃烧室试验中，尚无法评估发动机点火时火焰的周向传播，而只能评估单模的点火情况。用单模燃烧室模拟高空点火试验是很有意义的。高空点火问题应在最早阶段得到充分评估。如果在单模燃烧室试验中没能实现所要求模拟的高空点火，那么不要继续进入下一步工作。

（4）单模燃烧室试验无法评估燃烧室出口温度分布，但如果用多个热电偶探针测量单模燃烧室的出口温度,那么它可定性获得有关温度分布系数的一些信息。

单模燃烧室试验的排放数据往往可当作全环形燃烧室试验排放数据。此外,单模燃烧室试验的以下数据也可作为全环形燃烧室试验的数据:慢车贫油熄火油气比、30%工况暴雨熄火数据,以及燃烧效率。单模燃烧室试验得出的最重要结果是它最终可确定油气模的设计。虽然在单模燃烧室试验中使用的燃油油嘴不是发动机型号上的油嘴,而是 Delavan 公司商用的 Peanut 油嘴,但这不影响试验结果的实用性。两种燃油油嘴,包括副油嘴和主油嘴,都应通过单模燃烧室试验进行评估、修改和最终确定设计。

在单模燃烧室试验中,主油和副油两者独立控制。油气模和头部与火焰筒分离,很容易更换成不同的油气模进行试验。对于空气模,目前旋流器可通过3D打印技术制造。头部有法兰盘,它在试验时与火焰筒法兰盘相连。头部缝槽允许冷却空气进入冷却空气通道。火焰筒下游是测量段。笔者设计的单模燃烧室水冷测量段如图2-3所示。点火器也安装在此段。这里点火器的位置不是

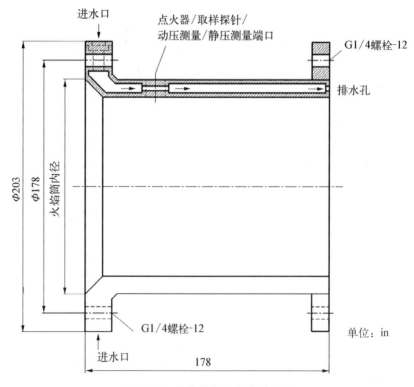

图 2-3　单模燃烧室水冷测量段

发动机燃烧室中点火器的真实位置（当模拟高空点火时，点火器位置在前侧）。该点火器采用发动机型号的点火器。测量段采用了水冷，且它的直径与火焰筒直径相匹配。冷却水在排气控制阀之前通过水套出口孔轴向排出。测量段上有4 个端口，用于安装点火器、取样探针，以及动压和静压的测量。

　　此外，设计一款用于试验的混合取样杆头，如图 2-4 所示。它有 5 个孔，孔径约 3.2 mm，采用市售已经做好的直径 12.7 mm 现成材料可进行制作。中间孔为取样气体流道。它的一端封闭，另一端是水流通道：冷却水从其中两个孔流入，从另两个孔流出。在燃烧试验期间（甚至是高油气比燃烧室试验），可确保取样探针得到充分冷却而不被损坏。

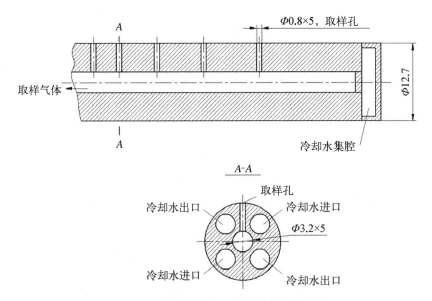

图 2-4　单模燃烧室试验中混合取样杆头

　　单模燃烧室需开展高空点火模拟试验。空气低压通过引射器实现，通过EXAIR 公司的涡流管利用高压空气产生低温空气的方法实现低温。

　　由于众多不同类型试验的需求不同，因此试验过程通常十分耗时。副油管和主油管通常位于加热空气中。为了防止燃料管内的结焦，最好方法是燃料管采用水冷软管。此外，在高工况燃烧室试验时，不应简单地立即关闭燃烧室试验，因为头部和火焰筒的温度仍然很高，突然关闭会导致燃油油嘴快速结焦。燃烧试验的关闭应慎重。应保持燃烧，然后逐渐降低空气温度并减小油气比，直到头部和火焰筒壁冷却下来，待空气温度降至约 150℃时关闭火焰。

　　过去的燃烧室研发经验表明,燃烧室研发早期(TRL 3,TRL 4)应尽可能多地暴露问题。在研发的早期阶段,应尽可能地评估在研发后期发生严重问题的可能性。初始阶段不进行单模燃烧室试验而转向下一步是一个严重错误。很明显,研发后期很多问题会随之而来。

2.4　TRL 4:扇形(或矩形)燃烧室设计研发

　　对于大型发动机的高压低排放燃烧室和高油气比燃烧室,扇形(或矩形)燃烧室研发是不可或缺的。扇形燃烧室是取全环形燃烧室的四分之一,即90°扇形段;矩形燃烧室按照全环形燃烧室的四分之一进行设计,其宽度为全环形燃烧室模中心线周长的四分之一,如图2-5所示。过去往往以扇形燃烧室为对象进行试验,但扇形燃烧室的加工实际上是要做一个全环形然后切出3个扇形燃烧室(全环形燃烧室只能制作3个90°扇形燃烧室,其中的四分之一是无用的),这样耗费很大。研究表明,矩形试验燃烧室不影响燃烧空气动力学,也不影响排放或火焰稳定,并且加工这种设计的试验燃烧室更加容易和便宜,出口分布测量也更方便。这种矩形燃烧室为笔者首创设计,并被纳入了NASA(2004)文件,如图2-5所示。所以建议今后TRL 4试验以矩形燃烧室为对象,这样更简便。

图2-5　三模矩形燃烧室

　　对于小型发动机高油气比燃烧室,矩形燃烧室试验则可不用开展,其研发可从TRL 3跳到TRL 5。矩形燃烧室试验用于实现单模燃烧室试验无法做到的任务,以及开展全环形燃烧室试验设施无法做到的最大工况试验任务。考虑因素有：点火时油气模之间的火焰传播；火焰筒出口温度(或油气比)分布测量。

矩形燃烧室试验时仍没有扩压器，其火焰筒冷却与全环形燃烧室时仍然不同。它存在两侧壁，由于全环形燃烧室和单模燃烧室不存在侧壁冷却空气，因而两侧壁考虑使用水冷。其燃烧参数一般在中间区域进行测量，对于三模燃烧室，使用四分之一燃烧室中间 60°扇形区对应的矩形燃烧室宽度区域；对于四模燃烧室，使用四分之一燃烧室中间 67.5°扇形区对应的矩形燃烧室宽度区域；对于五模燃烧室，使用四分之一燃烧室中间 72°扇形区对应的矩形燃烧室宽度区域。出口温度(或油气比)分布测量由一套移位机构实现，安装在扇形燃烧室外部机匣上，采用可移动密封的步进电机带动，不过完成该测量试验是很不容易的。

在矩形燃烧室上，点火器位于最佳位置，一般安装在某油气模相对应的位置，试验可以评估点火期间的火焰传播特性。

矩形燃烧室可有效评估两相邻油气模之间的相互作用，反过来也可用于确定合理的总油气模的数目，还可评估两相邻油气模之间的主气流是否存在一些不良干扰。图 2-5 所示的油气模，关键是要评估主油射流距离是否过大以致主油在两相邻模之间的区域发生重叠。

研发早期开展矩形燃烧室低工况试验，可以为燃烧系统改进设计评估提供一种低成本方法。此后，矩形燃烧室应尽可能开展高工况试验。对于低排放燃烧室，需要评估 NO_x 和包括出口温度分布在内的其他性能。对于高油气比燃烧室，需要评估高工况下的效率、冒烟、火焰筒壁和头部的温度，以及出口的温度和油气比的分布。具体来说，若无法获得全环形燃烧室试验的出口分布，那么应开展最大工况下矩形燃烧室出口分布试验。若矩形燃烧室试验无法达到 100%工况，那么设计者还可以做什么呢？设计者也许可以开展不同压力、空气温度和油气比的燃烧试验，以确定排放及其他性能与空气压力、空气温度和油气比之间的函数关系。

矩形燃烧室也适用于暴风雨天气下吞水火焰稳定性试验。

2.5　TRL 5：全环形燃烧室设计研发

全环形燃烧室试验装置的空气流量和压力达到多高很重要。除某些技术研发项目只需 TRL 4 级的燃烧室试验之外，通常地，全环形燃烧室试验是必要的。对于型号发动机的全环形燃烧室试验，应有进气扩压器，燃烧室空气流动即从扩压器入口开始。与真实发动机燃烧室的唯一区别是，它的进口气流不是从压气机出口开始，而是边界层型的速度分布。压气机出口速度周向平均提供一个径向速度分布。在全环形燃烧室试验中,如果可以且确实有需要定义这种速度分布,那么是可以模拟出这种进口径向速度分布的。这是一个被设计燃烧室首次作为一个整体(带有发动机型号燃油油嘴)出现在试验台上。只有全环形燃烧室才能提供完全正确的几何形状和空气动力学特性。全环形燃烧室试验若达不到100%工况,那么一般可能要开展两种试验。这两种试验相耦合可给出燃烧室最大工况时的性能和运行状况。这两种试验如下。

(1) 降工况试验。对于这种燃烧室的试验,最大工况受限于试验设施能力(如空气压力、空气流量或空气加热器),只能试验到某工况(如只有65%工况)。请注意,在降工况试验期间,空气流量、燃油流量、进口空气压力、进口空气温度和燃烧室总压损失都是由发动机循环确定的。这种试验尽管不是在最大工况而是降工况下,但它提供的燃烧室总压损失、出口分布、效率和排放是正确的。

(2) 减压试验。该试验时燃烧室进口温度和油气比为最大工况参数,但进口空气压力低于最大工况参数(相应空气流量也降低)。这种试验是为了评估火焰筒的冷却,这对高油气比燃烧室来说非常重要,因为燃烧温度非常接近甚至高于发动机的最大工况(若油气比更高的话)。如果试验油气比与最大工况油气比相同,由于压力降低了,那么燃烧温度也会降低少许。要达到最大工况的燃烧温度,那么试验油气比可能要比最大工况时的值稍高一些。为了评估火焰筒冷却,试验油气比甚至高于最大工况时值,以获得高于最大工况时的燃烧温度。

对于民用航空燃烧室,往往可通过上述两种全环形燃烧室试验并结合单模燃烧室试验和扇形(或矩形)燃烧室试验(及其相关),可有效确定其在85%和100%工况时的性能和排放。

对于军航燃烧室,如果全环形燃烧室不能试验到100%工况,那么研发人员同样可使用上述方法确定全环形燃烧室最大工况性能。

对于新一代低排放全环形燃烧室,在被安装到发动机之前,需要进行副油和主油的分程控制系统试验或燃油分级试验。

对于高油气比全环形燃烧室,应进行分流阀燃油系统试验。

对于全环形燃烧室试验,出口分布测量是一个问题。它通常是通过移位机构实现,由于这种移位测量十分耗时且非常昂贵,因而一些研究人员采用五点热电偶耙周向360°旋转的方法进行试验。然而,该方法是不正确的,因为热电偶读数稳定存在延时。连续旋转方法会抹掉最高温度点和最低温度点。虽然这不会对径向分布产生太大影响,因为径向分布由周向平均值所定义,但是它会极大地影响出口分布系数。采用该测量方法时出口分布系数的测量值将小于真实值。

对于出口油气比分布的移位测量,通常只能使用单点气体取样探针(因为将多个独立水冷气体取样探针设计成一体以适合燃烧室出口有限尺寸往往十分困难)。这种试验一般会耗费大量时间和资金。最好是先进行温度移位测量,它会提供一些关于出口分布的重要信息。另外是油气比的移位测量问题。一种方法是从一个位置取样后,依据间距径向移动到另一个位置取样,如图 2-6(a)所示。另一种方法是在某个位置周向移位记录所有的样本结果,然后再依据间隔径向移动到下一个位置,如图 2-6(b)所示。由于相同间隔位置气体组分不同,因此周向移位时的气体组分差异变化要比径向移位时的小。对于气体取样探针,图 2-6(a)方法需要更多的时间用来稳定以产生正确的读数。移位测量方法由图 2-6(a)转变为图 2-6(b)可缩短总测量时间。注意,使用多台气体分析仪可减少采样时间,对于高油气比全环形燃烧室试验,这种方法更划算。关于移位测量模式还将有 10.4 节做详细讨论。

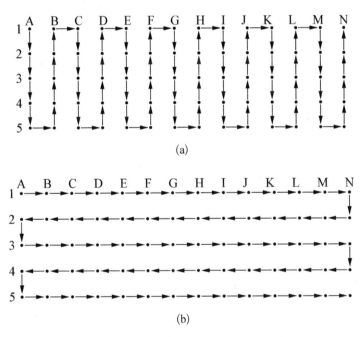

(a)

(b)

图 2-6　全环形燃烧室试验的移位测量模式
(a) 方法 1;(b) 方法 2

全环形燃烧室的试验设施和试验费用都非常昂贵。笔者强烈建议在进行全环形燃烧室试验之前,尽可能通过单模燃烧室和扇形(或矩形)燃烧室的试验发现和解决问题。

2.6　TRL 6：发动机台架的燃烧室试验

发动机台架的燃烧室试验是首次将真实压气机出口气流作为试验时燃烧室的入口气流。该试验在发动机台架上进行，试验设施可提供整机推力。请注意，除非在发动机试验燃烧室中有特殊安装，否则不测量燃烧室效率、总压损失和燃烧室出口分布。燃烧室排放在发动机出口处测量。若需要测量火焰筒和机匣的壁温，可通过特定热电偶来测量。通常地，火焰筒壁温通过示温漆评估更加方便。但是，示温漆得到的火焰筒壁温是一个范围值而非精确数值，而且它会受到观察者判断的影响。台架发动机试验可测量风扇气流（燃烧室机匣外侧）的速度，用于将来燃烧室的冷却计算。同样地，也容易测得燃烧室外机匣外壁的温度，以校核冷却计算。地面试车台发动机试验是在发动机定型前评估燃烧室寿命的唯一方法。此外，它还可进行噪声和振动的测量，尽管得到的不只是燃烧室的噪声，而是发动机整机的噪声。但如果燃烧室发生燃烧不稳定，不管是低频还是高频不稳定，这种特殊噪声频率都可以确定是来自燃烧室。其实，某些研究人员将燃烧不稳定定义为噪声，这是不正确的。如果没有出现燃烧不稳定，那么燃烧噪声就是白噪声，因而表现特定频率的燃烧不稳定可以称为燃烧不稳定噪声。在台架发动机试验阶段，燃烧室工程师不应允许出现燃烧不稳定。因此，在研发初期、TRL 3 试验、TRL 4 试验和 TRL 5 试验中，应始终监测燃烧不稳定，必要时应进行改型以控制不稳定性。

NASA（2004）文件中提到，任何新燃烧室技术有必要作出妥协以能够在现成发动机上进行验证。某些情况下新燃烧室技术也可能与它们不匹配。对于下一代航空燃烧室，调整现成发动机去适应新燃烧室技术以在发动机台架上进行试验是不现实的。笔者在此强调：这种不匹配可能使发动机燃烧室试验变得毫无用处。某些情况下，严重的不匹配问题会导致现成发动机无法评估发动机的慢车贫油熄火特性。一般来说，这种将新燃烧室技术不匹配地用于现成发动机是不恰当的。例如，本书中的直接混合燃烧技术（不管是贫油还是当量比的直接混合燃烧技术）新设计的压比 70 发动机的燃烧室，用于压比 50 的现成发动机就是不匹配应用的一个示例。任何此类发动机试验都是不匹配的。若没有新的可用发动机，那么使用新燃烧技术为现成发动机设计和加工一个新的燃烧室方可与之良好匹配，然后用这个专门为现成发动机新设计的燃烧室进行该发动机的试验，以进行新燃烧技术的评估。这是工程师们在研发全新发动机之前使用现成发动机评估新燃烧室技术的一种方式,也是展示改进燃烧室设计的现成发动机特性的良好机会。例如,新设计的高压低排放燃烧室的燃油系统可能与上一代燃烧室设计有很大不同,应研发独立的副油和主油的控制系统。

2.7　技术成熟度验证试验准则

燃烧室试验有众多不同类型。我们在这里不讨论探索性试验和产品测试,而仅讨论燃烧室研发技术成熟度的验证试验。下面将讨论如何最佳地正确开展燃烧室验证试验。

1. 燃烧试验数据可复验

有时会发现,燃烧室试验数据并不完全可复验。例如,初步评估时燃烧效率可能是 99.5%,而随后在相同工作参数下试验时,燃烧效率仅有 99.2%。为了使试验数据具有可重复性,燃烧室运行状况和测量仪器状况均需处于稳定状态。燃烧室运行应完全稳定达到 5 s 后,方可进行测量。让燃烧室保持这种状态,目的是使运行参数波动逐渐减小,然后再进行数据采集。

除了燃烧室运行状况需保持稳定状态外,测量仪器状况也应处于稳定状态。NO_x 和 UHC 的测量仪器一般需要一些时间才能达到稳定状态,UHC 分析仪的稳定则需要相当长的时间。如图 2-7 所示,当燃烧室运行工况稳定后,开启

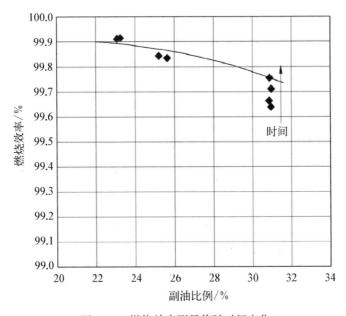

图 2-7　燃烧效率测量值随时间变化

UHC分析仪立即进行测量,由于分析仪尚未稳定,所以此时燃烧效率测量值低于真实值。然而,在数秒后,UHC分析仪的读数才变得稳定,燃烧效率测量值增大至真实值。这清楚地表明,UHC分析仪必须处于稳定状态,只有这样测量出的燃烧效率才可靠。

2. 空气和燃料无泄漏

对于任何燃烧室试验,试验燃烧室或试验装置应绝不漏气。这看似很简单,但实际上如果发生泄漏可能会产生不利影响,特别是高压试验或真空试验。曾经有试验使用引射器模拟高空点火,燃烧室压力保持在 55.2 kPa,点火没有成功。这似乎不合理,笔者有信心认为试验结果不应该这么差。笔者注意到,燃烧室的有效流通面积(AC_D)随着压力的降低而下降。这是环境空气泄漏到负压燃烧室的迹象。空气流量计读数相同,但燃烧室上的压降却明显增大了。经过全面评估,发现是技术员忘记更换密封垫,没有将高压密封垫改为真空密封垫。高压燃烧室试验漏气会导致 AC_D 读数变大的错误。对于相同的被测气流,燃烧室压降变得更小。真空燃烧室试验漏气会导致 AC_D 读数变小。在燃烧室试验中,燃料若泄漏则会导致绝对的误差。对于单模燃烧室试验或扇形(或矩形)燃烧室试验,采用的是商用型燃料油嘴,因而它和燃料管道之间始终存在连接。该连接处需要多注意,通常在燃烧室试验期间用视频摄像头对它进行监控。一般地,即使是很小的滴漏也会造成燃烧室和试验设备的损坏。

3. 试验读数均值处理

燃烧室在试验时,自动数据取样的时间范围很短。应采取多少个样本获得一个数据点的平均值?笔者进行了这样的研究:对于稳定的燃烧室试验条件,所有仪器都处于稳定状态,研究人员每隔 3 s 对油气比进行取样,执行 20 次(即60 s),然后得出这些样本值的平均值,这是最佳做法。若只是每 3 s 取一次读数而不求平均,直接把它作为一个数据点,那么在 60 s 内得到的是 20 个分散的油气比读数。由于空气流量读数不能绝对恒定,燃料流量的读数也不可能完全恒定,因而这两个因素造成了油气比值变得分散。对于这 20 个油气比数据点与60 s 平均值的最大偏差是±5%。若用 6 s 来确定一个平均值(这意味着取样两次进行平均),那么就有 10 个数据点,偏差为±2%。若取样 10 次,然后取平均值作为一个数据点(即用 30 s 确定一个平均值),那么只有两个数据点,偏差为0.2%。这就是笔者要进行 10 次采样,然后得出一个平均值作为数据点的原因。这是较小偏差和较短试验时间两者之间的折中。

4. 燃烧室烧坏与否判断方法

在进行燃烧室试验时,特别是在高工况下,进口空气温度很高,火焰筒和头部壁面很热,此时燃烧试验可以结束,但并不马上关闭油门停止燃烧。燃烧试验停止并不意味燃烧停止。

由于燃烧室处于高温状态,如果突然关闭油门,停止燃烧,燃料油嘴可能会出现积炭。笔者曾目睹过一次燃烧室的紧急关闭。30 min 后,当试验重新开启时,燃料油嘴的流量数从之前的 2.5(正常值)降至 2.3。

有一次,笔者在燃烧台前观看正在进行的试验。试验台屏幕显示,火焰筒的 AC_D 突然大幅增加。试验操作员立即停止了燃烧。他认为一定是火焰筒烧出了大洞。笔者告诉他不会是那种情况。试验台被打开检查后发现确实没有烧洞。笔者对此作出解释,即使是焊枪也不可能在不到 1 s 的短时间内烧出一个大洞。唯一原因是压力传感器发生了故障,压力降几乎没有了。这导致 AC_D 大幅增加。判断燃烧室是否烧毁非常重要。当油气比持续增加时,即使在任何特定工况,试验台运行应呈现 AC_D 下降(因为油气比增加了)。但是,如果屏幕上显示 AC_D 在逐渐上升,那么就有可能出现烧毁的情况。

5. 燃烧室试验 NO_x 表示方法

对于低排放的贫油预蒸发预混合燃烧室试验,一些研究人员倾向于用单模油气比的 NO_x 数据进行表示。该系数表示为火焰筒油气比除以预混模空气比例。实际上,这是不正确的。假设一种情况是火焰筒油气比为 0.024,预混模空气比例为 60%,则 LPP 模油气比为 0.04;另一种情况是火焰筒油气比为 0.032,预混模空气比例为 80%,则 LPP 模油气比也是 0.04。很容易确定,火焰筒油气比为 0.032 时 NO_x 读数将更高。因此,用单模油气比表示 NO_x 数据是不正确的。上述两种情况下燃烧室温升的幅度大不相同。对于同模的油气比,燃烧室温升越低,排放的 NO_x 越少。

6. 燃烧室总压损失定义

许多燃烧工程师在进行燃烧室试验时测量出口静压,并使用进口总压减去测量的出口静压作为燃烧室的总压损失。这是不正确的。进口总压减去出口静压是计算 AC_D 的压降。对于全环形燃烧室高工况,进口总压减去出口静压比总压损失系数高约 0.3%。这个 0.3% 的差别是针对全环形燃烧室高工况试验而言的,在单模燃烧室试验时并非如此。对于单模燃烧室试验,由于其出口面积没有收缩,因而出口排气的速度较低。而对于全环形燃烧室试验,其火焰筒出口的排气速度较高。应有一个在线的计算机程序计算燃烧室试验条件下的出口动压头,从而确定总压损失系数。假设的 0.3% 差异只是一个近似值,但至少它在概念上是正确的。

7. 排气冷却水流量变化影响燃烧室压力

在燃烧室试验期间,随着油气比的增大,需要增大排气的冷却水流量。增大冷却水流量目的是控制排气温度,以适应排气控制阀的要求。随着冷却水流量的增大,试验员对试验没有进行任何操作,例如没有改变空气流量、燃油流量或者进排气阀门,因而燃烧压力会增大。

8. 试验确定最佳的主/副油分配

对于高压低排放燃烧室设计(无燃料分级),一个重要的方法是使用单独的燃料分配控制器降低排放。这意味着控制器应该在 30% 工况、85% 工况、100% 工况和最大巡航工况下提供最佳燃料分配。但是,在这些工况下最佳燃料分配是什么? 必须对这些工况进行专门燃烧试验来确定。

在这种情况下,试验操作规程应准确地保持所有其他 4 个参数不变,包括入口温度、压力、总压损失系数和油气比。而仅改变主油-副油的分配,以确定低 NO_x 的最佳燃料分配。方法是在不改变任何其他试验台操作情况下,减少少量的副油,然后增加相同量的主油,以保持总的燃料流量不变(油气比不变)。因此,所有其他 4 个参数将保持不变,只有燃料分配改变。

9. 进口总压测量需要多探头

对于进口总压的测量,一个探头是不够的。对于全环形燃烧室的试验,需要在周向布置 4 个探头。同样地,进口空气温度测量也应布置多点。

10. 燃烧室试验需在仪器无故障时进行

曾经某知名研究机构论文报告 UHC 测量仪失灵,但低排放燃烧室仍进行试验。该论文作者假设 UHC 数据与过去燃烧室试验数据相同。显然,这两种试验情况是不相同的,作者使用这些假设值是不正确的。这是一个基本的科学态度问题。同样地,任何原始燃烧室试验数据都不应该被修改以适应非技术需要。对于燃烧室设计者来说,糟糕的数据比没有数据更糟糕。燃烧室试验应非常慎重,以确保所有数据点测量是完全可靠的。绝不允许使用假设值代替真正可靠的测量值报告燃烧室试验结果。如果任何仪器出现故障,燃烧室试验就应该停止。

2.8 正确理解技术成熟度

本章阐述的航空燃烧室技术成熟程度的分级可以当作第 1 章燃烧室设计研

发总论的补充。这两章结合起来构成了对航空燃烧室设计(第 1 章的重点)及研发(第 2 章的重点)的全面阐述,尤其是图 1 - 1"燃烧室设计研发全过程"做了清晰的展示。图 1 - 1 中左侧的 1A 概念预先研究及 2 方案选择设计研究,合起来就是 TRL 1 及 TRL 2,都归为预先研究。这里很明确,这个"预先"是在技术研发之前的"预先"研究,绝对不是在型号研发之前的"预先"。至于要在预先研究和型号研发之间建一桥梁,以实现由预研直通型号研发(即跳过技术研发),这是不正确,是对预研、技术研发、型号研发三者关系的认识不清楚。在低污染燃烧室方面,1975 年 NASA 刘易斯研究中心召开一次燃烧专业会议,低污染燃烧室的讨论由 A. H. Lefebvre 总结,确定有两种方案:其一,贫油预蒸发预混合;其二,富燃 - 快速淬熄 - 贫燃(rich combustion-quick quench-lean combustion,RQL),这是预先研究。谁能由这一步跃进到型号研发? 在高油气比燃烧室方面,Don Bahr 于 1987 年在 *Journal of Propulsion and Power* 期刊上发表题目为"Technology for the design of high temperature rise combustors"的文章,着重讨论慢车贫油熄火的难处并指出另一大难题是冷却,这是预先研究,由此就可以搞型号了? 有一个很著名的航空发动机公司搞低污染燃烧室采用贫油预蒸发预混合方案,选了 50 种各种设计参数的油气预混模,由 CFD 分析其预混出口的油气分布,其中选出 5 个油气模做单模燃烧室的燃烧试验。这就是图 1 - 1 中的"方案选择设计研究",即 TRL 2,是预先研究的一步。选出的 5 个油气模做单模燃烧室试验就是图 1 - 1 中的"技术研发",也是 TRL 3 的一步了。美国有专门面向国防口的预先研究机构,经费相当充足,专门欢迎有创新理念的建议。在征求开题报告时有一条"在五年时间内要转化为技术研发",即不能总停在设想阶段,更不可能直接进行型号研发。

NASA(2004)文件中明确燃烧室技术研发的阶段大多集中于 TRL 3、TRL 4、TRL 5,很少有 TRL 6。用一台发动机试验燃烧室技术发展,这不现实。在图 1 - 1 中列出技术研发的内容(初步设计、详细设计等),也列出前提(要求)以及起点(循环参数),与 NASA(2004)文件相辅相成。

由于技术研发的循环参数往往和以后的型号研发不完全一样,这样研发型号燃烧室时仍可能从 TRL 3 开始。在图 1 - 1"型号研发"中 TRL 6、TRL 7、TRL 8、TRL 9 的各项也列出 NASA(2004)文件中没有涉及的机械设计、寿命预估、重量估算、成本估算及工艺设计等项,明确研发过程中技术上很重要的两步:设计冻结(技术定型)及定型技术文件,特别是图 1 - 1"售后服务"中的进一步改进。所以要把本章和第 1 章合起来讨论,得出航空燃烧室研发的全面概念。

这里强调的是,如果技术研发阶段,仍采用预研阶段常用的科学基金会式的开题、选题的方式,而缺乏强有力、有组织的技术研发计划,就很难产生先进发动机技术。解决上述问题是航空动力发展的关键。只有建立在技术研发成功的基础上,开展型号研发才是有源之水、有根之木。这在 1.3 节中已讨论过,此处不重复。

第3章　民航燃烧室设计研发基础

3.1　民航发动机压比趋势

　　20世纪60年代以后,涡扇发动机逐渐取代涡喷发动机成为民用飞机的主要动力装置。经过60多年的发展,涡扇发动机的热力性能、经济性、安全性和可靠性,以及噪声和污染等指标都有了显著的改进。为了使民航发动机更加具有竞争力,不断追求更高的发动机效率,从循环参数角度,那么发动机需要不断提高压比和温比。综合考虑性能、成本等因素,相较军航发动机侧重追求高推重比(更关注温比),民航发动机则重点发展更高的压比。如图3-1所示,从1960年至2000年,发动机压比由16左右增大至40左右。据报道,现在压比50、压比60的发动机都已上天,欧美先进民航发动机设备制造商(original equipment

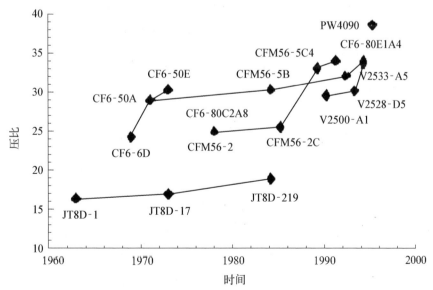

图3-1　民航发动机压比发展趋势

manufacture，OEM)正在发展压比 70 的相关技术。发动机压比的增大，使得燃烧室置于超高压的环境中工作。

相较传统燃烧室，超高压燃烧室的气流密度显著增大，从而要求燃烧室的通流面积变小，结构更加紧凑。紧凑空间和高压环境将增大燃烧室污染减排的困难。然而，民航发动机的污染排放问题日益受到关注，随着污染排放标准的日趋严格，排放问题已经成为制约民航发动机成功完成适航进入市场的一道技术门槛。超高压燃烧室如何降低污染排放成为设计研发的核心关键。

3.2　民航污染排放规定概述

航空发动机的排放包括两方面：噪声排放和污染排放。本节只涉及污染排放。航空发动机污染排放对地球环境的影响包括两方面：对全球变暖的影响和对机场附近的局部性影响，其中对全球变暖的影响主要源自 NO_x 及 CO_2 排放。应当说明，减少民用航空的污染不仅仅是燃烧室的事情，从国际民航组织的规定可知，发动机排放由两方面决定，即燃烧室排放和发动机单位燃油消耗率（specific fuel consumption，SFC）。SFC 与发动机循环有关，除燃烧效率外，也与压气机效率、涡轮效率有关。另外，涵道比对 SFC 也有相当影响。飞机的污染排放不仅与发动机有关，也与飞机设计很有关系，如飞机重量、飞行阻力、飞机各系统[如空调、辅助动力装置（auxiliary power unit，APU）等]。飞机的实际污染排放还与民航运营管理有关，用每一位有效乘客，每一直线航程公里的油耗表示。起飞时在跑道上等待，或不能及时降落在空中排队都会增大飞机的污染排放。

对于污染排放的定义，几十年来有所发展。很多年前，冒烟、CO、未燃碳氢、NO_x 定义为污染排放；后来突出强调 NO_x，随后 CO_2（碳排放）也属于污染排放。近年来微粒物质排放（包括固体微粒物质及可溶性微粒物质）也引起注意，当然也是污染排放。甚至飞机在高空排出水蒸气形成凝结尾流，对全球气候也有影响。飞机在高空排放的 CO_2 尽管只贡献了全球的 2%，但使电磁辐射力增大，不可忽视。现在对航空发动机设计研发最能产生直接影响的，还是国际民航组织的标准以及某些局部地区（如欧盟的碳排放税和某些机场的机场附加费）的规定。国际民航组织的标准只涉及 3 000 ft（约 914 m）以下的高度，即针对的是机场附近的排放问题，至今尚没有涉及高空巡航状态的排放规定。实际上现在航空发动机研发单位所关注的不是能否达到国际民航组织的排放标准，而是相对于该标准能降低多少,而民航公司面临的最现实的问题是是否要支付机场附加费或额外的碳排放税。

下节将较详细地讨论国际民航组织污染排放标准。这对于发动机燃烧室工程师是必须详细了解的,对直接开展低污染燃烧研发的工程人员,更是每次试验都要计算和评估的。对其他的发动机工程师或飞机工程师,全面了解国际民航组织污染排放标准也有好处。毕竟低污染是各行各业最热门的话题之一。要知道国际民航组织关于污染排放的标准,几十年来经常在改变,总趋势是越来越严。

当前民航飞机几乎都是亚声速飞行,本章将重点对亚声速民航飞机的污染排放标准及规定展开讨论。但随着超声速民航飞机的发展越发受到重视,本章也将加入部分超声速民航飞机的污染排放标准及规定。

3.3　国际民航组织及污染排放标准

本节着重介绍国际民航组织有关航空器发动机污染排放规定的标准。国际民航组织(International Civil Aviation Organization,ICAO)是联合国的一个分支机构,与(美国)自动车工程师学会(Society of Automotive Engineers,SAE)不同。SAE 是一个学术团体,不具有官方的性质,尽管 SAE 制订的技术文件基本上都被 ICAO 采纳。1972 年在斯德哥尔摩召开的联合国人类环境会议上,将 ICAO 的功能做了明确规定。简单地说,要 ICAO 关注与飞机活动有关的对环境的负面影响,要求 ICAO 以及其成员在以下两方面达到最大的相容性,即民航的安全有序发展和人类的环境质量。

随后,ICAO 在 1977 年发布了一个名为《航空器发动机污染排放控制》(Control of Aircraft Engine Emissions)的文件。该文件以发动机审定程序的方式给出了指导性的规定,控制冒烟及某些气体污染排放。该文件只适用于亚声速推进用的新的涡轮喷气机以及涡轮风扇发动机。

同年,成立航空器发动机排放委员会(Committee on Aircraft Engine Emissions,CAEE),在 1980 年 CAEE 的第二次会议上提出的建议被列作命名为《附件 16　环境保护》(Annex 16 Environmental Protection)的附录文件,其中第 1 卷是航空器噪声(Aircraft Noise);第 2 卷是航空器发动机排放物(Aircraft Engine Emissions)。

附件 16 纳入了 SAE 航空宇航推荐做法(Aerospace Recommended Practice,ARP)的三个文件中一样的内容,此处着重讨论经过几次修改的有关航空器发动机污染排放的标准,这是低污染燃烧最重要的文件,其中有关 NO_x 的规定越来越严。该文件还规定了发动机定型试车时有关污染排放数据怎样确定,而且,这些数据要向 ICAO 报告,并存入 ICAO 数据库。

1983 年,航空环境保护委员会(Committee on Aviation Environmental Protection,CAEP)成立,用于取代航空器噪声委员会(Committee on Aircraft Noise,CAN)和航空器发动机排放委员会,成为承担国际民航组织环境保护职能的主要机构。CAEP 自成立以来,数次会议制定了 CAEP/1、CAEP/2、CAEP/3、CAEP/4、CAEP/6、CAEP/7、CAEP/8、CAEP/9 和 CAEP/10 等各次航空器发动机排放标准。1993 年制定的 CAEP/2 是基准标准,1997 年修订成 CAEP/3 标准,1999 年修订成 CAEP/4 标准,2005 年修订成 CAEP/6 标准,2008 年修订成 CAEP/7 标准,2011 年修订成 CAEP/8 标准,2014 年修订成 CAEP/9 标准,2017 年修订成 CAEP/10 标准。下面就 CAEP/10 标准,分别对亚声速民用涡喷/涡扇发动机和超声速民用涡喷/涡扇发动机的污染物排放规定进行介绍。

3.4 亚声速涡喷/涡扇发动机排放规定

对于亚声速民用涡喷/涡扇发动机,除了关于 NO_x 的排放规定日益严格外,其他污染物(如 CO、UHC、烟)的排放规定没有变化。为了清晰界定污染物排放,CAEP 标准定义了一些重要的技术术语。

(1) 国际标准大气(international standard air,ISA),指温度 15℃、绝对湿度 0.00 kg 水/kg 干空气、气压 101 325 Pa 的大气条件。

(2) 基准大气条件,指温度 15℃,绝对湿度 0.006 34 kg 水/kg 干空气,压力 101 325 Pa 的大气条件。

(3) 额定推力(rated thrust),指针对发动机排放,审定当局批准的以 ISA 海平面静态为条件在不使用喷水的正常运行条件下可用于起飞的最大推力,用 F_∞ 表示,单位是 kN。

(4) 基准压比(reference pressure ratio),指当发动机在 ISA 海平面静态条件下达到额定推力时,压气机最后一级出口截面平均总压与进口截面平均总压之比,用 π_∞ 表示。

(5) 基准排放着陆起飞循环(reference emissions landing and take-off cycle):指基准大气条件下发动机排放试验的着陆起飞循环。

(6) 着陆起飞循环(landing and take-off cycle,LTO 循环):由起飞

(take-off)、爬升(climb)、返场(approach)、滑行/地面慢车(taxi/ground idle)4 种运行模式构成,每种运行模式的推力设定值和运行时间如表 3-1 所示。

表 3-1 CAEP 标准规定的亚声速民用涡喷/涡扇发动机 LTO 循环

运 行 模 式	推 力 设 定 值	运行时间/min
起飞	$100\% \ F_\infty$	0.7
爬升	$85\% \ F_\infty$	2.2
返场	$30\% \ F_\infty$	4.0
滑行/地面慢车	$7\% \ F_\infty$	26.0

CAEP 标准对亚声速民用涡喷/涡扇发动机污染物排放在测试上作出了几点重要规定。

1. 发动机要在相应的推力状态下试验

通过试验确定发动机的气态污染物及冒烟排放,这样可以确定在定型当局同意的几种特定的额定推力比例情况下修正到基准大气条件的冒烟和气态污染物排放。表 3-1 给出了由 ICAO 定义的专门用于污染物排放测量的 4 种工况,即起飞 $100\% \ F_\infty$、爬升 $85\% \ F_\infty$、返场 $30\% \ F_\infty$ 和滑行/地面慢车 $7\% \ F_\infty$。

需要注意的是,实际上飞机在跑道上慢车不一定就是 7% 的额定推力。但不管哪个机种,都用 100%、85%、30% 和 7% 的额定推力这 4 种工况来考核,而且每种工况的时间也都有规定(对不同机种的规定相同)。

2. 发动机要按规定的 LTO 循环试验

用来计算以及报告污染物的 LTO 循环由上述 4 种工况以如表 3-1 所示的规定时间组成,即起飞 0.7 min、爬升 2.2 min、返场 4.0 min 和滑行/地面慢车 26.0 min。

也需要注意的是,不管推力大小,任何机种都是这 4 种工况,而且每种工况的相应时间均照此规定。

3. 发动机 LTO 循环试验需用规范燃油

在排气排放物测试中,发动机 LTO 循环试验采用的燃油应不含抑制烟雾产生的添加剂(如金属有机化合物)且满足下列规范,如表 3-2 所示。

表 3 - 2　发动机 LTO 循环用燃油的规范

性　　能	允许值范围
15℃时密度	780～820 kg/m³
蒸馏温度，10％沸点	155～201℃
终馏点	235～285℃
净热值	42.86～43.50 MJ/kg
芳烃含量(体积分数)	15％～23％
萘烃含量(体积分数)	0～3.0％
发烟点	20～28 mm
氢含量(质量分数)	13.4％～14.3％
硫含量(质量分数)	小于 0.3％
−20℃时运动黏度	2.5～6.5 mm²/s

1) 关于烟排放的规定

烟排放采用冒烟数(smoke number，SN)来评定。SN 取值范围为 0～100，定义为

$$SN = 100\left(1 - \frac{R_s}{R_w}\right) \tag{3-1}$$

其中，R_s 为有烟痕的 Whatman 4 号过滤纸的反射率，在一定规范下测量；R_w 为清洁的 Whatman 4 号过滤纸的反射率。排气可见烟和排气不可见烟之间的分界线随发动机排气柱的直径大小、烟颗粒物的尺寸分布而有所不同。排气柱直径在 0.5 m 以下，SN 到 30 仍为不可见烟；排气柱直径为 0.6～0.8 m，分界线在 SN＝25；排气柱直径大于 1 m 时，不可见烟 SN≤20。

在各种 CAEP 标准中，烟排放规定采用冒烟数特征值 SN*(characteristic level of the smoke number)来限制。冒烟数特征值是指所有被测发动机排气的冒烟数的平均值除以烟排放特征值系数后得到的数值。烟排放特征值系数与定型试车发动机台数的关系如表 3 - 3 所示。

各种 CAEP 标准中关于冒烟数特征值 SN* 的规定一直没有变化，即要求在 LTO 循环 4 种运行模式中，任何一种运行模式下应满足

$$SN^* \leqslant \min(50,\ 83.6F_\infty^{-0.274}) \tag{3-2}$$

即 SN* 限值在 50 与 $83.6F_\infty^{-0.274}$ 两者之间取较小者。

表 3-3　与定型试车发动机台数相关的污染物排放特征值系数

测试发动机 台数 i	CO 排放特征值 系数	UHC 排放特征 值系数	NO_x 排放特征值 系数	烟排放特征值 系数
1	0.814 7	0.649 3	0.862 7	0.776 9
2	0.877 7	0.768 5	0.909 4	0.852 7
3	0.924 6	0.857 2	0.944 1	0.909 1
4	0.934 7	0.876 4	0.951 6	0.921 3
5	0.941 6	0.889 4	0.956 7	0.929 6
6	0.946 7	0.899 0	0.960 5	0.935 8
7	0.950 6	0.906 5	0.963 4	0.940 5
8	0.953 8	0.912 6	0.965 8	0.944 4
9	0.956 5	0.917 6	0.967 7	0.947 6
10	0.958 7	0.921 8	0.969 4	0.950 2
>10	$1-\dfrac{0.130\,59}{\sqrt{i}}$	$1-\dfrac{0.247\,24}{\sqrt{i}}$	$1-\dfrac{0.096\,78}{\sqrt{i}}$	$1-\dfrac{0.157\,36}{\sqrt{i}}$

　　需要注意的是,烟排放的控制没有推力的限制,无论对小发动机还是大发动机都要遵守上述限值规定。以曲线表示上述规定,如图 3-2 所示。当 $F_\infty \leqslant$ 6.53 kN 时,规定的 SN^* 限值为 50;当 $F_\infty > 6.53$ kN 时,规定的 SN^* 限值按照

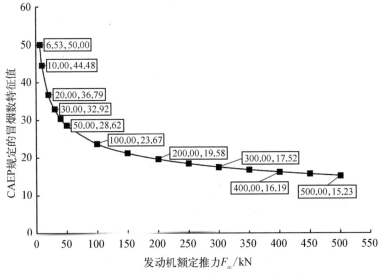

图 3-2　CAEP 规定的冒烟数特征值限值与发动机额定推力的关系

公式 $83.6F_\infty^{-0.274}$ 计算。从图 3-2 还可以看出,发动机推力越大,SN^* 限值越小,这是因为发动机推力大,其排气柱直径大,在比较小的 SN^* 情况下,就可见排气冒烟。

关于表 3-3 污染物排放特征值系数,此处做进一步作说明。在发动机定型试车时,实测的烟排放(按照该文件规定)与 SAE ARP1179 是一样的。这个烟排放是不能马上报告 ICAO,要采用烟排放特征值系数修正。这个修正是将发动机测出 SN 平均值除以该系数,它小于 1,所以是往大的方向修正。举例来说,本来发动机测出平均值 SN=18,如果只有一台发动机试车,修正之后变成 SN^*=23.17;如果有两台发动机,修正后变成 SN^*=21.11;如果有 3 台发动机,修正后 SN^*=19.8。如图 3-3 所示,从该修正系数的放大比例和发动机台数的关系可以看出,大体上用 3 台发动机去参加试车最合适,因为此时的 SN^* 修正放大比例的变化斜率最大。

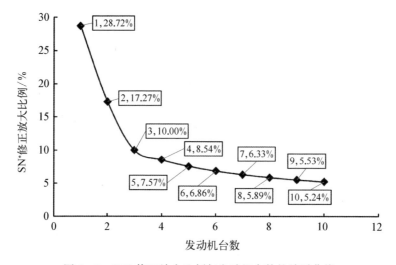

图 3-3 SN^* 修正放大比例与发动机台数的关系曲线

很明显,从只投入 1 台到投入 3 台(多加两台),SN^* 修正放大比例显著减小;然后再多投 2 台(总数变成 5 台),SN^* 修正放大比例减小很小。其他气体污染排放的台数修正也是类似情况,况且文件还规定,定型试车至少要有 3 次发动机试车。如果只投入一台,那就试 3 次,如果投入 3 台,每台可以只试一次(允许投入试车的各台发动机,每台试车多次取平均,即如果某一台某一次试出结果不好,允许再试,然后取平均结果)。这就是为什么通常都用 3 台定型试车,用更多的话耗费增大,但效果不明显。

　　需要指出的是，CAEP 标准对烟排放的限制与推力无关，即无论多大推力的民用航空发动机均应遵守该标准的规定，但对气态污染物排放限制则与推力有关。一般地，针对额定推力小于 26.7 kN 的小发动机，CAEP 标准对气态污染物排放没有要求；而针对额定推力大于 26.7 kN 的发动机，CAEP 标准对气态污染物排放给出了限值。气态污染物排放按 100%、85%、30% 和 7% 工况来检查；对于烟排放，任何工况下的 SN 都不能超过规定。而对某些发动机，最大烟排放并不见得一定出现在 100% 工况，因为其他工况时副油比例不同。上述烟排放标准很多年来都没有被修改过。

　　2）关于气态污染物排放的规定

　　气态污染物的排放使用 LTO 循环污染物排放数来评定，用 EN 表示，单位为 g/kN，定义为 LTO 循环污染物排放量 D_p 与该发动机的额定推力 F_∞ 的比值，即

$$EN = \frac{D_p}{F_\infty} \tag{3-3}$$

其中，D_p 的单位为 g，对于某气态污染物 i，$EN_i = \frac{D_{pi}}{F_\infty}$。LTO 循环污染物 i 排放量 D_{pi} 的计算为

$$D_{pi} = \sum_{j=1}^{N} EI_{i,j} W_{f,j} t_j \tag{3-4}$$

其中，j 为 LTO 循环的运行模式；$EI_{i,j}$ 为运行模式 j 过程中污染物 i 排放指数，单位 g/kg；$W_{f,j}$ 为运行模式 j 过程中燃油流量，单位 kg/s；t_j 表示运行模式 j 的运行时间。

　　在各种 CAEP 标准中，气态污染物的排放规定使用 LTO 循环污染物排放数特征值 EN* 来限制。EN* 是指所有被测发动机实测的 EN 经基准发动机修正和基准大气条件修正后的平均值除以气态污染物的特征值系数后得到的数值。这里气态污染物的特征值系数与定型试车发动机台数的关系如表 3-3 所示。

　　在上述定义中，所谓基准发动机，是指基本上按照审定当局审定和认可的发动机构型，可代表谋求取得审定发动机型号的发动机。若被测发动机不是基准发动机，则需要将实测的气态污染物排放数据修正到基准发动机条件，即基准发动机修正。另外，实际试验时由于发动机进口空气的压力和温度与基准大气条件不完全一致，因而还需要将气态污染物排放数据修正到基准大气条件，即基准

大气条件修正。

针对 CO 排放,按照规定的 LTO 循环进行试验,测出每种工况下 CO 排放指数 EI_{CO},再按照式(3-4)和式(3-3)计算出 LTO 循环 CO 排放数 EN_{CO},经过基准发动机修正、基准大气条件修正和 CO 排放特征值系数修正后,获得 LTO 循环 CO 排放数特征值 EN_{CO}^*。该数不得超过以下数值。

$$EN_{CO}^* \leqslant 118 \tag{3-5}$$

CO 排放特征值系数参考表 3-3,同样可看出定型试车发动机以 3 台为最合适,历次 CAEP 修改对 CO 的 EN_{CO}^* 要求没有改动。

针对 UHC 排放,按照规定的 LTO 循环进行试验,测出每种工况下 UHC 排放指数 EI_{UHC},再按照式(3-4)和式(3-3)计算出 LTO 循环 UHC 排放数 EN_{UHC},经过基准发动机修正、基准大气条件修正和 UHC 排放特征值系数修正后,获得 LTO 循环 UHC 排放数特征值 EN_{UHC}^*。该数不得超过以下数值。

$$EN_{UHC}^* \leqslant 19.6 \tag{3-6}$$

同样地,UHC 排放特征值系数参考表 3-3,也可以看出定型试车发动机以 3 台为最合适,历次 CAEP 修改对 UHC 的 EN_{UHC}^* 要求没有改动。

关于 NO_x 排放的规定比较复杂,也是历次 CAEP 修订的核心。ICAO 对 NO_x 排放规定的严格程度已历经 5 个版本的提升,通常称为 CAEP/1、CAEP/2、CAEP/4、CAEP/6 和 CAEP/8。

某类发动机的第一台原型机的制造日期在 1996 年 1 月 1 日之前,且随后的此类发动机的制造日期在 2000 年 1 月 1 日之前,该类发动机或原型发动机的 NO_x 排放适用的标准是 CAEP/1。此时 LTO 循环 NO_x 排放数特征值 $EN_{NO_x}^*$ 不应超过如下规定。

$$EN_{NO_x}^* = 40 + 2\pi_\infty \tag{3-7}$$

可以看出,$EN_{NO_x}^*$ 只是发动机基准压比 π_∞ 的函数。

第一台原型机的制造日期在 1996 年 1 月 1 日或之后,或者此类发动机的制造日期在 2000 年 1 月 1 日或之后,该类发动机或原型发动机的 NO_x 排放适用的标准是 CAEP/2。此时 LTO 循环 NO_x 排放数特征值 $EN_{NO_x}^*$,不应超过如下规定。

$$EN_{NO_x}^* = 32 + 1.6\pi_\infty \tag{3-8}$$

同样地，此时 $EN_{NO_x}^*$ 也只是发动机基准压比 π_∞ 的函数。

第一台原型机的制造日期在 2004 年 1 月 1 日或之后，该类发动机或原型发动机的 NO_x 排放适用的标准是 CAEP/4。需要注意的是，此时发动机 $EN_{NO_x}^*$ 不仅是基准压比的函数，还是额定推力的函数。首先按基准压比来划分，分为小于或等于 30、在 30~62.5 以及超过 62.5 三类（至今还没有基准压比超过 62.5 的发动机）。

对于 $\pi_\infty \leqslant 30$，有以下两种情况。

当 $F_\infty > 89\ kN$ 时，有

$$EN_{NO_x}^* = 19 + 1.6\pi_\infty \tag{3-9}$$

当 $26.7\ kN < F_\infty \leqslant 89\ kN$ 时，有

$$EN_{NO_x}^* = 37.572 + 1.6\pi_\infty - 0.208\ 7F_\infty \tag{3-10}$$

对于 $30 < \pi_\infty < 62.5$，有以下两种情况。

当 $F_\infty > 89\ kN$ 时，有

$$EN_{NO_x}^* = 7 + 2.0\pi_\infty \tag{3-11}$$

当 $26.7\ kN < F_\infty \leqslant 89\ kN$ 时，有

$$EN_{NO_x}^* = 42.71 + 1.428\ 6\pi_\infty - 0.401\ 3F_\infty + 0.006\ 42\pi_\infty F_\infty \tag{3-12}$$

对于 $\pi_\infty \geqslant 62.5$ 的情况，有

$$EN_{NO_x}^* = 32 + 1.6\pi_\infty \tag{3-13}$$

注意，制定这些规定时已经包含了对大推力发动机鼓励使用高压比。例如，假定有一台发动机起飞推力为 200 kN，如果压比为 30，其 $EN_{NO_x}^*$ 为 67；如果压比为 35，这时规定的 $EN_{NO_x}^*$ 为 77，这就放宽了 15%。当然，压比为 35 的燃烧室会比压比为 30 的燃烧室产生更多的 NO_x，但这主要是与 85% 工况以及 100% 工况有关。对慢车工况，30% 工况并不一定是高压比的发动机产生更多 NO_x。这样对这台 200 kN 的发动机，选择压比为 35 较选择压比为 30 更有利。但是，这种情况对小推力发动机影响的效果减弱，如对于 50 kN 的发动机，选用压比为 35 较选用压比为 30 在 $EN_{NO_x}^*$ 限值上的放宽幅度为 11.6%，而不如 200 kN 时的 15%。

第一台原型机的制造日期在 2008 年 1 月 1 日或之后，或者此类发动机的制

造日期在 2013 年 1 月 1 日或之后，此时适用标准这就是通常说的 CAEP/6。此时 LTO 循环 NO_x 排放数特征值 $EN^*_{NO_x}$ 不应超过如下规定。

对于 $\pi_\infty \leqslant 30$，有以下两种情况。

当 $F_\infty > 89$ kN 时，有

$$EN^*_{NO_x} = 16.72 + 1.4080\pi_\infty \qquad (3-14)$$

当 26.7 kN $< F_\infty \leqslant 89$ kN 时，有

$$EN^*_{NO_x} = 38.5486 + 1.6823\pi_\infty - 0.2453F_\infty - 0.00308\pi_\infty F_\infty$$

$$(3-15)$$

对于 $30 < \pi_\infty < 82.6$，有以下两种情况。

当 $F_\infty > 89$ kN 时，有

$$EN^*_{NO_x} = -1.04 + 2.0\pi_\infty \qquad (3-16)$$

当 26.7 kN $< F_\infty \leqslant 89$ kN 时，有

$$EN^*_{NO_x} = 46.1600 + 1.4286\pi_\infty - 0.5303F_\infty + 0.00642\pi_\infty F_\infty$$

$$(3-17)$$

对于 $\pi_\infty \geqslant 82.6$ 情况，有

$$EN^*_{NO_x} = 32 + 1.6\pi_\infty \qquad (3-18)$$

注意到在 CAEP/6 中最高压比的档次由 CAEP/4 中的 62.5 提高到 82.6。尽管现在还没有压比 62.5 的发动机。

第一台原型机的制造日期在 2014 年 1 月 1 日或之后，此时适用标准就是 CAEP/8。该类发动机 LTO 循环 NO_x 排放数特征值 $EN^*_{NO_x}$，不应超过如下规定。

对于 $\pi_\infty \leqslant 30$，有以下两种情况。

当 $F_\infty > 89$ kN 时，有

$$EN^*_{NO_x} = 7.88 + 1.4080\pi_\infty \qquad (3-19)$$

当 26.7 kN $< F_\infty \leqslant 89$ kN 时，有

$$EN^*_{NO_x} = 40.052 + 1.5681\pi_\infty - 0.3615F_\infty - 0.0018\pi_\infty F_\infty \quad (3-20)$$

对于 $30 < \pi_\infty < 104.7$，有以下两种情况。

当 $F_\infty > 89\ \text{kN}$ 时，有

$$\text{EN}^*_{\text{NO}_x} = -9.88 + 2.0\pi_\infty \tag{3-21}$$

当 $26.7\ \text{kN} < F_\infty \leqslant 89\ \text{kN}$ 时，有

$$\text{EN}^*_{\text{NO}_x} = 41.943\,5 + 1.505\pi_\infty - 0.582\,3F_\infty + 0.005\,562\pi_\infty F_\infty$$

$$\tag{3-22}$$

对于 $\pi_\infty \geqslant 104.7$ 情况，有

$$\text{EN}^*_{\text{NO}_x} = 32 + 1.6\pi_\infty \tag{3-23}$$

下面比较 CAEP/2、CAEP/4、CAEP/6 和 CAEP/8 对 NO_x 排放规定的不同。考查 3 台发动机，其推力及压比大体上代表现在 3 种类型的发动机，计算它们在 CAEP/2、CAEP/4、CAEP/6 和 CAEP/8 规定下的 $\text{EN}^*_{\text{NO}_x}$，如表 3-4 所示。

表 3-4　3 种类型发动机在不同标准下排放规定

参　　数	发 动 机 类 型		
	A	B	C
额定推力 F_∞/kN	50	130	330
基准压比 π_∞	21	31	42.5
$\text{EN}^*_{\text{NO}_x}$(CAEP/2)	65.6	81.6	100
$\text{EN}^*_{\text{NO}_x}$(CAEP/4)	60.737	69	92
$\text{EN}^*_{\text{NO}_x}$(CAEP/6)	58.378	60.96	83.96
$\text{EN}^*_{\text{NO}_x}$(CAEP/8)	53.017	52.12	75.12

显然，从 CAEP/2 到 CAEP/4，NO_x 排放的规定收紧了。但收紧的程度对上述 3 种类型不同：A 类收紧 7.4%；B 类收紧 15.4%；C 类收紧 8%。从 CAEP/4 到 CAEP/6，NO_x 的规定又进一步收紧，同样对上述 3 种类型不同：A 类收紧 3.9%；B 类收紧 11.7%；C 类收紧 8.7%。从 CAEP/6 到 CAEP/8，NO_x 的规定又进一步收紧，A 类收紧 9.2%；B 类收紧 14.5%；C 类收紧 10.5%。可以说，对推力比较大而压比不太高的收紧得最多。

NO_x 排放特征值系数参考表 3-3，同样可看出投入定型试车的发动机以 3 台为最佳。

以下举例说明如何从发动机试验得出的 7%、30%、85% 和 100% 工况下的 EI_{NO_x}（每燃烧 1 kg 燃油产生的 NO_x 的克数）来计算 EN_{NO_x}。在此算例中着重说明，EN_{NO_x} 与发动机在各工况下燃油消耗量成正比，在发动机推力不变下，也就是它与单位燃油消耗率（SFC）成正比。这是研发低污染发动机（或燃烧室）非常基本的概念。下面给出燃烧室试验得出污染物排放指数 EI_{NO_x} 计算发动机 EN_{NO_x} 的过程。

已知发动机最大起飞推力为 57.827 kN，压比为 20.6，各工况下测量得出的 EI_{NO_x} 如表 3-5 所示。

表 3-5 示例发动机各工况下的 NO_x 排放

运行模式 j	7%工况	30%工况	85%工况	100%工况
$EI_{NO_x}/(g/kg)$	1.98	5.69	1.66	3.03
$W_{f,j}/(kg/h)$	250.6	652.26	1 859	2 247.07
t_j/min	26	4	2.2	0.7
运行模式 j 的 NO_x 排放量/g	215	247.4	113.2	79.4

所以，LTO 循环 NO_x 排放量 D_{p,NO_x} 按式（3-4）有

$$D_{p,NO_x} = \sum_{j=1}^{N} EI_{NO_x,j} W_{f,j} t_j = 215 + 247.4 + 113.2 + 79.4 = 655 \text{ g}$$

$$(3-24)$$

故 $EN_{NO_x} = \dfrac{D_{p,NO_x}}{F_\infty} = \dfrac{655}{57.827} = 11.327 \text{ g/kN}$。

该发动机压比为 20.6，最大起飞推力为 57.827 kN，ICAO 的几个 CAEP 标准所规定的 $EN_{NO_x}^*$ 限值如表 3-6 所示。

表 3-6 CEAP 标准关于该发动机的 $EN_{NO_x}^*$ 限值

标 准	CAEP/2	CAEP/4	CAEP/6	CAEP/8
$EN_{NO_x}^*/(g/kN)$	64.96	58.46	55.35	49.31

这样，该燃烧室 NO_x 相较 CAEP/2 降低 83.015%；相较 CAEP/4 降低

80.6%；相较 CAEP/6 降低 79.5%；相较 CAEP/8 降低 77%。

在上述计算中每个工况下产生的 NO_x 都与该工况下的燃油流量成正比，如果每个工况下（推力不变）燃油消耗降低 10%，那 EN_{NO_x} 也就降低 10%。这正说明降低民航发动机污染排放不仅涉及燃烧室，而是与整个发动机有关的事情。如按 3 台发动机定型加以修正，$EN_{NO_x} = \dfrac{11.327}{0.944\,1} = 11.998 \text{ g/kN}$，那么相较 CAEP/2、CAEP/4、CAEP/6、CAEP/8 分别降低 81.5%、79.5%、78.3% 和 75.7%。

3）关于微粒物质排放的规定

关于微粒物质排放的规定目的是控制非挥发性微粒物质质量（non-volatile particulate matter mass，$nvPM_{mass}$，单位 $\mu g/m^3$）的排放。亚声速涡喷/涡扇发动机的微粒物质排放的测试按照表 3-1 规定的 LTO 循环，燃油规范同表 3-2。对于 $F_\infty > 26.7 \text{ kN}$ 且制造日期在 2020 年 1 月 1 日或之后的亚声速涡喷/涡扇发动机，$nvPM_{mass}$ 应满足：$nvPM_{mass} \leqslant 10^{(3+2.9F_\infty^{-0.274})}$。

3.5　超声速涡喷/涡扇发动机排放规定

对于超声速民用涡喷/涡扇发动机，LTO 循环有 5 种运行模式，其推力设定值和运行时间如表 3-7 所示。表中 F_∞^* 表示使用加力燃烧下的额定推力，F_∞ 表示没有使用加力燃烧下的额定推力。测试期间使用的燃油规范同表 3-2。

表 3-7　CAEP 标准规定的超声速民用涡喷/涡扇发动机 LTO 循环

运 行 模 式	推力设定值	运行时间/min
起飞	100% F_∞^*	1.2
爬升	65% F_∞^*	2.0
下降	15% F_∞^*	1.2
返场	34% F_∞^*	2.3
滑行/地面慢车	5.8% F_∞	26.0

CAEP 标准规定超声速民用涡喷/涡扇发动机在 LTO 循环 5 种运行模式中，任何一种运行模式下它的冒烟数特征值应满足

$$SN^* \leqslant \min(50, 83.6(F_\infty^*)^{-0.274}) \tag{3-25}$$

即 SN* 限值在 50 与 $83.6(F_\infty^*)^{-0.274}$ 两者之间取较小者,这与亚声速民用涡喷/涡扇发动机烟排放规定相同。

对于超声速民用涡喷/涡扇发动机气态污染物排放,CAEP 标准定义的 LTO 循环污染物排放数为 $EN = \dfrac{D_p}{F_\infty^*}$,在经过基准发动机修正、基准大气条件修正和参与定型试车发动机台数修正后,获得的 LTO 循环气态污染物排放数特征值规定不同于亚声速民用涡喷/涡扇发动机时的规定。

对于 UHC,LTO 循环 UHC 排放数特征值 EN_{UHC}^* 规定为

$$EN_{UHC}^* \leqslant 140(0.92)^{\pi_\infty} \tag{3-26}$$

这与亚声速民航发动机不同。如果压比为 23.58,那么 UHC 的排放标准与亚声速民用涡喷/涡扇发动机一样;如果压比为 20,UHC 允许排放为 26.417,比亚声速时宽。超声速民用涡喷/涡扇发动机的压比不会像亚声速民用涡喷/涡扇发动机那么高。

对于 CO,LTO 循环 CO 排放数特征值 EN_{CO}^* 规定为

$$EN_{CO}^* \leqslant 4\,550(\pi_\infty)^{-1.03} \tag{3-27}$$

对于 CO,在压比为 34.67 时其排放标准与亚声速民航发动机一样;如果压比为 20,CO 允许排放为 207.946,其规定也比亚声速民航发动机更宽松。

对于 NO_x,LTO 循环 NO_x 排放数特征值 $EN_{NO_x}^*$ 规定为

$$EN_{NO_x}^* \leqslant 36 + 2.42\pi_\infty \tag{3-28}$$

需要注意的是,超声速民用涡喷/涡扇发动机所有污染排放的允许值都规定为压比的函数。如果压比为 20,那么超声速民航发动机 NO_x 排放规定为 84.4;而亚声速民航发动机在同样压比下,NO_x 排放规定为 64。总的说来,超声速民航发动机污染物排放规定比亚声速民航发动机更宽松。

3.6　涡喷/涡扇发动机定型试车排放修正

1. 试车发动机

允许发动机制造者选定任何数目的发动机提交试车,包括只试一台。但如果只试一台,至少要试 3 次。如果其中任一台发动机试了几次,要将试验结果取算术平均值作为该发动机的平均值。定型的结果是由每台试验得出的数据的平均值。

提交试车的发动机都应该具有代表性的污染排放特性,但其中至少有一台

是达到该类发动机的生产标准,有完全代表性的工作和性能特性。这一台发动机被认定为基准发动机。其他参与定型试车的发动机的试验结果修正到这个基准发动机的方法,应该得到该国定型当局(如航空定型委员会)的批准。

2. 定型试车

定型试车时的大气状况与基准大气条件可以不同。定型试车排放数据要修正到基准大气条件。修正计算公式如下。

$$\mathrm{EI}_{修正} = K \cdot \mathrm{EI}_{实测} \tag{3-29}$$

K 的一般表示式为

$$K = \left(\frac{p_{\mathrm{Bref}}}{p_{\mathrm{B}}}\right)^a \times \left(\frac{\mathrm{FAR}_{\mathrm{ref}}}{\mathrm{FAR}_{\mathrm{B}}}\right)^b \times \exp\left(\frac{\mid T_{\mathrm{Bref}} - T_{\mathrm{B}} \mid}{c}\right) \times \exp(d \mid h - 0.006\,34 \mid) \tag{3-30}$$

其中,p_{B} 为实测的燃烧室进口压力;T_{B} 为实测的燃烧室进口温度;$\mathrm{FAR}_{\mathrm{B}}$ 为燃烧室中油气比;h 为环境大气湿度,单位为 kg 水/kg 干空气;p_{Bref} 为在 ISA 海平面状况下与 T_{B} 相关的测试发动机的燃烧室进口压力;T_{Bref} 为在 ISA 海平面状况下测试发动机的燃烧室进口温度,此温度是相应于每种运行模式下对应的温度,对于亚声速民用涡喷/涡扇发动机,是指 7% 工况、30% 工况、85% 工况和 100% 工况下的进口温度;$\mathrm{FAR}_{\mathrm{ref}}$ 为在 ISA 海平面状况下测试发动机的燃烧室油气比;a、b、c、d 为特定常数,与污染物种类及发动机类型相关。

经过一些简化,ICAO 的文件规定做如下修正:

$\mathrm{EI}_{\mathrm{CO},修正}$ 由 $\dfrac{p_{\mathrm{B}}}{p_{\mathrm{Bref}}} \times \mathrm{EI}_{\mathrm{CO}}$ 与 T_{B} 的曲线导出;

$\mathrm{EI}_{\mathrm{UHC},修正}$ 由 $\dfrac{p_{\mathrm{B}}}{p_{\mathrm{Bref}}} \times \mathrm{EI}_{\mathrm{UHC}}$ 与 T_{B} 的曲线导出;

$\mathrm{EI}_{\mathrm{NO}_x,修正}$ 由 $\left(\dfrac{p_{\mathrm{Bref}}}{p_{\mathrm{B}}}\right)^{0.5} \times \mathrm{EI}_{\mathrm{NO}_x} \times \exp(19 \mid h - 0.006\,34 \mid)$ 与 T_{B} 的曲线导出。

上述曲线应该在要求的 LTO 工况,由试车在每一工况的等效修正过的推力状况下得出,每条曲线至少有 3 个点。要确定以下关系:

(1) EI 与 T_{B} 的关系;

(2) 发动机燃油流量 $W_{\mathrm{f},j}$ 与 T_{B} 的关系;

(3) 修正到 ISA 海平面状况的推力 F_∞ 与修正到海平面状况的 T_{B} 的关系。

文件中提到,如果上述 CO、UHC 的修正得出的关系式不够令人满意,可以采用部件试验中得出的参数关系式修正,所有修正的方法要得到该国定型当局的认可。

3.7　民用机场污染物排放规定

尽管国际上 ICAO 对亚声速民航飞机污染排放有所规定,但某些国家(如美国和欧洲国家)有自己本国的亚声速飞机污染排放规定,大体上与 ICAO 的规定一致。也有国家(如美国)在某些实质性规定上有所差异,此处从略。

现在世界上有两个国家的三处国际机场,它们有自己的对亚声速民航飞机污染的排放规定,这三处机场是瑞士的苏黎世机场及日内瓦机场、瑞典的斯德哥尔摩机场。

有些国家认为 ICAO CAEP 在收紧污染排放的规定上步伐太慢。瑞士和瑞典都是 ICAO 的成员,他们一方面游说 ICAO 对 NO_x 排放更加从严,另一方面自己引入机场污染排放附加费,费用都基于飞机在一个起落的排放量。有所不同的是,在瑞士苏黎世机场及日内瓦机场,机场附加费的征收是基于飞机起落中的 $EN_{NO_x} + EN_{UHC}$。这两个 LTO 循环排放数之和,称为发动机排放因子(engine emissions factor, EEF),通常也称作"苏黎世数"(Zurich number)。在瑞典斯德哥尔摩机场,机场附加费的征收只基于 EN_{NO_x},对于 UHC 的排放只要符合 ICAO 的规定即可。

对于瑞士机场,以涡轮风扇发动机为例,其 EEF 计算如下。

(1) LTO 循环中 4 个运行模式的推力设定值和运行时间与 ICAO 规定的一样。

(2) $EEF = EN_{NO_x} + EN_{UHC}$,单位 g/kN。

瑞士机场附加费的征收如表 3-8 所示。

表 3-8　瑞士机场附加费

级　别	EEF 范围	机场附加费/%
1	EEF≥100	40
2	80≤EEF<100	20
3	60≤EEF<80	10
4	50≤EEF<60	5
5	EEF<50	0

这个机场附加费规定尽管对每次起落数额并不大,但对飞机及发动机低污染技术发展有很大影响。首先,每次起落都多交 10% 或 20% 的机场费,一年累计下来也不少。民航公司显然对这种要多交机场费的飞机(发动机)不欢迎。其次,尽管相对于 ICAO CAEP/6(或 CAEP/8)有多少污染降低是人们关心的,但每次起落要多交的更是实实在在的现金。这样,对新飞机(发动机)的研发,民航公司(飞机、发动机购买者)首先关心的是能否满足瑞士机场的 EEF。这成了影响飞机、发动机降低污染的实实在在的指标。我国的民航公司无疑也必须考虑,中国民航飞机到瑞士机场要交机场附加费显然不合算。

瑞典的斯德哥尔摩机场只关注 NO_x 的排放,其机场附加费如表 3-9 所示。

表 3-9 瑞典斯德哥尔摩机场附加费

级 别	EN_{NO_x} 范围	机场附加费/%
0	$EN_{NO_x} \geqslant 80$	30
1	$70 \leqslant EN_{NO_x} < 80$	25
2	$60 \leqslant EN_{NO_x} < 70$	20
3	$50 \leqslant EN_{NO_x} < 60$	15
4	$40 \leqslant EN_{NO_x} < 50$	10
5	$30 \leqslant EN_{NO_x} < 40$	5
6	$30 \leqslant EN_{NO_x} < 30$	0

对于大推力、高压比的大型民航涡扇发动机,要达到斯德哥尔摩机场的零机场附加费的要求相当困难。例如,有一发动机,压比为 42.5,最大起飞推力为 330 kN,按照 ICAO CAEP/6 的规定,$EN_{NO_x}^*$ 为 83.96 g/kN。如果要达到斯德哥尔摩机场零附加费的要求,意味着 NO_x 要降低 64.27%。这是现在所有大型涡扇发动机 GE NX 发动机及 TAPS(twin annular premixing swirl)燃烧室做不到的。这就提出一个问题,如果再有第三个、第四个国家的当地机场又提出一套规定,又有所不同,这对于低污染燃烧技术研发人员,将会出现"众口难调"的局面。在污染排放的控制上,同样有经济发达地区与经济欠发达地区之间的矛盾,这已超出本书讨论的范围。

3.8　低污染燃烧室设计研发策略

1. 贫燃与富燃

低污染燃烧室的重点在于产生低 NO_x，影响 NO_x 的最主要因素是燃烧温度。在燃烧室压力一定、燃油一定的情况下，可以通过两条路达到降低燃烧温度——贫燃和富燃。其中，富燃的策略就是：富油的燃烧区→快速淬熄→贫燃出口，即上一章提到的 RQL。现在大多数航空发动机公司走的是贫燃路线，只有普惠公司走 RQL 的路线。

从技术上看，RQL 可能降低 NO_x 的潜力不如贫燃，但其引起自燃、回火及振荡燃烧的概率会小一些，特别是在高空点火上，比贫燃设计容易解决问题（这是一个普遍规律，凡富燃的燃烧区设计，高空点火一定容易）。但是，我们知道燃烧温度随燃烧油气比的变化规律是：在化学比例大致恰当时燃烧温度最高，往贫油方向变化时，温度降得很快；而往富油方向变化时，温度降得慢，这就意味着要进一步降低 NO_x，富燃区要比现在的当量比 1.8～2.0 更高，如 2.2～2.4。这样最后出口要不出现冒烟就较难。另一个设计上的难题是快速淬熄区的设计。因为燃烧产物要从当量比 2.0 降至约 0.5，它不可能跳过去，势必要经过当量比 1.0，这就要将燃烧产物在当量比为 1.0 附近的停留时间尽量地缩短，而且要混合很均匀，否则都会使 NO_x 增多。这大致就是低污染燃烧室研发的主流不在 RQL 的原因。其实大概 40 年前，NASA 开了一次专门会议，讨论航空低污染的研发方向，这次会议由 A. H. Lefebvre 写总结，成为 NASA CP 报告，其中明确航空低污染燃烧的研发主要方向是贫燃，而不是富燃。但 RQL 有其用武之地，在工业燃气轮机低污染燃烧室研发中，会碰到含氮的燃料，这种燃烧室就要用 RQL。在富燃燃烧区中（还原气氛），燃料中的氮都转换成 N_2，而不是 NO。这对最后减少 NO_x 的生成至关重要。

总之，航空低污染燃烧室研发的第一个策略是走贫燃路线，而不是富燃。

2. 贫油预蒸发预混合与贫油直接混合

在总的贫油燃烧的方向下，又有两种方案：贫油预蒸发预混合（lean prevaporized premixed，LPP）和贫油直接混合（lean direct mixing，LDM）。

为什么要贫油预蒸发预混合？因为如果有液滴燃烧，液滴的火焰都是化学恰当比，这时 NO_x 会高，同时希望油气混合均匀（至少在大工况时如此）；否则混合不均匀，有的地方过贫（不利于火焰稳定及导致 CO、UHC 生成），又一定有地方会富油，也不利于减少 NO_x。所以总的来说，贫油应进行预蒸发预混合。

但是,贫油预蒸发预混合燃烧会有自燃(auto-ignition)及回火(flash-back)的危险,也有出现振荡燃烧的倾向。于是有人提出贫油直喷(lean direct injection,LDI)的概念。其实直接喷射并非什么新概念。所有除了蒸发管式之外的常规燃烧室都是直接喷射。应该是直接混合燃烧的概念,即没有经过预混合而混合得还相当好。完全的 LDM 航空低污染燃烧室不是不可能,经过研发完全可能,而且是方向,但可能仅适合作为超高压的低污染燃烧室方案。对于高压比航空低污染燃烧室,副油-副空气模是直接混合燃烧,在慢车工况下,只有副油-副空气模工作,所以是百分之百的直混燃烧,在最大工况下,副油只占不到20%,主油占绝大多数。这样就是贫油预蒸发预混合和直混燃烧的组合。需要说明,在慢车工况下,副油-副空气的直混燃烧并不贫油,实际上是富油的,从慢车后某一工况主油打开时到最大工况,副油直混燃烧的比例不断减小,主油预蒸发预混合燃烧的比例不断增大。需要提示的是,此处并未提贫油直混燃烧,只提直混燃烧。

总之,航空低污染燃烧室研发的第二个策略是贫油预蒸发预混合燃烧和直接混合燃烧的组合,或者说多种燃烧模式的组合(可能还有其他模式)。

3. 主油-主空气模与副油-副空气模同心圆式的组合

在航空低污染燃烧室技术研发初期,副-主模的匹配试验研究过同心圆式的组合,也试验过副模单独与主模分开的方式。其中,同心圆式的组合在当时带来的慢车贫油熄火性能太差,而分开安排容易解决高空点火及慢车贫油熄火问题。但主-副模分开的安排的确复杂,尤其是油嘴的数目多了一倍,在机匣上也要开更多的孔。要知道油嘴的成本在燃烧室成本中占了相当的部分(如三分之一)。而且当时主要障碍是自燃(或回火),主副模的组合还居次要地位。后来找到了在同心圆组合下解决慢车贫油熄火的措施,从此各个航空发动机公司都转到采用主-副模同心圆式的组合。

4. 预蒸发预混合模出口是否要求燃油达到完全蒸发

有那么一段时间,低污染燃烧室的设计研发者认为在预蒸发预混合模的出口要达到100%的燃油蒸发,这样才能充分体现预混的潜力,因而预混合模相当长,于是因为频频出现烧坏而失败。

笔者针对低污染燃烧预混合模的情况做过大量计算。结果表明,大体上在压比超过35的发动机上,不可能达到在预混合模山口100%的燃油蒸发。因为100%燃油液雾蒸发的时间比自燃延迟时间长。也就是说,还没到完全蒸发完,油气已经要自燃了。所以研发策略是:不要追求在预混合模出口100%的燃油蒸发,大致上有80%的燃油蒸发就可以了。后来研究表明,主油燃烧要脱体火焰,这时从主模出口到燃烧区还有一小段距离,在这一小段中还可以继续蒸发混合。

5. 航空低污染燃烧室与工业燃机低污染燃烧室

国际上各大航空发动机公司在研发航空低污染燃烧室时,普遍采用一个策略,即先从航机陆用的工业燃气轮机低污染燃烧室的研发下手。在航空发动机低污染燃烧室还没有投入服务之前,工业燃机的低污染燃烧室已经投入运行很多年了。这很有好处。其一,毕竟设计工业燃机的低污染燃烧室比航空的来得容易。尽管燃料不同,仍可取得研发低污染燃烧的经验。而且工业燃机是航空发动机公司很有利润的一部分,现在都要实现低污染,也必须研发。其二,它们有很多共同之处。例如,如何防止自燃、回火,如何对付振荡燃烧。航空发动机新的型号不是年年可以有的。而工业燃机(航机陆用)大多是改装(retrofit)。这样除燃烧室以外,其他部分都基本不改(燃料系统也必须改)。这样对研发航空发动机低污染燃烧新技术十分有利。我们常常把航空发动机和工业燃机分开研发,这对技术发展不利。

6. 燃油分级的策略

由于低污染燃烧室在慢车工况及之后的低工况时,如果所有燃油油嘴都工作,火焰可能根本稳不住,至少燃烧效率太低。所以可能要让一部分油嘴"先富起来"。这叫燃油分级,即在一段时间内并非全部油嘴都工作。

所有常规的航空发动机都是先打开副油,再打开主油。从只有副油工作到主-副油同时工作,并不是低污染燃烧室中燃油分级的特色。我们指的低污染燃烧室中的燃油分级实质上是主油分级,即并非在主油打开时所有主油嘴都同时打开,而是有一部分(例如一半)先不打开。过一些时候等到发动机达到更高一些的工况,将余下没打开的那部分(其余的一半)都打开,以致使全部主油嘴连同全部副油嘴都工作。

是否采用主油分级是一个研发策略,它有优点也有缺点。这将留在第4章讨论。关于主油分级,有轴向分级、径向分级和周向分级。过去有人研发过轴向分级(现在在工业燃机如工业Trent还采用),研发径向分级的很少。现在采用主油分级的主要是周向分级。但周向分级会带来涡轮进口温度在圆周方向周期性的冷—热—冷—热变化,也曾引起某发动机涡轮叶片寿命变短。所以,在设计燃烧室时,任何一项措施都会"有利也有弊",最重要的是如何取消主油分级。

3.9　低污染燃烧组织原则及内涵

在第 1 章中已经提到燃烧室设计研发的起点,此处不重复。除了所列举的各项外,对研发者来说要事先想好,怎么做燃烧室试验。其中关系最大的是试验设备的能力,而这又与所研发的发动机压比及总流量有很大关系。例如,所研发的发动机是压比 70,流量 100 kg/s 这一档次的,现在还没有这么大流量同时有这么高压力的全环形燃烧室试验台。势必要采用高压扇形燃烧室试验与降压力(以及降工况)的全环形燃烧室试验相结合的办法。但也很有可能连高压扇形燃烧室试验都做不了 100％工况(其中流量 25～30 kg/s 可能不是问题,问题在于要有大于 70 大气压的气源)。这样就力求能在单模燃烧室试验台上做到 100％工况,这不属于燃烧室设计研发的起点,但却是必不可少的准备工作。也包括研发所需的关键性设备,如本单位没有好的激光打孔机,那就需及早订货。因为从订货至到货有相当一段时间。这种情况对初次搞完全独立自主的设计研发尤为重要。

在做正式设计研发前的准备工作中,低污染的总目标及总的时间进度是关键性的两点,可以说两条原则。

(1) 如果是型号研发,要偏向稳妥保守;如果是技术研发计划,可以略微激进一点。现在如果搞型号研发,要一步达到相较于 ICAO CAEP/6 60％以上的 NO_x 降低,那会很不现实。

(2) 在时间进度上,要估计加工进度、设备、器材的到货时间。不宜将计划安排得很紧,但也不能一再地拖进度以致以后对计划进度无所谓。也不能靠“节点攻关”来解决,要留有余地。只有搞了技术研发,有了各方面基础才能确切估计进度。

在做好准备之后,要从初步设计开始。在初步设计研发阶段,主要是气动热力设计(aero-thermal design),不会涉及很多机械设计。在气动热力设计中最核心的是燃烧组织设计及冷却设计。对于低污染燃烧室,冷却不会是大问题。所以有关冷却设计多数留到高油气比燃烧室一章去讨论。这里着重讨论燃烧组织设计的内涵。燃烧组织设计包含三方面的含义。

1. 空气流动设计

首先,考虑总的有多少空气流过燃烧室,空气流量分配怎么样;有多少从这里进气,进去干什么用;有多少从那里进气,干什么用。设计研发者给燃烧室各部分定量供气,犹如发“气票”,每一部分就用它该用的“气”。另一个非常重要的方面是燃烧区空气动力学。需要指出的是,燃烧区空气动力学不等同于燃烧室空气动力学,燃烧室空气动力学还应包括扩压器空气动力学、掺混气动设计、头部前方流场、进气孔气动设计、冷却气膜气动设计等。关于燃烧区空气动力学,最重要的是燃烧区要不要回流区,在哪里,回流区有多大,燃烧区的流态怎么样。这就涉及要采用怎样的旋流,是强旋流还是弱旋流。这就是说,不仅有那么多(指定的)空气让它进入燃烧区,而且要以一定的模式(姿态)进入及流动。

对于 FAR=0.032 的低污染火焰筒,假设压比为 35,可能采用 75% 的燃烧空气。这样最大工况下燃烧区(主、副油一起混着算)当量比为 0.627。余下的 25% 做冷却空气用。没有主燃孔空气,没有掺混空气,这么多的燃烧空气从火焰筒头部进入,势必带来低工况(如慢车工况)的火焰稳定困难。所以还是要有回流区,但只是副模空气有回流区,主模空气没有回流区;为了避免很强的振荡燃烧,不采用强旋流。

2. 燃油喷射设计

考虑总的要喷射多少油量,副油嘴多少,主油嘴多少;副油及主油的比例(以副油比例表示)随工况如何变化,随后副油嘴用什么油嘴,主油嘴用什么油嘴(油嘴类型的选择);油嘴的流量数多大(或孔径多大),油嘴数目多少(一般副油嘴数目与主油嘴数目一样),油嘴设计工况压力降多少,雾化锥角多少,或者喷油的方向(如与中心线的夹角)以及喷射点的位置;还有是否采用主油分级,是否采用压力控制喷射或分流阀门等。

3. 喷油与空气流的关系

首先涉及油与气是否预混合或是直接混合燃烧或扩散燃烧,然后是燃油喷雾在相应流场中的穿透、散布,气流与液雾的两相混合以及气相混合。最终决定油气比的分布和燃烧区的位置。

明确燃烧组织这样一个概念有很大的现实意义。在燃烧室设计研发中,上述三方面的确是核心中的核心,以至于燃烧室试验中,重要的不是使试验的燃烧室与发动机上的燃烧室几何上相近,而是燃烧组织要一样,如空气分配一样、旋流及回流区一样等。经常有人在做单模燃烧室试验(假定总共 16 个油嘴)时,采用 22.5° 的扇形燃烧室,认为这样在几何上比较接近真实燃烧室。其实由于冷却表面积大大增加(多了两个侧壁),冷却方式不好,要用更多的冷却空气,很难保证空气流量分配一样,又因多出 4 个角部回流区,流态也不一样。因此,笔者做单模燃烧室试验时采用圆形火焰筒,重点是保证其燃烧组织一样。这已由试验证明可行。

　　在航空低污染燃烧室燃烧组织设计研发中还有非常重要的一方面：如何防止自燃，如何防止回火，如何减少出现剧烈的振荡燃烧，即在设计研发中要贯穿考虑这三个"如何"。有关航空低污染燃烧室中自燃、回火以及振荡燃烧的基本理解，请参阅文献[1]。在这里，将三个方面联系在一起从设计研发的角度说明应采取哪些措施。

　　（1）副油燃烧不是预蒸发预混合。这样副油燃烧不存在自燃或回火的问题。

　　（2）主油燃烧是预蒸发预混合，但预混合的长度很短，不超过 25 mm，整个主模长度不超过 30 mm。这就降低了自燃的可能，对压比更高的发动机，这个长度还得再短些。要知道航空低污染燃烧研发初期，在一篇经典文章的影响下，拼命追求完全的蒸发、完全的混合，预混管长达 150 mm，但经常发生自燃。

　　（3）预混合模由以下准则来设计，即出口截面是流量限制截面。由旋流器下方到预混合模出口是加速气流，这有助于防止回火。

　　（4）预混合模内可以加贴壁的隔离空气层，对防止回火及自燃都有利。

　　（5）预混合模出口是脱体火焰，对防止回火有利。

　　（6）整个燃烧区是低旋流，这是预防剧烈振荡燃烧的重要措施。

　　（7）在环形火焰筒相邻燃油-空气模之间靠近头部壁附近会出现角回流区。这个回流区不应出现燃烧，否则这个角回流区燃烧与中心回流区燃烧会出现"二重唱"。同理，主油燃烧区不能与副油燃烧回流区相隔太远（径向）。事实上也不大可能相隔太远。但在轴向上希望副油燃烧区在前，主油燃烧区靠后一点距离。主油燃烧区没有回流。

　　（8）只要安排合理，不要过多地减少冷却空气，有可能的话，安排一点掺混空气有利于减少振荡燃烧。

　　（9）在低压比的燃烧室（指压比小于 40 的档次），可以结合解决低工况火焰稳定及燃烧效率低的问题，加入有控制的少量的扩散燃烧，有利于压抑燃烧不稳定性。这是最有效的措施，但具体实施也有特色，在设计上有特殊性。

　　在以上所述的设计措施中，有关防止自燃、回火的措施非常有效，可以确保不出现自燃与回火，但关于振荡燃烧，并非绝对有把握。读者可看到有的发动机公司采用 1/4 波长的亥姆霍兹谐振管，也有研发采用谐振器，都表明燃烧不稳定性是低污染燃烧室的顽疾。上述办法都不理想。要力求从燃烧组织上达到少振（不是完全不振），而不要这些附加的复杂性。

第4章 民航低污染燃烧室
设计研发方法

4.1 概述

民用航空发动机低污染环形燃烧室的初步设计研发包括以下方面。

(1) 计算火焰筒总的有效空气流通面积(AC_D)。

(2) 确定火焰筒空气流量分配(绝对不能等同于进气几何面积分配)。

(3) 选定火焰筒未燃混气在火焰筒头部的平均马赫数,确定火焰筒横截面积;确定火焰筒平均直径的起点、走向的角度,以及火焰筒的长度。

(4) 初步选定火焰筒与内、外机匣之间的环形高度(名义尺寸),确定外机匣的内径及内机匣的外径。

(5) 选定基本冷却方式及室壁结构、室壁材料、冷却的初步设计,进行第一次冷却计算。最高壁温及壁温的梯度应在允许范围内。

(6) 选定油嘴类型及数目。

(7) 绘制火焰筒简图。

(8) 确定单模燃烧室的 AC_D;确定单模燃烧室火焰筒的横截面积及直径;选用圆形火焰筒。

(9) 开始对单模燃烧室进行加工、装配。进入初步设计研发最实质的内容,即通过单模燃烧室试验研发达到在单模试验台上可检验的性能工作要求都通过,或者说达到 TRL 3 的水平。现在对先进燃烧室的初步设计研发有了新的定义,即以通过单模燃烧室试验为初步设计研发的最终目标,也就是在单模燃烧室试验研发中把燃烧组织的设计研发落实了。基本燃烧组织的问题解决了,这是基本的第一步,也是最重要的一步。

在详细讨论初步设计内容之前,需要说明一点:本书所说的完全只是一种思路下的设计理念、设计措施及方法。这是为什么?因为不同的设计者具有不同的风格、不同的特色，正如对餐馆来说，川菜、淮扬菜、鲁菜、粤菜都具有不同特色。不能一桌宴会由两道川菜、两道粤菜、两道淮扬菜拼凑而成，现在并非介绍一共有多少种不同的菜系，而是要准备好整整一桌宴席，集中只用一种菜系，但汤、炒、煎、烤、点心等应样样齐备。读者学了以后真正可以开始设计研发。本章所提的航空低污染燃烧室初步设计已由某设计单位试验考验过了，得出很好的结果。

针对不同压比发动机的低污染燃烧室，其设计研发策略有所不同。压比为 20 发动机的燃烧室，采用贫燃预蒸发预混合方案，用主油分级；压比为 50 发动机的燃烧室，仍然用贫燃预蒸发预混合，但有可能不用主油分级；压比为 70 发动机的燃烧室，不用贫燃预蒸发预混合，不用主油分级，采用直接混合燃烧。

本章通过不同压比（压比为 20、50、70）发动机的燃烧室的举例说明低污染燃烧室设计研发策略。先以贫燃预蒸发预混合油气模的设计研发方法开始；重点讨论压比 50 和 70 发动机的低污染燃烧室的设计研发方法。在讨论压比 50 发动机的低污染燃烧室时，按照不用主油分级的思路阐述。

4.2　LPP 油气模的研发方法

LPP 油气模是贫燃预蒸发预混合低污染燃烧室技术核心中的核心。所有航空发动机公司及各个研发单位的工作都不是一帆风顺的。好一些的经过五六年时间将基本技术拿到手，这是正常的很好的情况。也有不顺利的，搞了 8 年、10 年，花了 2 000 多万美元，还没解决基本问题。曾有一个先进亚声速低污染燃烧技术研发计划，花了约 6 年时间，4 个单位中的两个完成了目标，两个没完成，结果没通过。可见研发中遇到这样那样的问题，对这样先进的技术来说并不奇怪。问题在于研发的人要能"逢山过山，遇河架桥"，要能过得去，不至于被卡住而无法摆脱困境，否则必然把型号研发拖垮（或技术研发计划无果而终）。

笔者将单模燃烧室技术研发大体上归纳为 5 步。

1. 确定基本的燃烧组织

在认定先进燃烧组织与常规燃烧组织的不同的基础上，先迈出第一步，着重解决基本燃烧组织问题。一开始目标只是相对于 ICAO CAEP/2 在单模燃烧室上达到 50% 的 NO_x 降低（TRL 3）。这一步要求很低，起步时主油是从主模外壁径向喷入主模（这样容易）。试验压力是 20 atm（针对压比 20 的发动机循环）。

一开始就应明确以下两点。

(1) 研发计划并没要求采用发动机的油气模,是技术研发计划,不是型号研发,只要求在单模燃烧室试验证明 NO_x 低(但试验必须按 ICAO 规定的 4 个工况进行)。这样油嘴显然可以采用市售喷嘴。

(2) 知道主油从主模外壁喷入比从主模内壁喷入来得容易,若研发计划没有限制,就采用主油从主模外壁径向喷入的方案。这样先熟悉基本的气动热力设计,达到研发计划要求,下一步再研发主油从主模内壁喷入的技术。

只要求试到压比为 20。预混合模可以长一些(不担心自燃问题)。设计两种油气模:一种是同心圆式副-主模组合;另一种是分离式副-主模(separated module)。后一种方案对解决点火及慢车贫油熄火很有利,但油嘴及模的数目加倍,油嘴安装很不方便,成本也增大。但当时的思路是如果同心圆式的油气模不好解决慢车贫油熄火及点火问题,可能要采取分离式的油气模方案。

实际情况是试验结果表明这两种方案可以达到研发计划所要求的 NO_x 降低。时间比原定的三年短,包括一年多的改进燃烧试验台、喷水测试段、取样系统、动态压力测量等。也对同心圆式的油气模做了慢车贫油熄火试验,没有发现问题,但点火不好。没有试验过模拟高空点火,就在地面点火的情况也很难点着(这也有可能与点火器在远下游有关),因此不必再试模拟高空点火。

2. 点火试验

必须试验同心圆式的油气模的点火。如果点火可以,那么将确定用同心圆式的模;若不行,再采用分离式的模。

在改善点火过程中将低能点火电嘴(0.5 J)改为 AA-134S 12 J 的点火电嘴,试验点火器在上游位置。最重要的是将副模由预混燃烧改为直接混合燃烧,副油嘴从原来副模旋流器出口位置改到副模喉部位置。这样地面常温低压点火没有问题。后来又试了低温(−25℃)和低压(0.34 atm)下两个模的模拟高空点火(可以考验联焰是否有问题),都没有问题。所以可以说第二步是解决了点火问题。这样油气模采用同心圆式的方案。分离式的油气模不再为航空燃烧室所研发,后来这项技术移至工业双燃贫燃预混燃烧上去应用。

3. 在 TRL 4 的水平达到相对于 CAEP/6 有 60% NO_x 的降低

这一步相对来说并没有在技术上有很大改进,仍沿用原来的方案设计一个扇形(或矩形)燃烧室控制冷却空气量。在压比 20 的情况下达到相对于 CAEP/6 有 65% NO_x 的降低。试验结果如表 4-1 所示,表中也列出了效率、壁温及动态压力。

表 4-1　单模燃烧室试验结果(推力为 57.826 8 kN,压比为 20.6)

试 验 结 果	100% 工况	85% 工况	30% 工况	慢车 工况	最大 巡航	总量 (循环)
燃油流量/(kg/h)	2 247.07	1 859	652.26	250.6		
EI_{NO_x}/(g/kg)	6.1	3.6	7.32	3.25	2	
NO_x/g	159.92	245.39	318.3	382.26		1 105.87
EI_{CO}/(g/kg)	1.01	17	4.08	46.7	0	
CO/g	26.478	1 158.8	177.42	5 071.5		6 434.137
EI_{UHC}/(g/kg)	0.05	0.6	0.875	9.5	0.046	
UHC/g	1.31	40.898	38.05	1 031.7		1 111.927
时间/min	0.7	2.2	4	26		
燃烧效率/%	99.968	99.40	99.8	98	99.973	
动态压力/kPa*	2.07	1.65	0.69	0.27	0.69	
最高壁温 Tw_2/℃**	543	510	395.6	257.8	560	

计算结果	NO_x				CO	UHC
CAEP/6 要求/ (g/kN)	38.548 6+1.682 3×压比−0.245 3× 推力−0.003 08×压比×推力 =55.35				≤118	≤19.6
D_p/F_∞/(g/kN)	19.12				111.27	19.229
相对 CAEP/6 的减少/%	65.46				5.7	1.893

注:＊动态压力是峰到峰(peak-to-peak)。
　　＊＊头部壁温(最高)871℃。

(1) 在压比 20 情况下,30%工况不可能一个副模对应于一个主模工作,即主油需要分级(当时还没研发出后来的技术)。而在 90°的矩形燃烧室,有三个主油嘴和三个副油嘴,无法模拟在全环形燃烧室一半主油嘴打开工作,一半主油嘴不工作的情况。因为全环形有 16 个油嘴,所以在这矩形燃烧室时,30%工况全部由副油嘴供油。此时,燃烧效率 99.8%,NO_x 排放 EI_{NO_x} = 7.32 g/kg。在这种情况下达到相对于 CAEP/6 有 65% NO_x 的降低。在 30%工况,副油嘴压力降超过 115 atm,显然在发动机上不可能,表 4-1 的结果并不满意。

(2) 在该系列燃烧室试验中,燃烧室压力试到 33 atm,空气温度 866 K,出现即将自燃的预兆。试验中主模外壁有热电偶监控其壁温。在保持油气比不变，燃烧室压力基本不变情况下（因为提高空气温度，燃烧室压力有少量的提高），主模外壁温度随空气温度变化如表4-2所示。

表4-2　主模外壁温度随空气温度变化情况

空气温度/K	主模外壁温度/K	理　由
755	＜755	因燃油蒸发油气混气＜755 K
810	810	自燃前化学反应的释热与蒸发和对外散热抵消
866	1 155	自燃前化学反应释热使混气温度显著提高

在试验中，当空气温度大于810 K时，空气温度每升高11 K，主模壁温升高超过11 K。而且越往上，升高得越快。例如，在空气温度从810 K升至821 K时，壁温升高22 K；但当空气温度从855 K升至866 K时，虽然空气温度只升高11 K，但主模壁温升高122 K。到这时再少量升高空气温度，主模当即出现自燃，所以立即将空气温度降下来，停止试验。

在这个试验后将主模缩短至25～30 mm，同时主模外壁（该壁有主油喷入）加切向发散小孔冷却空气（与火焰筒冷却一样的形式），再投入试验，没有任何自燃预兆，当空气温度升到866 K时，主模壁温仍低于空气温度。

4. 将主油从由主模外壁喷入改为由主模内壁从里向外径方向喷入主模空气中

这一步在研发中花费了较大精力。首先设计的一个油气模由两部分组成：油嘴（包括副空气模）和主空气模。主空气模固定在头部。为了应对油嘴相对于火焰筒热胀冷缩的需求，也为了加工、装配公差的需要，油嘴与主空气模内壁内面有0.76 mm的间隙。主油径向由油嘴表面向主空气模内气流喷入（主空气模内壁上有孔，让燃油进入）。经试验，出现以下两大问题（试验结果非常差）。

（1）主油喷入主空气模与主空气预混合。在主旋流器下游，内壁处有一个气流转折。这个区域很容易出现局部回流。结果主油在这回流区引起自燃，甚至烧坏。即使没有烧坏，在没有自燃的情况下 NO_x 也非常高，同时慢车贫油熄火也不好。

（2）由于主旋流器内壁开孔让主油进入，但同时主空气也可由这些孔出来，通过油嘴与主模之间 0.76 mm 的间隙向下。尤其当主油喷射压力低时,这个间隙中的空气流动把少量主油带至下游。试验后分解看出这个间隙下游过热。显然这种"跨沟"喷射不是办法。

针对这两大问题,采取两个措施解决自燃及慢车贫油熄火。

(1) 将原来主旋流器外径上轴向非旋空气改在主旋流器下游外壁上较大直径为 31.75 mm 的孔,让直流非旋空气射流穿透至主模内壁附近,使主模出口气流总的旋流强度降低,而尤其在内径处旋流强度更低,减小与副模下游气流的相互作用,改善慢车贫油熄火。

(2) 尽可能将主模出口内径和外径都往外移一点(但有限,因为内径向外移,意味着内壁一侧气流转弯更多,更有可能使主油贴壁)。

这两项措施奏效后,慢车贫油熄火调至 FAR 为 0.006 的水平,没有自燃。但主油喷射进入主模旋流器的"跨沟"问题仍然存在。为此试验了好几种方案。最后的试验把"跨沟"喷射问题解决了。

把主油喷射设计由主模外壁向里喷改为由主模内壁向外喷,从而完成了修改。

5. 解决低工况问题(或主油是否分级的问题)

这将在后续章节讨论。

4.3　LPP 低污染燃烧室技术讨论

Mongia 在文献[4]报告的航空贫燃预蒸发预混合低污染燃烧技术与本章所讨论的低污染燃烧技术有共同之处,具体如下。

(1) 都是同心圆式的副-主模安排。

(2) 主油是直射孔在横向气流中的空气雾化。这就是多点喷射的实际应用,因而多点喷射根本无须预研,副油嘴是简单的离心压力雾化油嘴。

(3) 油嘴从燃烧室机匣装入,主模相对固定在火焰筒头部。

(4) 副模出口与主模出口之间有一间隔距离以帮助慢车贫油熄火。但双环形预混旋流模(twin annular premix swirl, TAPS)中这个间隔距离不够。

(5) 副模回流区的形状、大小十分相似。火焰筒是发散冷却。

TAPS 油气模示意图如图 4-1 所示。

不同之处如下。

(1) TAPS 的副模是预混燃烧,副模有两个同向的空气旋流器;副油嘴的流量数大,意味着慢车工况副油嘴压力降较小。

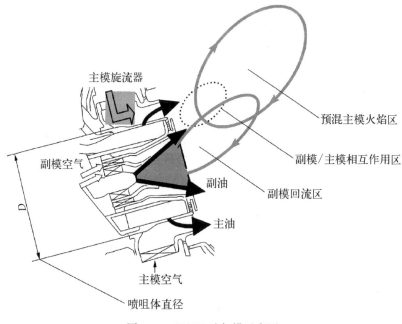

图 4-1　TAPS 油气模示意图

（2）副模出口有两个旋流器的空气流路，在慢车工况下副油流量低，副模燃烧区缩回到中心一个旋流区的收缩-扩张通道，第二个副模旋流器空气基本上不参加燃烧，由此改善慢车贫油熄火。副模出口扩张段锥角很小（半锥角 35°）。这样形成隐蔽的副模燃烧，也是为了改善低工况火焰稳定（报告原文中说其起始设计概念是"有所隐蔽的火焰，强度可随工作工况的改变而变化"）。这样设计带来的问题是大工况下副模出口喇叭口壁温很高，报告中提到在燃烧室头部底板上以及燃油油嘴罩上出现裂纹。

（3）主模旋流器是径向旋流器。优点是没有主油喷射"跨沟"问题；缺点是主模与副模出口的间距有限，主模出口基本上是直通道，慢车贫油熄火有困难。

（4）主模燃烧区的形状不一样。这显示 TAPS 的主旋流器旋流强度比较强，因而主-副燃烧区有相互作用（见图 4-1），这种情况并不好。相邻两个主模燃烧也会相互作用。为了解决这个问题，后来 GE 公司报道在主模出口加截锥罩减小相互作用，主燃火焰也可能冲到火焰筒壁。

旋流强度是低污染设计中非常基本的一个问题，笔者一直采用弱旋流，在主模中有旋流与非旋流的组合。也有文献[5]讨论弱旋流燃烧，但其所说的旋流与非旋流组合不能用于航空上;美国 GE 公司的一项专利(U. S. Patent No. 6141967)提供了旋流器叶片的几何形状,在叶根及外壁处几乎是无旋,这个无旋区域从 5% 叶高伸展到 20% 旋流片高处。设计这个低旋流的理由是防止自燃及回火,在贴近壁面处的流动是轴向的。笔者采用旋流和非旋流组合,同时空气模外壁问题可用保护层来解决。

总之,TAPS 低污染燃烧室正式定型,尽管最后报告相对于 CAEP/6 只减少 40% 的 NO_x,也还有问题有待以后研发解决,但毕竟这是第一个低污染燃烧室。

4.4　压比 50 发动机低污染燃烧室初步设计研发

燃烧室设计工况定在最大起飞推力工况(100% 工况)。在该设计工况下,火焰筒进口压力为 4 790 kPa,进口温度为 900 K(偏低),火焰筒空气流量为 102.2 kg/s。扩压器进口总压为 4 938 kPa(发动机压比为 48.75),扩压器总压损失 3%。火焰筒总压损失为 3.77%。火焰筒油气比为 0.032 9。火焰筒进口空气密度(用 $p_{3.1}$ 总压代替静压来计算)为 $\rho_{a, L} = 1.22 \times \dfrac{4\ 790}{101.3} \times \dfrac{288}{900} = 18.46\ \text{kg/m}^3$。计算火焰筒总的进气有效流动面积为 $AC_D = 0.039\ 58\ \text{m}^2$ (39 580.52 mm^2)。

1. 确定火焰筒空气流量分配

压比 50 发动机燃烧室的空气流量分配如表 4-3 所示。

在确定空气流量分配时,需要说明两点。

(1) 冷却空气:对压比为 50 发动机的燃烧室,其压力高,油气比也高,为 0.032 9,冷却空气采用 25%;而对压比较低(如 20 档次)发动机的燃烧室,其 FAR 也低,冷却空气还可减少。

表 4-3　压比 50 发动机燃烧室空气流量分配

空气用途	比　例	AC_D 类型	AC_D 数值/mm^2
冷却空气	25%	冷却空气 AC_D	9 895.13
主模空气	57%	主模空气 AC_D	22 560.9
副模空气	16.5%	副模空气 AC_D	6 530.79
模出口及头部底板冷却	1.5%	头部冷却 AC_D	593.7

(2) 副模空气:因为该燃烧室慢车工况压力较高,为 6.82 大气压,空气温度

为 560 K，油气比为 0.014 2，在慢车工况只有副油工作时副模燃烧油气当量比应该低于 1.3，现在定在 1.266。因此决定副模空气比例为 16.5%。

2. 确定火焰筒横截面积

选定火焰筒未燃混气平均马赫数为 0.023，这个马赫数决定火焰筒的横截面积。总的来说，对流量不是很大的发动机燃烧室，最好取 $Ma=0.02$。但对大推力的又是低污染的燃烧室，若选 $Ma=0.02$，火焰筒横截面积可能太大。尤其是对现有发动机改装的燃烧室，更受现有机匣的限制。

为了计算火焰筒未燃混气平均速度，其流量是头部的空气流量：102.2×0.75=76.65 kg/s。空气密度 $\rho_{a,L}=18.46$ kg/m³。声速以 T_3 计算，定出火焰筒横截面积为 0.299 6 m²（299 600 mm²）。已定环形火焰筒平均直径为 635 mm，确定环高为 150 mm（请注意这里说的平均直径及环高只是对于某个位置而言）。

如果选定 $Ma=0.02$，那么火焰筒环高为 172.7 mm。只要尺寸允许，点火没有问题，当然可采用（环高太大对点火可能不利）。所以对中、小流量燃烧室可取 $Ma=0.02$，对大流量燃烧室可取 $Ma=0.023$。还可以有一个经验准则：将火焰筒横截面积除以头部进气有效面积的比值 ξ 作为判断依据。对于本例，$\xi=299\,600/(0.75\times39\,580.52)=10.09$。一般地，航空发动机燃烧室 ξ 值为 10～12。其下限适用于大流量燃烧室，上限适用于小流量燃烧室。对工业燃气轮机低污染燃烧室 ξ 值可达 15，甚至更高。

应当说明，不少火焰筒是斜置的，并非与发动机轴线平行放置。这时以头部油嘴中心线与头部交点的直径为火焰筒名义平均直径。

3. 确定燃烧室主要尺寸

环形火焰筒外壁与机匣环形通道高 50.8 mm；环形火焰筒内壁与内机匣环形通道高 38.1 mm。环形火焰筒内外壁厚度为 2 mm。燃烧室主要尺寸如表 4-4 所示。这样，确定头部中心点，火焰筒进、出口位置加上下列诸尺寸可大致绘制出火焰筒轮廓。

表 4-4　压比 50 发动机低污染燃烧室主要尺寸

名　称	数值/mm	备　注
内机匣外径	404.8	可能先等直径再后接涡轮机匣
火焰筒内壁内径	481	并非等直径

（续表）

名　　称	数值/mm	备　　注
火焰筒内壁外径	485	并非等直径
火焰筒平均直径	635	只涉及头部处平均直径
火焰筒外壁内径	785	并非等直径，由设计定
火焰筒外壁外径	789	并非等直径，由设计定
外机匣内径	890.6	有可能等直径
火焰筒环高	150	不是等环高

需要注意的是，火焰筒布置有时是斜置的，如与发动机轴水平线成 8°夹角。这里只是暂时选定以便作冷却计算。以后在燃烧室机械设计时，尤其是考虑火焰筒如何装拆时，这里很多尺寸势必要改动。同样原因，火焰筒的厚度 2 mm，以后也可能改变，取决于强度计算和试验。先定一下可以有个轮廓，以后肯定要多次改动。在修改后再回来作冷却验算、强度验算。

4. 选定冷却方式

对该燃烧室火焰筒外壁选用切向进气的复合角发散小孔冷却及室壁结构，不带冲击冷却，不带涂料；对火焰筒内壁选用切向进气的成对自击式复合角发散小孔冷却，这是完全新的冷却结构及室壁结构，不带涂料。火焰筒材料暂定为 Hastelloy X。将冷却空气在内、外火焰筒作分配而不完全按冷却表面积分配，选定小孔直径（如 0.5 mm），将冷却孔做出初步排列后，可做初步冷却计算。

5. 选定油嘴数目

这是初步设计中有关气动热力设计非常关键的一项。首先，如果是现有发动机改装燃烧室，那么油嘴数目不变，油嘴大小大致也不变（希望仍用原来的燃烧室机匣）。如果是完全新的发动机燃烧室，选用油嘴数目有灵活性，但是应注意以下几点。

（1）不选用数目 13、15、17、19、21 等。

（2）总的来说，小燃烧室油嘴数目少于大燃烧室，但并不按比例。例如，推力 4 000 kgf 的燃烧室选用 12 个油嘴，推力 40 000 kgf 的燃烧室绝对不可能用 120 个油嘴（很可能是 16 或 20 个）。

（3）油嘴占燃烧室成本中相当大的一部分（尤其对于小燃烧室），所以在允许的情况下油嘴宜少不宜多。油嘴太多也会削弱机匣的强度。

（4）油嘴的数目很大程度上取决于头部的尺寸，它们在头部不能安排得太挤；不能使模与模之间的相互作用太强。作为一个经验参考，主模外径相互之间间隔以 25～30 mm 为宜。

如果说对这个燃烧室选用 16 个油嘴，其含义为 16 个副油嘴和 16 个主油嘴；16 个副空气模和 16 个主空气模。

6. 确定各有效流通面积

这是初步设计中最实质性的工作。

（1）单模燃烧室的 AC_D 为 2 473.78 mm²。

（2）单模火焰筒冷却空气的 AC_D 为 618.44 mm²；模及头部冷却的 AC_D 为 37.1 mm²。

（3）单模燃烧室中副模空气的 AC_D 为 408.17 mm²。

（4）单模燃烧室中主模空气的 AC_D 为 1 410.06 mm²。

（5）单模燃烧室火焰筒横截面积为 18 725 mm²，圆形火焰筒直径为 154.4 mm。

如此设计的单模燃烧室，其空气流量分配和全环形燃烧室一样，火焰筒平均马赫数一样，流态一样。

于是，实质性的研发就从这单模燃烧室的详细设计（其中重点是油气模的设计）及其加工、试验开展下去。

需要说明以下几点。

（1）在初步设计中有很多方面还没有定下来（这是对新发动机燃烧室而言的），如扩压器。很多全环形燃烧室的机械设计没有确定，如火焰筒的材料和壁厚、点火器的安装、定位销的位置等，这些以后都可能改，先把单模燃烧室的试验做起来，回过头来继续设计全环形燃烧室。在设计全环形燃烧室时有很多与其他方面要协调的情况，但不会影响单模燃烧室的设计、研发和试验。往往在单模燃烧室已经试验了很长时间后，全环形燃烧室设计图（仍是初步的）才出来。这里并不详细说全环形燃烧室的详细设计。

（2）从初步设计起，很多方面是需要反复的。当然，有一些规定一旦定下来了就不会改动，也不能改动。例如，环形火焰筒名义平均直径不能改；空气流量分配不能改（除非万不得已）；油气模的数目不能改；火焰筒长度不能改，等。

（3）要力争在单模燃烧室试验上试到 100% 工况的压力、温度和油气比。不然的话，在装到发动机上做发动机燃烧室试验之前，如果燃烧室设计者根本没有看到过在最大工况下燃烧室的性能、工作或问题，那是非常危险的。而能够将单模燃烧室试到 100％工况的,也为数不多。其中空气流量为 7 kg/s 左右不是问题。困难的是空气气源压力为 60 atm 以及加热器出口温度超过 1 100 K,这点不容易做到。但经过高压、高进气温度的燃烧室试验的经验证明,高压、高进气温度下(相对较高的 FAR,如 0.033)的燃烧与低压、低进气温度下的燃烧有很大不同。就算燃烧试验做到 30 atm 和 850 K 进气温度,仍不能外推到超过 40 atm、进气温度超过 900 K 的情况。其中自燃(或回火)的情况、振荡燃烧的情况均难以预料。只有试到了这个状况,才能确切知道有问题(什么问题)或大概没问题(只是大概)。

这就是为什么把全环形燃烧室的详细设计暂时放一下,先把单模燃烧室的设计及试验提上来,也就是先解决燃烧组织设计的基本问题。

4.5　压比 50 发动机单模燃烧室火焰筒设计

1. 单模燃烧室空气流量分配

总的 AC_D 为 2 473.78 mm^2,其中,火焰筒冷却空气 618.44 mm^2;副模空气 408.17 mm^2;主模空气 1 410.06 mm^2;模的下游端面及头部冷却 37.1 mm^2。

2. 火焰筒设计

单模燃烧室火焰筒直径为 154.4 mm,长度为 215.9 mm。

该单模燃烧室火焰筒按照联管式燃烧试验台来设计(会影响到冷却空气孔的 C_D)。

单模燃烧室火焰筒设计如图 4 - 2 所示,有 39 排冷却孔(这是大推力发动机燃烧室的单模燃烧室火焰筒),每排有 90 个冷却孔,冷却孔径为 0.55 mm,切向进口,相对轴向角度为 14°,切向的旋向与旋流器同向。

冷却空气 AC_D 为 $39 \times 90 \times \dfrac{\pi}{4}(0.55)^2 \times 0.74 = 617$ mm^2,其中 0.74 为切向小孔流量系数。如果火焰筒是按照贮气罐式燃烧试验台来设计的,切向小孔的流量系数要高很多,可取 0.86。

该火焰筒壁厚 2.0 mm,材料为 Hastelloy X,由管料机械加工而成,因为这涉及其椭圆度,会影响到小孔的相切程度。现在由管料机械加工,能做到椭圆度很小,图 4 - 2 所示的发散小孔距离火焰筒中心线的尺寸为 76.7 mm,这表示发散小孔中心线与火焰筒内壁完全相切只差 0.5 mm(δ)。切向发散小孔的相切程度完全取决于加工。如果是钣料卷起来焊接,这个 δ 的尺寸就要加大。火焰筒直径越大,δ 越大。对于直径 200 mm,典型的 δ 为 1 mm(对钣料卷焊)。从冷却效果上说,δ越小越好,即相切得好,气流贴壁更好。

图4-2给出了设计切向小孔带有轴向角度14°的情况。在该火焰筒中基本上两种轴向间距分别为5.08 mm和6.35 mm。图示14°角度使这两种间距下前后两排的冷却气流不重叠。这个角度与孔的周向间距(现在为$\pi \times 154.4/90 \approx$5.39 mm)以及轴向间距都有关系。前后两排冷却孔可错开排列。

该火焰筒冷却有很大潜力,完全可以拿来做高油气比单模燃烧室试验。火焰筒冷却是按照单模燃烧室的25%冷却空气而设计的。对于别的燃烧室,可能其单模燃烧室要求AC_D没有这么大;或者冷却空气没有达到25%,这时可以在火焰筒上用细条金属带加一些点焊堵住若干排冷却孔以适合不同燃烧室的要求。加工这样一个火焰筒也相当烦琐,所以设计时已经考虑到了"一物多用"。注意单模燃烧室冷却和发动机上的火焰筒差别很大。现在只要能保证单模燃烧室不烧坏,而对冷却问题只是初步的考核。

以后肯定会试验不同用途的单模(可能是高油气比的,可能是工业燃气轮机;可能是双燃料的,也可能天然气的),会试验不同大小(空气流量)的模(火焰

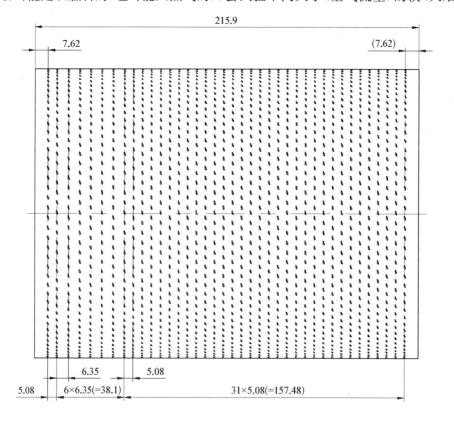

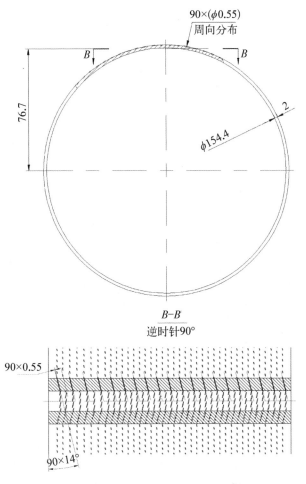

图 4 - 2　单模燃烧室火焰筒发散冷却孔轴向分布

筒大一些没关系),而且要有互换性。大体上现在设计的单模燃烧室 $AC_D = 2\,473.78\ \text{mm}^2$ 是最大的,这个单模燃烧室连接头部的法兰肯定可以安装其他较小的单模。联管式燃烧试验台,其冷却空气从火焰筒上端法兰盘所开的环形槽(带支承肋)通入。空气模的法兰盘也有相应的通气槽。贮气罐式燃烧试验台和联管式燃烧试验台上试验的单模燃烧室不具有互换性。

4.6　压比 50 发动机单模燃烧室油气模总体设计

在单模燃烧室试验台上试验的油气模(油嘴-空气模)和发动机全环形燃烧室上的油气模,它们的燃烧组织设计是一样的,这就是其价值之所在。顺便说一下,不少人把这个油气模仍叫作燃油油嘴(fuel injector),这并不正确。因为涉及一个非常基本的概念：在常规燃烧室设计上,的确只是一个油嘴,它把油喷到燃烧室里,而后者的空气动力学并非由油嘴决定,甚至也并非都由头部旋流器决定。油嘴空气(仅一小部分)加头部旋流器空气,再加主燃孔空气的回流甚至包括一部分主燃孔上游的冷却空气,共同组成主燃区空气动力学。现在的低污染燃烧,没有主燃孔空气,燃烧空气的量全部由头部进入,因而燃烧区空气动力学完全由所设计的油气模所决定。空气模出来的雾化空气,既是油-气混合的空气,也是燃烧空气(全部都是),所以不仅是燃油喷射(即油嘴),同时是空气模。而且空气模的设计与燃油喷射密切相关。因为燃油喷射,无论是空气助雾化的离心压力油嘴,跨流直射的空气雾化,还是同心顺喷直射空气雾化,都与空气有关,所以这不仅是一个名词问题,实质上是设计思路上的很大变化。由于设计思路的变化,由谁来设计也应相应改变。在常规燃烧室上,油嘴总是由油嘴公司设计的,燃烧室设计者只提出要求,即油嘴性能说明书,主要有流量(流量数)、雾化锥角,在某状况下检查索特平均直径(Sauter mean diameter, SMD),检查下游液体分布(patternation)。这种检查都是在大气压及常温下做的。现在不同了,低污染燃烧室的油气模的气动热力设计必须由燃烧室设计者自己来做,而只是把油气模的机械设计(如隔热)以及加工制造交给油嘴公司去做。正如燃烧室的冷却设计、室壁结构方案,只能由燃烧室设计者来完成,不可能交给别人。在冷却设计、室壁结构方案完成后交给机械设计人员去做详细设计和强度验算,最后出图纸。事实上油气模的设计研发是低污染燃烧技术研发的基本部分,也不可能由油嘴公司来做。因为单模燃烧室研发油气模,来回修改后再试;随后 TRL 4 和 TRL 5 的研发都和试验台分不开。油嘴公司没有这样的燃烧试验台,没有做燃烧试验的能力,总之应注意：

应该叫油气模;其气动热力设计、研发由燃烧室研发者负责,只是机械设计和加工制造交给油嘴公司。

在单模燃烧室试验中的油气模与发动机全环形燃烧室中的油气模有以下的不同。

(1) 单模燃烧室上的油气模不是发动机上的喷油嘴形式。不必把副油和主油组合在一个油嘴内,副油与主油各自有油管供应。在发动机上主、副油之间可能有分流阀门(flow divider valve)。在单模燃烧试验中,主、副油分别由试验台控制阀门供应,分别由副油流量计和主油流量计测量。在研发后期可以在燃烧试验台上做带分流阀门的燃烧试验,这时只有一条供油管,一个流量计,不区分测量主油流量和副油流量,不管哪一种,均不影响燃烧过程的实质。

(2) 这样试验的油气模采用便捷式连接(美国称作 tip on stick)。油嘴有副油进口,有主油进口。不管在贮气罐式的,或联管式的试验段,都是由试验台供油管以较长的油管(stick)连接到油嘴(tip)。这个差别不影响燃烧过程的实质。

(3) 单模燃烧室试验的油气模中,油嘴与主空气模焊在一起;在实际发动机燃烧室上,这两者是分开的。油嘴由燃烧室机匣开口装入或卸出,而主空气模与火焰筒头部连在一起,不拿出燃烧室(注意,并没说主空气模固定焊死在火焰筒头部)。而在单模燃烧室上,主空气模焊死在头部底板上。

(4) 在发动机燃烧室上,油嘴的安装需要考虑热膨胀问题;在单模燃烧室上没这个问题。

(5) 单模燃烧室上的油气模设计不考虑油嘴燃油沉积问题;而发动机上的油嘴必须考虑燃油沉积问题。

(6) 单模燃烧室上的油气模的材料可以与发动机燃烧室上的油气模的材料不同。可以用比较贵(因为数量不多)而便于加工的材料。所用加工方法可以不同,单模燃烧室的油气模没有寿命要求。

总之,单模燃烧室的油气模在气动热力设计上与发动机燃烧室的油气模一样,是最基本的。其他方面必然有所不同,以便于研发,由此产生的燃烧过程与发动机燃烧室中一个模的燃烧区基本一样。这一点非常重要,正是这一点决定了在低污染燃烧研发中单模燃烧试验具有更大的重要性。有以下几点应该说明。

在常规燃烧室中,燃烧并非由头部完全决定。在常规单模燃烧室上主燃区空气动力学与发动机全环形燃烧室的主燃区空气动力学很不一样。事实上,在全环形燃烧室中燃烧区的整体是一个环形,并非一个油嘴有一个燃烧区。各个油嘴,各个头部扰流器,加上所有主燃孔空气回流组成一个大的环形的、螺旋形的燃烧区。这样取出一个油嘴和一个头部旋流器,并在一个圆筒形的单模燃烧室火焰筒上开若干个主燃孔,其燃烧空气动力学会很不同,相区别于常规燃烧室的单模燃烧室试验。在低污染燃烧室中,燃烧完全由油气模决定;相邻两个油气模的相互作用很弱;每个油气模有其相对独立的燃烧区;没有主燃孔空气。这使发动机全环形燃烧室中的一个单元(即单个油气模)的燃烧和单模燃烧室中的燃烧基本 样。低污染燃烧室研发中单模燃烧室的试验意义就大多了。此外,还有以下另一个因素。

前文曾提到,对所讨论的压比 50 的发动机,总流量大于 100 kg/s,这样的单模燃烧室试验到100％工况,几乎成了燃烧室研发者唯一(在上发动机台架试车前)可以了解到它的气动热力设计在100％工况下会如何的机会。这一点非常宝贵。

应该说明,现在对这么大的全环形燃烧室只在极少数公司可以试到24 atm;对90°扇形燃烧室,少数地方有可能试到35～40 atm(这种情况已经有所改进)。无论是低污染燃烧室,或高油气比燃烧室,在上台架发动机试车前,仅靠低压燃烧而外推到100％工况,那是非常危险的。壁温(冷却)可以外推;燃烧效率不是问题;CO、UHC也不是问题;而NO_x要外推就很勉强,自燃(或回火)不能外推;振荡燃烧更说不准。只有在单模燃烧室试验上考验了100％工况,设计者心中才会大致有点底(还不是绝对有把握)。如果单模燃烧室试验100％工况通不过,那就不必做TRL 4或TRL 5的研发,更不必说TRL 6了。

总之,单模燃烧室油气模研发是低污染燃烧中最基本的一步。

4.7　压比50发动机单模燃烧室油气模设计过程

对于油气模,其起始设计参数如下。

(1) 副空气模:408.17 mm²。

(2) 主空气模:1 410.06 mm²。

(3) 模的端面及头部冷却:37.1 mm²。

(4) 100％工况下燃油总流量:756.54 kg/h。

(5) 慢车工况下燃油流量:62.75 kg/h。

根据前文,可形成有关油气模设计的一些基本原则(对高压比或低压比都可适用),具体如下。

(1) 同心圆式排列:副空气模在中心,主空气模在外围。各种工况下,火焰稳定主要靠副模燃烧。

(2) 无论是副空气模还是主空气模,都是弱旋流,主要是预防剧烈的振荡燃烧。

(3) 副空气模只采用一个轴流旋流器,没有非旋流空气;主空气模进口有旋流空气及非旋流空气组合。

(4) 主空气模出口在径向上与副空气模喉部隔开一定距离,这主要是为了慢车贫油熄火。

(5) 无论副空气模还是主空气模,模的出口流路面积都比其进口面积小,即出口是流路最小截面。从旋流器出口至模的出口,流路是加速的。这主要是防止回火,使流动稳定。

（6）副模不是预混合燃烧，而是直接混合燃烧。副油油嘴出口与副模喉部齐平，这主要是为了高空点火（必要时可前伸）。

（7）主模是很短的部分预混合模，主模总长度小于 30 mm，这主要是防止自燃。在发动机上安装时，也要限制在这个长度内。只有对低压比的工业燃机低污染燃烧的预混合模可以加长，但也不超过 50 mm。

（8）主油喷射是由喷孔径向由内向外喷入主空气模。这是为了解决油嘴的安装问题。

（9）主油喷射可以采用小孔直射喷射（角度小于 90°），也可以采用顺流直射空气雾化的喷射。这里不采用成膜式空气雾化油嘴。

（10）压比 50 发动机的低污染燃烧室，没有主油分级问题。在主油与副油流路之间，有分流阀门，以达到要求的油量分配随工况变化，这是指副油比例从慢车时的 100%，到主油打开之后随工况不断降低。到 100% 工况时，主油占 80% 以上，副油占不到 20%。

1. 副油气模设计

首先要明确要求的副空气模 AC_D 为 408.17 mm²，既不是副模旋流器的 AC_D，也不是副模出口喉部的 AC_D。这是一个由进口和出口组成的复合流路要求的综合的有效 AC_D。这个综合的、有效的 AC_D 在此用 AC_{De} 表示，即 $AC_{De}=408.17$ mm²。进口 AC_D 用 AC_{D1} 表示，出口的 AC_D 用 AC_{D2} 表示。三者的关系如图 4-3 所示。

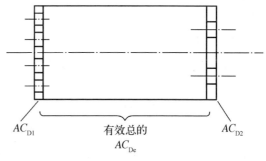

$$AC_{De}=AC_{D2}\left[1+\left(\frac{AC_{D2}}{AC_{D1}}\right)^2\right]^{-0.5}$$

$$(4-1)$$

图 4-3　流路综合有效 AC_D 与进出口 AC_D 的关系

式（4-1）是一种简化的推导。基本假设是从 AC_{D1} 来的气流动压头都消耗掉了。经试验验证，该式对笔者所设计的弱旋流气流（30°～36°）是适用的。其中，出口 AC_{D2} 计算时不考虑旋流的影响。

先设计副模旋流器，选定以下设计参数。

（1）要求设计的副模旋流器的 AC_{D1} 是副空气模 AC_{De} 的 1.8 倍。所以副模旋流器 $AC_{D1}=1.8\times408.17=743.7$ mm²。

（2）副模旋流器旋流（几何）角为 30°。

（3）副模旋流器流路内径为 11.2 mm（给副油嘴提供流路）。

（4）副模旋流器叶片数目为 16。这是因为旋流器的角度小，不希望旋流器长度很大（现为 13.7 mm）。这样要保证旋流器不透光（这是基本设计准则），相应的叶片数目要增多，旋流方向从上游往下看是顺时针的，机械加工的是直叶片，铸造的用曲叶片。

（5）叶片厚度 1.15 mm（叶片最小厚度不能少于 1 mm）。

用式（4-2）确定副模旋流器流路外径（$D_{\text{pilot, 0}}$）。

$$AC_{\text{D,副模}} = \left[\frac{\pi}{4}(D_{\text{pilot, 0}}{}^2 - 11.2^2) - 16 \times 1.15/\cos 30° \times 0.5 \times \right.$$
$$\left.(D_{\text{pilot, 0}} - 11.2)\right] \times \cos 30° \times 0.86 \qquad (4-2)$$

其中，旋流器内径、叶片数目、叶片厚度、叶片角度均可以随设计而不同；0.86 是旋流器流路的综合流量系数。

由此确定副模旋流器流路外径为 42.47 mm。这时计算的副模旋流器 $AC_{\text{D1}} = 735.5 \text{ mm}^2$（要求的是 732.2 mm²）。

下一步，用式（4-1）决定副模喉部 AC_{D2}。因为 $AC_{\text{De}} = 408.17 \text{ mm}^2$，于是副模喉部 $AC_{\text{D2}} = 488.32 \text{ mm}^2$。在计算副模喉部直径时需要考虑两个小地方：副油嘴在喉部处直径为 3.81 mm；喉部本身包含流量系数为 0.97。这样定出副模喉部直径为 25.6 mm。计算的副模有效 $AC_{\text{De}} = 406.9 \text{ mm}^2$（常常不会与要求的完全一样）。

下面设计副油嘴，选定以下参数。

油嘴是单油路压力雾化离心油嘴，雾化锥角为 90°。余下要确定的是副油嘴的流量数。这里有一个设计准则——副油嘴以慢车工况来设计。已确定在慢车工况下总的燃油流量（全环）为 1 103.68 kg/h。慢车工况下只有副油嘴工作，而主油嘴不工作。所以这 1 103.68 kg/h 的流量由 16 个副油嘴提供，每个副油嘴流量为 62.75 kg/h，这样设计要选定慢车工况下副油嘴油嘴压力降，即可定出 FN_{pilot}。为了设计选定慢车工况下副油嘴的压力降，需要回顾离心油嘴喷雾模式随喷射压力降的变化情况。其中最主要一点是在油嘴压力降超过 2 atm 时，喷雾不再是洋葱模式，而是张开成喇叭口形（在洋葱模式时雾化很不好）。这样决定在慢车贫油熄火时仍然要喇叭口形的喷雾，还不会落入洋葱模式，这对慢车贫油熄火很有好处。于是在慢车贫油熄火时，副油嘴仍要有压力降大于 2 atm。而从慢车工况到慢车贫油熄火,油气比从 0.014 215 降至 0.006。这样定出慢车工况下副油嘴压力降 11.22 大气压。于是副油嘴的 FN 为 10.76,实际上可能选为 10.5。

　　在未讨论主空气模及主油嘴设计前,有必要对整个油气模的布局加以讨论。设计方案如图 4-4 所示。这是基本的设计,对不同压比可以有所改动。对不同大小的燃烧室,可以相应变小(请注意并非按比例缩小)。因为大体上这是航空发动机燃烧室中最大号的油气模,这里只说"变小",没说放大。这是低污染燃烧技术研发中很重要又很有争议的问题——缩放(scaling)。将在本书后续章节讨论。

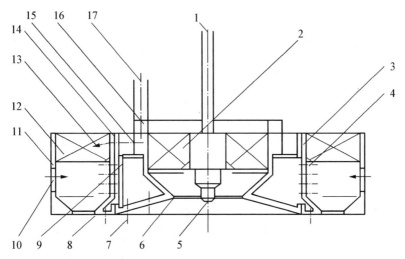

1—副油管;2—副模旋流器;3—主模内壁;4—主模内壁非旋空气孔;5—副油嘴;6—副模喉部;7—油嘴端面冷却孔;8—主模出口(内径);9—油嘴支承肋;10—主模外壁非旋流空气孔;11—主模外壁;12—主模旋流器;13—主油喷射;14—主油喷射孔;15—主油流路;16—主油集油环;17—主油供油管。

图 4-4　低污染燃烧室油气模

　　(1) 副油嘴采用离心式压力雾化油嘴,出口与喉部齐平,也可稍微下伸一点(所以是直混燃烧)。副模进气只有一个旋流器,没有非旋流。但主模进口除了旋流器之外,在主模内、外壁上都有直孔,那就是非旋流进气。

　　(2) 主模出口和副模喉部在径向隔开一定距离。这是保证慢车贫油熄火所必需的(有意重复)。

　　(3) 主油和副油之间有一分流阀门。在单模燃烧室试验未调好前不应该用这个分流阀门,而直接由试验台供油系统分别给主、副油供应,在分别控制和计量调好后可带分流阀门试验。但在发动机全环形燃烧室上,需要有副油集液环和主油集液环。在这两个燃油总管之间有截止阀(on off valve,可以不止一个)以及分流阀门(数目和截止阀相同)。

(4) 在副模与主模之间有一条空气流路。这条流路的重要性在于:由这里向主模内壁的 4 排进气孔供气。这条流路有 18 个支承肋连接副模及主油喷射面。这 18 个支承肋之间让空气通过,同时每个支承肋是一条主油油路,通向主油喷口。这样主油有 18 个喷孔,主模旋流器叶片数目也是 18。每两个叶片之间的通道有一个主油喷孔。

(5) 主油从油嘴表面径向由内向外喷入主模空气进行预蒸发、预混合,这样使通过机匣上开口的尺寸缩小,解决了油嘴安装问题(对这个大发动机燃烧室,油嘴最大尺寸 65.5 mm 是可以接受的)。但如何具体地将主油喷入主模是一个问题。因为油嘴要拆出、装入,主空气模留在燃烧室头部上,两者之间需要既有配合面,又要允许轴向、径向、周向的浮动。要消除隔开一小段距离喷主油时带来的有小部分主油被气流带到下游空间去的麻烦问题。

2. 主油嘴设计

主油嘴按 100% 工况设计,在 100% 工况下全环形总燃油流量是 12 104.6 kg/h。这样需要设定在 100% 工况下主、副油的分配比例。根据研发的经验,设计在 100% 工况下副油为 12%;主油为 88%。在这样最大工况下,每个油嘴的流量为:副油流量 90.22 kg/h;主油流量 661.61 kg/h。

这是要求的燃油流量,以后在选定了分流阀门的打开压力(crack pressure)、主油嘴的 FN 之后,回过头来再检查是否可以达到这样的燃油流量分配。

由选定的 100% 工况下副油流量为 90.22 kg/h,以及前面已经设计的副油嘴 FN=10.5,决定 100% 工况下副油油嘴压力降为 24.3 atm。这里要说明,尽管是新的发动机燃烧室,还是希望能利用原有的燃油泵。因为这里燃烧室压力为 48 atm,所以最大油嘴压力可降低一些,只要仍能保证慢车下副油嘴压力降在 8 大气压以上就可以。如果允许可用燃油系统压力(指的是燃烧室压力与油嘴压力降之和)再高一些,那可以将副油嘴的 FN 再调小一些,对慢车性能、慢车贫油熄火都有利。需要说明,副油嘴计算的 FN 为 10.5,这种小油嘴可以采购货架产品,如果买不到,只能用 FN 为 10 或 11 的取代,这时所有计算都要从头再来一次。

假定设计一个打开压力为 4 大气压的分流阀门,在最大工况时,副油嘴压力降是 24.3 大气压,那么主油嘴的压力降是 20.3 atm。

在这样的设计下,主油喷射的 FN 为 84.36。前文已提到主油路通过 18 个支承肋,与主模旋流器 18 个旋流叶片相对应,有 18 个喷油孔。每个喷油孔的 FN 为 4.68。这样定出孔径为 0.59 mm,实际上就取 0.6 mm(其中液体燃油通过喷口的流量系数为 0.64,燃油密度为 823 kg/m³)。然后重新计算,FN 变为 87.24。在主油喷射设计上还有一个非常重要的参数,即主油的喷射角,那是主油喷射孔中心线与主空气模中心线(往下方向)的夹角。这个喷射角极其重要。

燃油系统需要做如下安排。

(1) 副油嘴有一集油环(副燃油总管)。

(2) 主油嘴有一集油环(主燃油总管)。

(3) 在这两个集油环之间有若干截止阀和分流阀门($\Delta p_{divider} = 4$ atm)。当工况小于主油打开点时,截止阀关闭。这时即使副油嘴压力降高于分流阀门打开压力,仍没有油流去主油嘴,主油嘴不工作。

特别注意到对压比 50 发动机的燃烧室,其 30%工况时燃烧室压力为 17.87 atm,进口温度为 717.4 K,所以尽管 FAR 只有 0.018 8,燃烧试验显示其燃烧效率相当高(99.8%)(见图 4-5)。这种情况对较低压比的循环 30%工况并不具备。这是压比为 50 的发动机低污染燃烧室可以不用特殊措施即不用主油分级的依据。

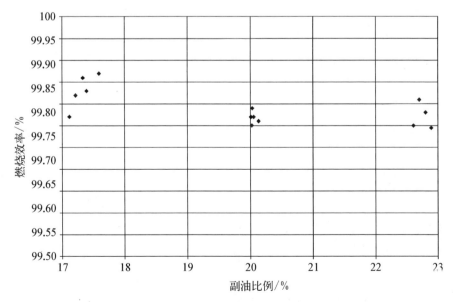

图 4-5　压比 50 发动机 30%工况时燃烧效率随副油量的变化

3. 主空气模设计

主空气模的有效 AC_D 要求是 1 410.06 mm^2。与副空气模的设计一样，主空气模进口要求 AC_D 是总有效 AC_D 的 1.8 倍。所以要求进口 $AC_D = 1.8 \times$ 1 410.06 = 2 538.1 mm^2。这样设计的目的是使出口成为最小流路。主空气模本身进口 AC_D 分配如下：旋流占 60%，即要求主模旋流器 AC_D 为 1 522.86 mm^2；非旋流占 40%，即进口非旋流的 AC_D 为 1 015.24 mm^2。

其中，主模外壁非旋流空气孔为主空气模进口的 25%；主模内壁非旋流空气孔为主空气模进口的 15%，即主模外壁直孔 AC_D 为 634.5 mm^2；主模内壁直孔 AC_D 为 380.7 mm^2。

需要说明的是：

(1) 对压比 50 发动机的主空气模，其旋流器旋流角为 50°；而对压比 20 发动机的主空气模，其旋流器旋流角为 60°。

(2) 对压比 50 发动机的主空气模，其非旋流中，内壁非旋流和外壁非旋流之比是 3∶5(15%∶25%)，对压比为 20 发动机该比值是 3∶7。

4. 主模旋流器设计

由于主油喷射孔数目为 18，所以主模旋流器叶片数目为 18。要求的主模旋流器 AC_D 为 1522.86 mm^2。已选定旋流器角度为 50°，叶片厚度为 1.27 mm，旋向同副模，直叶片或曲叶片由加工而定，要先定出主模旋流器流路内径。而要确定主模旋流器流路内径，必然要先确定副空气模-主油集油环与主空气模之间的流路。这条流路主要是提供主模内壁的非旋直孔空气。这样必须先安排中间流路，把主模旋流器流路内径定下来，再定其流路外径，如图 4-4 所示。中间流路的综合要求有效 AC_D 包括：要求主模内壁直孔 AC_D 为 380.7 mm^2；副空气模及主空气模端面三排冷却小孔，要求有效 AC_D 为 19.35 mm^2（其余 17.75 mm^2 用于头部冷却，与这流路无关）。

中间流路要求的综合有效 $AC_D = 380.7 + 19.35 = 400.05$ mm^2。中间流路进口需要 AC_D 为 1.8 × 400 = 720 mm^2。由此定出中间流路外径以及主模旋流器流路内径。但要先设计中间流路内径。

副空气模流路外径为 42.46 mm，副模旋流器外壁厚 1 mm。副模旋流器外壁外径为 44.46 mm。考虑主油集油环及流路需要，中间环形流路（带 18 个支承肋）的内径为 50.8 mm，中间流路外径为 63 mm。有 18 个支承肋，肋宽 3 mm。这样环形（带肋）中间流路进口 AC_D 为 73.22 mm^2。于是应用式(4-1)，可确定出口的几何面积：总的中间流路出口［相当于式（4-1）中的 AC_{D2}］为447.64 mm²。其中主模内壁上直通孔几何面积为 425.8 mm²，采用四排孔，每排 30 孔，孔径 2.18 mm。端面冷却孔面积为 21.83 mm²，采用三排孔，径向由里向外，第一排 24 孔，第二排 36 孔，第三排 48 孔，孔径为 0.5 mm。第二排及第三排为带切向的小孔。

由此确定油嘴的外壁为 $63+2×1.25=65.5$ mm，而主模旋流器流路内径为 $65.5+2×1.25=68$ mm，这里没有考虑间隙。主模旋流器要求 $AC_D=$ 1522.86 mm²，流路内径 68 mm，有 18 个叶片，叶片旋流角为 50°，叶片厚 1.25 mm。根据式（4-2），确定主模旋流器流路外径为 93.65 mm，主模外壁外径为 96.52 mm。这是整个油气模组合的最大直径。

下面设计主模外壁非旋流直孔。要求 AC_D 为 634.5 mm²，采用两排孔，孔径为 4 mm，每排 36 孔。其中包含流量系数 C_D 为 0.70。现在主模进口已经确定，$AC_D=2532.1$ mm²［这相当于式（4-1）中的 AC_{D1}］，要求综合的主模有效 AC_D 为 1410.06 mm²。所以主模出口 AC_D［即式（4-2）中的 AC_{D2}］为 1689.67 mm²。选定主模出口内径为 75.7 mm，主模出口外径为 88.77 mm（其中包含出口 C_D 为 0.97）。要检查主模内壁、外壁上孔的分布是否有足够间距。

检查主模出口内径离开副模喉部的径向距离为 25.04 mm，这个尺寸大于 22.86 mm 是可以的。通常要保证这个间距尺寸大于 22.86 mm。这对于大燃烧室没有困难，但对小燃烧室有些困难。主模旋流器的长度同样根据不透光原则确定为 13.7 mm。

至此，整个油气模的主要尺寸都已确定。燃烧室组装的重要的几个尺寸如下。主模外壁外径为 96.5 mm。模与模的中心间距为 124.46 mm，所以模与模的边缘间距为 27.94 mm。油嘴与主空气模配合面直径为 65.5 mm。

燃油系统的主要参数如下。

（1）副油嘴 FN 为 10.5，雾化锥角为 90°；

（2）主油 18 个喷孔，直径为 0.6 mm，FN 为 87.24；

（3）分流阀门打开压力为 4 atm；

（4）燃烧室压力与油嘴压力降之和最大值为 71.58 atm。

可以用来调整副模或主模的 AC_D 或空气分配的主要尺寸如下。

（1）副模喉部：25.6 mm；

（2）主模出口内径：75.69 mm；

（3）主模出口外径：88.77 mm。

要说明在研发油嘴的 FN 时，主、副模旋流器通常不会轻易去改变，因为那意味着重新加工一个新的油气模。改动的是副模喉部和主模出口，以改变各自的 AC_D 而实现同时改变空气流量分配。若只要改变总的燃烧空气比例，也可通过改变冷却空气量来达到。因为通常冷却都是有富余的。事实上绝不可能一次就研发成功。

4.8　压比 50 与 20 发动机的油气模的异同

压比 50 与 20 发动机的油气模的基本方案、设计准则都一样。其不同点如下。

（1）由于压比低，自燃的危险大幅度降低。理论上可以将预混合模设计得长一些。但实际上航空的预混合模从安装等实际考虑，低压比的预混合模长度仍为 25～30 mm。

（2）高压比的主模燃烧火焰的稳定更加不是问题，而因其流量大（AC_D 大很多），不希望模的直径太大，主模旋流器角度为 50°，旋流叶片厚度为 1.25 mm；而低压比的旋流为 60°，厚度为 1.1 mm。

（3）高压比通常流量会大很多，所以主油喷孔数、主模旋流器叶片数为 18；低压比的油气模主油喷孔数以及主模旋流器叶片数为 9 或 12。

（4）高压比的油气模，保持主模出口内径与副模喉部之间的距离超过 22.86 mm 毫无困难。又因空气压力高、温度高，慢车工况燃烧效率及慢车贫油熄火达到要求并不困难。低压比的油气模，因流量低，总的模尺寸小，保持 22.86 mm 的间距有些困难，因而慢车燃烧效率及慢车贫油熄火，在研发上有点难度。

（5）最大的差别在于，压比 50 发动机的油气模的全环形燃烧室，不需要特殊的燃烧组织措施，可以不用主油分级；而压比 20 发动机的油气模的全环形燃烧室，要想不用主油分级，必须有特殊的燃烧组织措施。

（6）试验表明压比 50 发动机的全环形燃烧室虽然进气压力高，温度高，油气比也高，但由于单位面积上冷却空气的流量增大，全环形燃烧室冷却上并不比压比 20 发动机的燃烧室困难。

（7）高压比全环形燃烧室扩压器进口马赫数可能会比低压比全环形燃烧室扩压器进口马赫数反而低一些。所以大流量、高压力的扩压器并不一定比小流量低压力的难搞。

（8）总的来说，有两种运用同样设计准则的"放大"问题：相同压比，但流量加大，推力加大，这有点像"几何放大"；不同压比，小推力、小流量的与低压比相配，而大推力、大流量与高压比相配。

无论两种情况中的哪一种，都不是按比例放大（即 scaling）。在燃烧室设计上不存在按比例放大。实际上是运用已经研发成功的技术和在已经研发成功的一个燃烧室上的经验（流量比较小的），去设计研发一个新的同样压比、同样循环但更大的燃烧室，这样的做法已经证明是成功的。

4.9　压比 70 发动机低污染燃烧室设计研发方法

民航发动机有三宝：可靠好、低油耗、排放少。这三者并非同等位置，可靠性排第一，在其他的与可靠性有矛盾时，总是优先考虑可靠性。有例为证，某航发公司搞低污染燃烧室，EI_{NO_x} 低，但高空点火只达 26 000 ft，与用户商量此性能可否。用户明确答复，无论 EI_{NO_x} 多少，26 000 ft 的高空可点火高度绝对不予接受。

对用户来说，发动机的经济性也排在低污染的前面。有例为证，有发动机研发者提出两种选择：最大高空巡航状态效率为 99.5% 而 EI_{NO_x} 好；最大高空巡航状态效率为 99.9% 而 EI_{NO_x} 差一点。用户非常明确要后者，因为对于跨洋的远程飞行，最大高空巡航效率少 0.4%，一路下来燃油消耗将增大相当数量，而 EI_{NO_x} 并非硬性的规定。

对民航发动机，除了可靠性第一之外，降油耗始终是重要的，这就要提高压比，也提高涵道比。现在压比 60 的已经在飞了，压比 70 的正在研发中，至于是否要再继续升上去有不同意见，有的认为还可以升，有的认为更高的压比会使研发困难（如至今全世界没一个 70 atm 的全环形燃烧室试验台），而且有可能影响到可靠性（如压比 60 的贫燃预蒸发预混合燃烧室的主油分级就对可靠性不利，当然压比更高的可以不用 LPP）。但是不管怎么样，压比 70 的民航发动机势在必行，而且这个燃烧室必然是要求低污染。现在对任何推力大于 26 kN 的民航发动机，绝对不可能只讲其机匣设计而不谈如何低污染，所以摆在全世界民航燃烧室设计研发者面前一个大课题是：怎么设计研发压比 70 的民航发动机的低污染燃烧室？

1. 压比 70 民航燃烧室不能采用 LPP 的原因

要讲清楚压比 70 民航燃烧室不能采用 LPP 的原因，必须讲一个预混燃烧中极为重要的燃烧现象——自燃。所谓自燃，就是没有外界点火源时可燃物与空气接触燃烧起来了,其实这种现象在日常生活中也能看到。例如,我们看到一个高大的煤堆,其中有竹子编的筐子插在中间,就是预防煤堆自燃的措施。

在 LPP 燃烧室中一定有油和空气的预蒸发预混合模,从燃油喷入预混合模到油气混气出预混合模,这是在预混合模中的停留时间,燃油蒸汽与空气在进气温度、压力条件下开始有着火前化学反应(pre-ignition chemical reaction)。请注意在普通的大气压力、大气温度下,这种着火前化学反应速率很低。但在航空发动机的燃烧室进口条件下,由于压力和温度高了,着火前化学反应速率就高多了。这是放热的化学反应,由化学反应释放的热量一般不能散放出去(在预混合模中通常如此),就使系统温度升高(自己升高)。温度升高了,反应又加快,如果预混合模内有足够的停留时间,以致混气还没离开预混合模(即在预混合模内)就着火了,这叫自燃,是非常危险的。从油与空气相遇(即喷入预混合模)到出现自燃,这个时间叫自燃延迟时间。显然,预混合模的设计必须保证在混气出现自燃之前已经离开预混合模。但那样显然还不够,要有一个安全保险系数。在低污染燃烧室研发初期,自燃延迟时间的试验数据还不充足,也不那么可靠(那时燃烧室进口压力、进口温度也还不那么高)。Lefebvre 建议安全系数为 5,也就是说预混合模内的停留时间要设计为:停留时间=1/5×自燃延迟时间。

但后来燃烧室进口的压力、温度越来越高,这个设计时间准则不好用了,笔者从事自燃的研究,也从事预混合模的设计研发,提出安全系数为 2,即:停留时间<1/2×自燃延迟时间。这大体上得到公认。下面讨论压比 70 的发动机燃烧室的自燃延迟时间。

几十年来有很多人做过自燃延迟时间的试验研究,其中最好的是文献[6]报道的法国国家航空航天研究中心(ONERA)的 Guin 开展的试验。他们试验的压力、空气、温度最高(30 atm,温度 900 K)。要知道压力越高,温度越高,试验越难。这个试验得出一个自燃延迟时间试验数据归纳式:

$$t_{auto} = 0.508\exp(3\,377/T)\,p^{-0.9}$$

其中,t_{auto} 为自燃延迟时间,单位为 ms;T 为空气温度,单位为 K;p 为空气压力,单位为 bar。可以看出自燃延迟时间几乎与压力成反比,随温度是指数关系的降低。但是该试验是在 30 atm 下做的,不能由此外推到压比 70 的发动机燃烧室的自燃延迟时间。也不可能以压比 70 发动机的燃烧室压力温度来做自燃延迟试验,下面是笔者自己的研究。

首先,预混合模的自燃延迟包括两部分:

(1) 物理延迟时间,是由喷射经雾化、蒸发到形成可燃混气时间;

(2) 化学延迟时间,由可燃混气形成到出现着火的时间。

假设着火前化学反应是简单的一步化学反应(因为由试验数据"校正",不必考虑复杂的化学反应机理)。而化学反应的热效应就假设是燃油的热值(理由同前),这个化学反应速率常数由 Guin 的试验数据导出(这是关键所在),然后以这样的模型去预计在燃烧室进口 70 atm 时的着火延迟(不是简单地由 Guin 自燃延迟时间试验数据归纳式外推)时间,得出为 0.31 ms;如果取安全系数为 2,那意味着预混合模内可设计的停留时间只有 0.155 ms。这就是说在压力高、进气温度高的情况下,采用预蒸发预混合没意义,不可能达到降低 NO_x 的目的,反而会带来自燃的危险,可靠性降低,所以自燃延迟的研究对预混燃烧研发有很大的意义。大体上在压力低、进气温度较低时,化学延迟时间占了主要的部分,因而整个自燃延迟时间可以为几十毫秒甚至几百毫秒。在压力高、进气温度高的情况下化学延迟时间大幅度地降下来,而使整个自燃延迟时间进入零点几毫秒的量级,以致预混合模没法设计。研究预混燃烧的绝对不能不了解自燃,下面说一个实例。

有一家公司将一种已经投产的大型航空发动机改为工业燃气轮机,总体方案上采用 8 个火焰筒的外部燃烧室,而且这些火焰筒是与发动机中轴线相垂直的(本意可以加长火焰筒长度),采用三级预混合模来解决燃料分级。该燃机经研发,好不容易上发动机台架做长期试车,本以为通过长试就可以交付,没料到开车到 300 多 h,其中一个火焰筒初级模出现自燃,这个火焰筒报废。这下子麻烦大了。哪怕要再现这个问题(不怕再报废一个火焰筒)也要整天 24 h 开车,持续开两三个星期。第二次长试开到近 400 h,另外一个火焰筒又出现了自燃。整个公司全体动员紧急攻关,因为每天以 50 万美金的现金流出,吃不消。有趣的是,最初认为是否有可能是泥土粉尘卷起的粉尘微粒引发自燃(因为试车台打开大门,前方不是水泥地,而是泥土地,开车会吸入灰尘)。最后经研究,显然没这种可能性,因为不可能吸入能够自燃的高密度粉尘。笔者研究了总体设计,认为问题出在火焰筒是竖的,垂直于发动机轴线,因而近压气机出口的一侧来气通畅,而背压气机出口的一侧来气路途遥远,所以预混合模进气不均匀,建议在预混合模进口同样相对位置测量空气流速,结果一侧是 16 m/s,一侧是 4 m/s,问题找到了。进气困难的一侧实际上局部富燃,而且流速低,停留时间长,整个是一个不均匀的预混合模,但总体已不可能改动,这时攻关目标就是怎么能"凑合"

过去(笔者多次提到型号研发到紧急攻关时,凑合也是重要的本事)。笔者建议在容易出现自燃的位置加装光电管(因为着火前化学反应到一定程度会有微光辐射),这样当光电管信号到某个程度时,短时间减少通往该火焰筒的燃料,待信号小了,又恢复供应,这样几百小时输出功率会有一个小的凹形,但可以避免自燃。有趣的是,可能有一个、两个或三个火焰筒出现问题,并非每个火焰筒都出现问题。好在发动机已经卖出去了,也不去研究为什么(可见型号研发并非科研,先搞技术后上型号,往往没那么难攻关)。

总之,研究预混低污染燃烧的人都知道预混低污染燃烧三恶:自燃、回火、振荡燃烧,总想摆脱预混燃烧(或者预蒸发预混合燃烧)。现在机会来了,压比70发动机的低污染燃烧室就不用预蒸发预混合了。

2. 压比70民航低污染燃烧室设计概述

35年前,NASA刘易斯中心的学者Tacina R R提出一个概念(仅仅是一个概念),叫贫油直接喷射燃烧(lean direct injection combustion, LDI),见参考文献[7]。没有什么设计理念(idea),更没有设计方案,折腾了20多年,没得出什么结果。但几年前笔者提出一项可行的设计方案。该方案是贫油直接混合燃烧(lean direct mixing combustion, LDM),其与LDI的差别就在于直接混合。直接喷射(direct injection)并不稀奇,以前的常规传统燃烧室(除蒸发管燃烧室之外),燃油都是直接喷射的,所以关键不是是否直接喷射,而是要在油气混合时将它们混合好,因而关键是混合,而且是直接混合。

笔者提出两种直接混合燃烧的设计方案。第一种是没有主油分级的(这是优点),在没有充分研发情况下,其排放要比预蒸发预混合得差一点。该方案与高油气比燃烧室的总体设计方案一样,都采用以副油气模燃烧为中心的主油燃烧区同心圆的排列,其设计的主要特点是主油为带角度喷向主空气模出口下游,利用主油随工况加大而流量加大进而喷射压力降加大,穿透深度加大,从而进入主燃空气区与主燃空气混合。而在低流量时主油径向穿透深度很小,主油势必与副油合在一起燃烧。因此由低工况到最大工况并不需要主油分级。这是主油在大工况时要与主空气混合而在小工况时又不要与主空气混合的巧妙设计。该方案在其他很多方面与高油气比的设计方案一样,具体如下。

(1) 空气分配:75%燃烧空气。

(2) 全部燃烧空气都从头部进入,没有主燃孔,没有补燃孔。

(3) 解决慢车贫油熄火的方法完全一样。

(4) 都采取副油气模燃烧在中心,主油气模的燃烧在外周同心圆的排列。

（5）都采用简单离心喷嘴为副油嘴，以空气顺流雾化的带角度的直射喷嘴为主油嘴。

（6）油气模的设计方案是一样的，只在研发中会出现某些不同，如主油的喷射角度会有不同。

（7）采用的冷却室壁结构一样，只是低污染燃烧室更容易解决冷却问题。

（8）同样办法解决出口温度分布问题，只是低污染燃烧室更好办一些。

当然，低污染燃烧室有它独特的研发问题。例如，30％工况雷雨熄火、在85％工况时其 EI_{NO_x} 可能会比 100％工况的 EI_{NO_x} 还高、在最大巡航工况 EI_{NO_x} 不够好等。

由于这种没有主油分级的设计方案与高油气比燃烧室的设计十分相近，本书不做讨论，而重点讨论第二种设计方案——积木式低污染燃烧室。

3. 积木式低污染燃烧室方案

这种低污染燃烧室设计的起因是在以前的研发中，发现采用简单的离心喷嘴及单级的轴流旋流器组合可以得出很好的燃烧性能，在低工况和大工况下其污染排放都很好。我们知道为了达到低的 EI_{NO_x}，在燃油很好地雾化蒸发下（大工况下进气温度高、喷嘴压力降高），关键是油与空气很好地混合，现在这种组合设计实现了油与空气的近距离接触而达到小尺度混合（small scale mixing）。这就是在大工况下燃烧很接近于预蒸发预混合燃烧的原因，这已由过去的研发试验所证实。因而笔者就建议以这样的组合为基础，仿照 GE 公司的 LM6000 燃气轮机低污染燃烧室的方法，大量组合成为一个超高压力的直接混合燃烧的低污染燃烧室，如图 4-6 所示。

这里设计采用了 80 个这样的组合件，这是因为笔者只有这种小型组合件非常好的污染排放的试验经验。如果经过研发，在较大的同样组合件试验中取得好的排放结果，完全可以减少总的组合件数目（正如 GE 公司的 LM6000 在研发时就是这么小的模取得了好的燃烧排放，就采用了 75 个同样的模；那是预混的模，现在这里是不预混的模）。除了不是预混这点之外，本方案与 LM6000 还有几点不同。

（1）所有模的空气旋流是同一方向，这样相互之间有干扰。如图 4-7 所示，每个模的出口有一点非旋流以减少这种干扰。

（2）仿照 GE LM6000 的方法，简单离心喷嘴组成三个一组或两个一组，一起从机匣装入，这样对加工精度要求很高，要对准固定在头部的旋流器中心位置，为此笔者对每个旋流器设计有浮动的装置，如图 4-7 所示，这样使加工及装

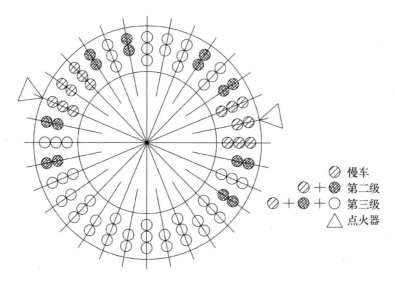

图 4-6　积木式低污染燃烧室油气模布局

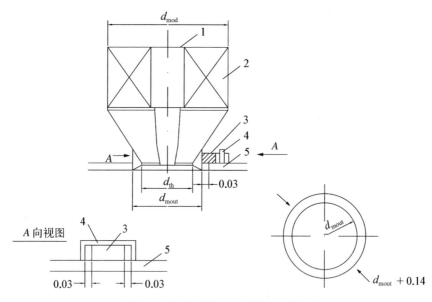

1—油嘴;2—空气旋流器;3,4—外罩;5—端壁面板。

图 4-7　积木式低污染燃烧室单油气模示意图

配变得容易了。

（3）将三个油嘴形成"油嘴串"，如图 4-8 所示，从机匣装入，同样可以将两个油嘴为一组做成一串从机匣装入。这种低污染燃烧室就称为积木式的设计。

（4）燃烧室分三级，第一级是慢车工况，第二级是从 20% 工况到 50% 工况，

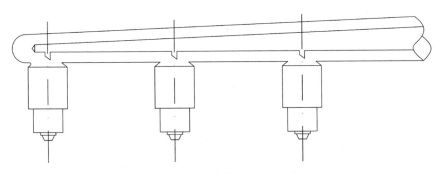

图 4-8　积木式低污染燃烧室三油嘴串示意图

第三级是从 50％工况到 100％工况,油嘴压力降最低为 100 psig(1 psig = 68 194.8 Pa),最高为 700 psig。这种情况燃油分级可以采用简单的通断(on-off)式阀门。

综上所述,有如下结论。

(1) 这里提出的是压比 70 的直接混合燃烧的低污染燃烧室设计方案,但并不限于必须是压比 70 的燃烧室才可用。

(2) 对于不用主油分级的第一种设计方案,可以用在对低污染排放不那么严格的应用场合,如军舰上的燃气轮机,随便多高的燃烧室压力都可以。

(3) 本章提出的第一种设计方案与高油气比燃烧室非常雷同,这就是说,两种燃烧室研发中可以互补。

(4) 积木式的低污染燃烧室非常适合作工业燃气轮机低污染燃烧室,同样不限于 70 atm,随便什么压力都可以用。

(5) 积木式的低污染燃烧室提出一个很好的研究课题,单个轴流旋流器加上简单离心喷嘴的组合是否可以放大,如单个模的 AC_D 到 3 in^2 是否还能排放很好,需要开展研究。

(6) 总的说来,低污染燃烧室技术发展已经从预蒸发预混合或者预混合(对工业燃气轮机来说)变为直接混合燃烧的低污染技术,预混合(或预蒸发预混合)已经没什么发展前途。

4.10　航空低污染燃烧室设计研发的全过程

作为技术研发计划的一部分的低污染燃烧室研发,大体上到 TRL 5 就为止了;但作为型号计划的一部分的低污染燃烧室研发,当然会在 TRL 5 之后继续走下去。本章着重介绍了燃烧组织设计,一直到单模燃烧室试验完成,可以说基本上完成了燃烧组织的设计。这里只说"基本上完成"是由于如下重要原因。

（1）即使单模燃烧室试验结果均合格，但在单模燃烧室试验中有几件事是无法验证的：出口温度的分布质量，包括径向分布及热点指标；高空点火中的联焰情况；发动机燃烧室流场及工况下室壁的温度及温度梯度；发动机燃烧室流场及工况下是否有剧烈的振荡燃烧；发动机燃烧室流场及工况下整个燃烧室的总压损失等。更无法验证在多少个循环之后，会出现致使试验无法继续的裂纹；无法验证燃烧室的机械振动程度等。但这一切都与燃烧组织设计有关。

（2）单模燃烧室试验做完后，势必进行从低工况到大工况的过渡工况设计试验研发，这本身也是燃烧组织设计研发的一部分。所以对燃烧室设计研发者来说，如果单模燃烧室试验通不过，当然就谈不上以后的进展。而如果单模燃烧室初步试验结果还不错，就以为大功告成，急急忙忙拿着从别人处学到的东西，加一点"包装"就去申请专利，那也太急功近利了。

需要说明的是，研发过程中说不定会出现什么问题，以下所说的设计研发全过程只是一个大概轮廓而已。

（1）如果是技术研发，大体上就到 TRL 5 为止；但型号研发当然得一直搞下去，见图 1-1。

（2）从单模燃烧室初步设计研发开始，试验中力求试到 100%工况。试验需要测量 4 个循环工况以及最大巡航工况的以下参数：燃烧效率、排气污染、冒烟、室壁温度分布、头部及模的壁温、振荡燃烧动态压力。

估算相对于 ICAO CAEP/6 的污染减少量，同时试验慢车贫油熄火，常压点火。

结果如表 4-1 所示，需说明以下几点。

（1）这个试验结果并不满意，最主要的是慢车工况燃烧效率太低，只有 98%。这会直接导致相对于 CAEP/6 的 UHC 几乎没什么减少，不能满足要求。

（2）由低的慢车燃烧效率可以预知慢车贫油熄火情况不可能好，因而要同时做慢车贫油熄火的试验研发。

（3）室壁温度很低，表明冷却还有潜力，壁温梯度也完全可以。通常在低污染燃烧室研发中冷却不会是问题，头部壁温也在允许范围内。

（4）振荡燃烧动态压力很低，这是好现象，但不能由此就认为振荡燃烧不是问题了。

这时必须改进燃烧组织以提高慢车状态的燃烧效率，与此同时做慢车贫油熄火试验。在这些问题都解决后，再做模拟高空点火试验。最好模拟低压及低温两方面。如果不能做低温,也应做低压的高空点火试验。因为如果高空点火不好(这时还没检查联焰问题),燃烧组织还得改变。在单模燃烧室慢车贫油熄火及高空点火都通过之后,通常进展到扇形(或矩形)燃烧室研发阶段,应解决以下问题。

(1) 点火联焰。如果设备能力无法做 90°扇形燃烧室的高空点火试验,也可以单独做一个双模的扇形燃烧室,专门考查点火的联焰问题。这里说扇形燃烧室也可以用矩形燃烧室替代(加工容易),对试验的可信度没什么影响。

(2) 初步考查出口温度分布质量。

(3) 如果像 TAPS 那样采用主油分级,在扇形燃烧室上就可以考查主油分级。

因为对较高压、较大流量的发动机,通常设备能力做不到 100％工况,但可尽量争取在扇形燃烧室上做到 100％工况。如果燃烧室采用 16 个油气模,那么 90°扇形燃烧室就用 4 个油气模;但如果用 12 个油气模,为了要试主油分级,需要用 4 个油气模,那么就是 120°的扇形燃烧室了。

在扇形燃烧室试验通过(TRL 4)后,就是全环形燃烧室设计研发。这时是型号研发还是技术研发,就有很大区别了。例如,都是详细设计,对于燃烧室的型号研发,这时材料加工方法结构势必全部是发动机型的,必须带扩压器,带机匣,带真实的燃油系统,如燃油总管、分流阀门(开始时可不带);但对于技术研发,有可能不带扩压器,在材料加工方法上并不一定全是发动机型的。不管哪一种研发,全环形燃烧室试验是研发中另一大关口。主油分级或不分级、低工况到高工况的过渡、出口温度分布、冷却是否恰当都是重要考验。尤其是全环形燃烧室提供了真实的边界条件和流场,是否有振荡燃烧会是最关键的判断。很多问题要在全环形燃烧室试验中回答。但遗憾的是,对稍微高一些的压比(如 35 以上),很难找到可以完全做到 100％工况的设备。这就需要将降压力的全环形试验、降工况的全环形试验和高压力的扇形燃烧室试验(甚至 100％工况的单模燃烧室试验)配合起来,判别是否可以向发动机提供装上发动机后仍能做试验的燃烧室。一旦装上发动机后,就没有办法直接判断燃烧效率,一般也无法判断出口温度的分布(可以在涡轮导向叶片上涂示温漆)。总之,全环形燃烧室试验是关键性的一步。但不能把全环形燃烧室试验当作基本研发工具,因为耗费太大。必须在之前的研发试验中做到基本上已解决问题,到全环形燃烧室试验时,只是综合检验和考核,只希望做少量的修改研发。如果到全环形燃烧室试验时还发现有基本问题存在,那就麻烦了。一做大改,又得从头来起。这就是为什么要在全环形燃烧室之前的试验中尽可能地发现问题,并尽量试验,哪怕不完全是真实情况,也比到全环形燃烧室试验时才发现大问题要好。但事实上经常有人为了赶进度、赶节点,还没摸透情况,就急急忙忙往下走,最后就会造成更大的困难。

发动机上的燃烧室试验中有一个大问题,即对于新的发动机,如果到试验时新的压气机、新的涡轮还没准备好,怎么试验?有人将新的燃烧室配上现有发动机的压气机和涡轮去试验。结果慢车工况油气比到0.02,根本无法判断燃烧室的性能及污染,这是一个很大的问题。当然对型号燃烧室研发还有长期试车的考验。燃烧室在发动机定型试车中通常是关键性的一项。雷雨熄火试验要以发动机上的试验结果为准。

第 5 章　民航低污染燃烧室 低工况设计研发

5.1　燃油分级及低工况设计研发概述

在航空燃气涡轮发动机中燃油分级有两种情况。

(1) 先只有副油工作,所有主油嘴都不打开,这叫主-副分级。

(2) 随后主油嘴打开工作,但不是所有主油嘴都同时打开。可能先打开一半主油嘴工作,余下的一半要等到更高一些的工况时再打开。这叫主油分级。

几乎所有航空燃气涡轮发动机都是先开副油,后开主油。所以这一步并不对设计研发上或工作上提出什么特殊要求。本章要讨论的是主油分级的问题。

航空燃气涡轮发动机低污染燃烧室(除压比高于 50 的以外),在没有特殊的燃烧设计措施下,都要用主油分级,这起因于部分工况(或过渡工况)工作的需要。这与发动机的压比有很大关系。

(1) 对高压比的低污染燃烧室,典型地说,压比为 50 的低污染燃烧室,正如第 4 章已经讨论的,并不需要主油分级。在慢车工况之后,较低工况下即可打开全部主油嘴工作,靠分流阀门控制主-副油的比例。副油比例在较低工况(主油刚打开时)下很高;随着工况的升高,副油比例"自然"地降下来。这与常规燃烧室非常相似。只是在常规燃烧室上每个油嘴带一个分流阀门;而在高压比低污染燃烧室既可以每个油嘴带一个分流阀门;也可以主、副油路各有一个集油环,分流阀门连同截止阀门在这两个集油环之间,准确地控制主油打开的时机。

(2) 对压比比较低的低污染燃烧室,典型的如压比为 20 的低污染燃烧室,试验证明,除非采用局部的扩散燃烧协助主油在小工况下火焰稳定,否则不能一下子把主油嘴全部打开。这就是说,不用专门的燃烧设计,主油分级是必需的。

本章主要讨论较低压比的低污染燃烧室主油分级的设计研发。这是现在航空低污染燃烧室的流行设计,其燃烧室如图5-1所示[4]。为了避免由主油分级带来的一系列缺点,笔者研发的特殊的带扩散燃烧的低污染燃烧技术也将是讨论的重点。低工况指从慢车到约50%的工况。

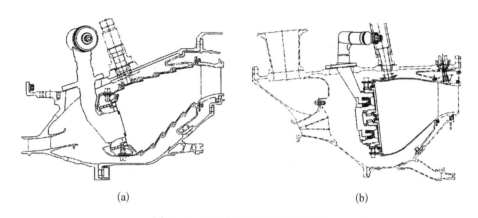

(a)　　　　　　　　　　　　　　　(b)

图 5-1　GE 公司的 TAPS 燃烧室

(a) 用于 CFM 的单环腔(SAC)TAPS 燃烧室;(b) 用于 GE90 的双环腔(DAC)TAPS 燃烧室

5.2　低压比低污染燃烧室主油分级必要性

以压比 20 为例,在 30% 工况下,燃烧室压力大约为 8 atm,进口温度为 560~590 K,油气比为 0.015。在这种状况下,如果没有特殊的燃烧设计,全部主油嘴打开工作,无论什么主-副油比例,燃烧效率最高的也就是 98%。这是因为如果副油比例高,副油燃烧效率不错;但主油燃烧区太贫,主油燃烧效率很差,这样会把总的燃烧效率拉下来;反之,如果主油比例很高,这时副油燃烧不好,总的燃烧效率也不会好。这种情况下,燃烧效率对副油比例(代表主-副油比例)是一条曲线,该曲线有一个最高点。这个最高点就是最佳副油比例。但就在这个最高点,效率最高为 98%,不能满足要求。同时带来 CO、UHC 太高,而且火焰稳定性不好,很难通过 30% 工况下雷雨熄火的考验。是否必须主油分级,只要在单模燃烧室上以循环的 30% 工况(压力、空气温度、油气比)进行试验就可以确定。因为在单模燃烧室试验上,一个主油嘴与一个副油嘴同时工作,这就相当于在全环形燃烧室上所有主油嘴和所有副油嘴都同时工作(即相当于没有主油分级的情况)。这时如果只要有副油比例达不到 99% 以上的燃烧效率,就意味着不可能省去主油分级或特殊的燃烧组织设计。就算在某个主-副油比例下燃烧效率达到了 99%,也并不是说一定可以省去主油分级。例如,笔者专门进行过一次燃烧试验,采用非常大直径的单模燃烧室火焰筒,的确在副油 50% 时达到了 99% 的燃烧效率。但这不能用到实际发动机燃烧室上去,原因如下。

(1) 实际发动机燃烧室火焰筒横截面积不可能这么大,一般航空低污染燃烧室,只有头部空气 AC_D 的 10~12 倍。

(2) 过大的火焰筒会使点火困难。

(3) 只能在副油比例 50% 时达到 99% 的燃烧效率。副油比例若稍微变一点,如 49% 或 51%,燃烧效率都明显低于 99%。这种情况仍然不能省去主油分级(或特殊的设计)。

较低压比下航空低污染燃烧室在没有特殊燃烧设计情况时主油分级的必要性可概括为:工况偏低,压力、空气温度低(这是关键),油气比低,这时打开全部主油嘴工作,整个燃烧室(不管副油燃烧区或主油燃烧区)的燃烧强度(以单位体积释热率表示)偏低,导致燃烧效率低,火焰稳定性不够,不能保证发动机在低工况(或过渡工况)下稳定、可靠地工作。

主油分级实际上就是"集中兵力打歼灭战"。把有限的燃油集中在一部分主油嘴(加全部副油嘴)上,让这些区域"先富起来"。在这些有燃烧的区域,油气比合适,燃烧效率合适,火焰稳定。当然有的区域烧,有的区域就不烧,必然带来"区域差别",带来矛盾和问题,这将在以后讨论。现在只是承认这个"让一部分区域先富起来"的办法可行,可以让航空贫燃预混低污染燃烧室渡过过渡工况的难关。为什么常规燃烧室没有这个问题? 有下列两点原因。

(1) 常规燃烧室燃烧区并不贫燃,没有那么多的燃烧空气。

(2) 常规燃烧室不是预混燃烧,也不是直混燃烧,是混合不大好的扩散燃烧。

以下需要说明发动机燃烧的一个基本概念。并非任何情况下都要求混合均匀,也并非混合越均匀越好。低工况和高工况有截然不同的要求。

在高工况下,火焰稳定不是问题,燃烧效率不是问题,所以要求混合均匀,可使 NO_x 降低,火焰辐射少,带来好处。

在低工况下(尤其是低压比燃烧室),火焰稳定是一个问题,燃烧效率也是一个问题。所以在低工况(或过渡工况)设计中,火焰稳定与燃烧效率占主导地位。这时并非混合越均匀越好。但燃烧室设计必须同时考虑低、高工况两种情况。

同时要说明,混合均匀概念包括大范围内的均匀性和小范围内的均匀性。例如,在主油分级情况下,有一半的主模没有喷油,这些主模 FAR=0;另外一半主模喷油,其 FAR 远大于不喷油的那些主模。这就是大范围内的不均匀性(有的地方有油,有的地方没有油),这是稳定火焰所需要的。但就在主油分级情况下,又要求小范围内的均匀性,即每个工作着的主模,其燃烧区内部要求均匀;每个工作着的副模,其燃烧区内部也要求均匀,这是小范围内的均匀性。这就是要求烧的地方必须烧好,不烧的地方必须不烧。

对压比不太高的航空贫燃预混低污染燃烧,在过渡工况则要求大范围内不均匀性与小范围内均匀性相结合。

其实对高压比(如压比50)的航空贫燃预混低污染燃烧,在过渡工况同样是大范围内不均匀性与小范围内均匀性相结合。其表现形式不是主油分级。这时主油嘴全部打开,但副油嘴的燃油比例高于副模空气比例,即副油燃烧区的燃烧比主油燃烧区的燃烧要富,这也是大范围内不均匀性,靠它稳定火焰,改善燃烧效率。而每个工作着的副油燃烧区内部是均匀的;同时每个工作着的主油燃烧区内部也是均匀的,这是小范围内的均匀。

如果不是贫燃,不是预混,如本书后续将讨论的高油气比直混燃烧,低工况必有扩散燃烧,压比较高,也就没有主油分级问题。

如果是贫燃,但完全都是直接混合的低污染燃烧,就算压比不太高,也没有主油分级问题。

关于贫燃直接混合的低污染燃烧,笔者做过相当数量的研发。总的来说,低工况下燃烧效率、火焰稳定比较好,不需要主油分级,但 NO_x 降低的潜力有限,主要是大工况下的 NO_x 偏高。

总结本节要点如下。

(1) 大工况下 NO_x 与过渡工况下燃烧效率(CO,UHC)及火焰稳定有矛盾。

(2) 过渡工况的设计以火焰稳定、燃烧效率为主导。

(3) 对压比不很高的循环(典型的压比为20),若不采用特殊燃烧设计,对航空贫燃预混低污染燃烧,主油分级不可避免。

(4) 对低污染燃烧,在低工况下并非混合均匀为好。要大范围内的不均匀性和小范围内的均匀性相结合。

(5) 在低工况下,很好地预混燃烧在降低 NO_x 问题上也不一定有很大优越性。因为预混燃烧要求火焰稳定、效率高,真正燃烧油气比不能低(当量比相当高);而扩散燃烧也就是当量比等于1。在低工况下,扩散燃烧时 NO_x 并不增加很多。这为采取特殊燃烧组织取消主油分级提供了依据。

总之,对低污染燃烧过渡工况的设计,在概念上与大工况的设计有很大的不同。

5.3　主油分级设计研发的复杂性

关于 GE 公司的 TAPS 低污染燃烧室的主油分级,其要点如下。

(1) 主油嘴的打开分两步,第一步打开一半主油嘴,第二步打开另外一半主油嘴。

(2) 用压力控制阀门控制主油嘴有效压力降(pressure controlled nozzle),以控制各工况下主-副油的分配比例。

整个燃油喷射分为三档:

第一档只有副油嘴(全部)喷射燃油;

第二档全部副油嘴加一半主油嘴喷射燃油;

第三档全部副油嘴加全部主油嘴喷射燃油。

在第二档及第三档时通往主油嘴的燃油都通过压力控制阀门控制主油嘴的可用压力降,以达到要求的主-副油比例分配。

下面先讨论简单地用截止阀门控制主油分级会出现什么情况。

在采用两个主油截止阀门(第二档一个,第三档一个)的情况下,燃油系统很简单。这时燃烧室初步的气动热力设计与第 4 章讨论的一样。假设已经根据慢车工况确定了副油嘴的流量数 FN。已经确定第二档燃油工作是全部副油嘴加一半主油嘴工作。现在要确定的是:

(1) 一半主油嘴打开的工况点;

(2) 主油嘴的 FN;

(3) 一半主油嘴打开后,主-副油的分配比例。

由于采用截止阀门的主油分级不可能在航空燃烧室上应用(在工业燃机低污染燃烧室可用),这里只说其要点,并引出为什么需要用压力控制阀门控制副油比例。

要选定一半主油嘴打开的工况点,有下列两方面的限制。

(1) 打开一半主油嘴不能太晚。主油嘴打开前只有副油嘴工作,这时副油燃烧是富油的。打开不能太晚的第一个原因是主油打开前副油燃烧不能出现黑烟。这种情况在有的公司研发低污染燃烧时出现过。在主油未打开前,副油燃烧的冒烟数(smoke number, SN)为 39,这是不允许的。这一点规定了主油打开的工况点不能太靠后。第二个原因是副油嘴压力降。在主油打开前,随着工况的提高,FAR 增大,空气流量增大。到第一主油打开工况时总的燃油流量可以比慢车时增大一倍还多。这样副油嘴压力降可高达慢车工况时的 8 倍。副油嘴很高的压力降可能为燃油系统及油泵压力所不允许。

（2）主油打开工况点也不能太早。第一个原因是，若打开的工况点太早了，压力低，空气温度低，总油气比低，主油打开后的瞬间火焰不稳；第二个原因是主油打开时燃烧效率突然降低，若降低太多会影响发动机的加速性。这种主油打开时效率的突降在参考文献[4]中有报道。打开工况点越早，效率降得越多。第一个主油打开工况点只能在这两方面折中下确定。

主油嘴的 FN 选择受到两方面的影响。

（1）一半主油嘴打开后主-副油的分配比例。如果完全是截止阀门，主油嘴打开后，假如副油和主油有同样的油嘴压力降，那么副油比例为（总的油嘴数目为 N）

$$(FN_{副油} \times N)/(FN_{副油} \times N + 0.5 \times FN_{主油} \times N)$$

即副油嘴总的 FN 与总的工作油嘴 FN 之比。注意到这个比例理论上不随工况而变化，但必然影响在第一主油打开工况点时副油燃烧区及主油燃烧区实际的燃烧当量比，这对刚打开时火焰稳定和燃烧效率有决定性的影响。

（2）由于所有主油嘴的 FN 相同，如果完全是以简单的截止阀门来分级，仍然假定在最大工况时副油嘴压力降与主油嘴压力降相等，那么在最大工况下的副油分数为

$$(FN_{副油} \times N)/(FN_{副油} \times N + FN_{主油} \times N)$$

这样就会引出很大的矛盾：在第一主油打开工况点以及第二主油打开工况点，为了火焰稳定及燃烧效率，希望副油比例高，这样主油 FN 要设计得低一些，但由此带来在最大工况时副油比例很高，使 NO_x 太高。这是一个严重的矛盾。在这样的主油分级下很难解决：在主油刚打开时，希望副油多一些；而大工况时要求副油比例低。该矛盾的引起是由于在同一"档"中（如前述的第二档或第三档），副油-主油的比例（即副油比例）是不变的，而这一点又来源于简单的截止阀门控制。这就引出安装附加压力控制阀门的需要。

要选定第二主油打开工况点，这时一般说没有冒烟问题，但仍然有两方面的限制。

（1）打开这工况点的时间不能太晚，太晚可能会要求油嘴压力降太高。

（2）更为主要的是若第二主油打开工况点越高，第二部分（一半）主油油嘴

的积炭问题就越严重。因为发动机从大工况往下降时，到了该工况点的后一半主油嘴就要关闭（关闭的工况点与打开的工况点相差不多）。这时空气温度还相当高（这取决于循环，但至少在 600 K）。这一半主油嘴里的积油靠吹除是清除不干净的，反而会使氧气进入，这就给油嘴积炭创造了非常好的条件。与此同时，在只有一半主油嘴工作时，主油嘴的安排总是一个工作一个不工作，燃烧室出口周围温度分布呈"冷—热—冷—热—冷"周期性变化。这样周期性的冷热分布对涡轮很不利，如果这样的周向温度分布一直延续到更高工况，问题就更严重。

　　油嘴积炭和涡轮进口温度周向冷热周期性分布是两个主要问题。它们要求第二主油打开工况点早一些。但不能太早，因为太早会使打开后瞬间火焰不稳，效率太低。虽然可以通过调整第二主油打开点的主-副油比例改善火焰稳定，但这意味着主油嘴 FN 低，就意味着最大工况下 NO_x 高。这一系列都是矛盾。其中基本的是较低工况（主油第一次打开或主油第二次打开时）火焰稳定及效率要求副油比例高；而大工况下 NO_x 要求副油比例低，这个矛盾在一定程度上可以通过压力控制阀门来缓和。但在第二档时不工作的主油嘴的积炭和涡轮进口温度周向冷热周期性分布这两个问题不能根本解决。

　　压力控制阀门是在副油和主油嘴之间、在截止阀门之后再加的一个控制阀门。这个阀门可以加在副油集油环与第一部分主油嘴的集油环之间，以及副油集油环与第二部分主油嘴的集油环之间；也可以与每个油嘴结合（见图 5 - 2）[4]。该压力控制阀门可以做成有限的调节级数。例如，有的设计分为 10 级。其中作动元件是一个圆筒，圆筒上沿轴向开 10 排由小到大的孔。在起初要求主油比例

(a)　　　　　　　　　　　　　　　　　(b)

图 5 - 2　发动机试验的油嘴和火焰筒
(a) DAC TAPS 燃烧室的油嘴和火焰筒；(b) DAC TAPS 燃烧室的油嘴和火焰筒

低时,主油由较小的孔通过;随后工况增大,由计算机逻辑控制,使压力控制阀门动作,主油通过较大的孔,以此增大主油的比例。现在做成 10 排孔,就是"有级调速"共有 10 级,逻辑控制容易些。但有两点必须注意。

(1) 这个"压力控制油嘴"只解决主-副油的比例,并不解决供给燃烧室总燃油量的保证。所以前面要有总的油量控制。

(2) 在第二主油打开工况点时,第一部分主油嘴的压力控制阀门要与第二部分主油嘴的压力控制阀门调至同一位置,保证去所有主油嘴的燃油流量一样。

这样的带"压力控制油嘴"(或压力控制阀门)的主油分级系统[4]也是现在航空低污染燃烧技术研发的主流。在后续讨论这种主油分级系统的缺点之前,要强调一点:主油分级技术(包括取消主油分级的技术)必然是燃烧室设计研发与燃油系统设计研发的合作。首先是燃烧室研发提出是否一定要主油分级(这是大前提);然后确定第一主油打开工况点、第二主油打开工况点(这些都必须先由试验证实可以稳定火焰,燃烧效率可以接受);确定在整个主油打开的范围内,主-副油比例的变化,确定调节的级数,这时压力控制阀门的设计(这是燃油系统设计的事)必然要和 $FN_{副油}$、$FN_{主油}$ 密切相关;最后在发动机上台架试验前,由全环形燃烧室连同燃油系统协同联试。这次试验基本上可以对燃油系统主油分级与燃烧室的协同工作进行考验,可以确定两次主油打开时火焰是否稳定,燃烧效率是否可以满足发动机加速性能的要求。如图 5-3 所示,CFM SAC TAPS 燃

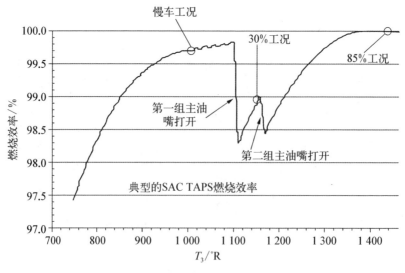

图 5-3 燃烧室效率随主油分级的开启的变化特性

注:兰氏度(°R)−460=华氏度(°F);[华氏度(°F)−32]/1.8+273=热力学温度(K)

烧室在两次主油打开时效率会出现两次突然降落。可以测量带主油分级的周向温度分布的不均匀性,也可以测量第一次主油打开前的冒烟,可以测量一半主油嘴工作下 30％工况下的 EI_{NO_x}、EI_{CO}、EI_{UHC}、效率,以及雷雨熄火的喷水量。总之,这一次全环形燃烧室与主油分级系统连同试验是上发动机台架前最关键的一次试验。当然,在这之前要开展单模燃烧室有关试验。

下面以 30％工况为例说明如何在单模燃烧室上做模拟主油分级的燃烧试验。

首先要确定在 30％工况下,一个全环形燃烧室中有两种燃烧区(假定总共有 12 个油嘴,意思是 12 个副油嘴,12 个主油嘴,12 个副空气模,12 个主空气模)。现分区讨论。

(1) 有 6 个副模燃烧区。这些模中的主模没有主油(主模有空气出来),只有副油在燃烧。

(2) 有 6 个副模和主模同时燃烧的区域。

如果这时总的副油是 44％,在 6 个只有副模燃烧的区域烧掉 22％的燃油;在 6 个副模和主模同时燃烧的区域烧掉 78％的燃油(其中 22％的油在 6 个副模燃烧区烧掉,56％燃油在 6 个工作的主模燃烧区烧掉)。

这时知道副模空气比例,知道 30％工况总的油气比(假定是 $FAR_{30\%}$),知道冷却空气比例,就可以算出在副模的燃烧区其实际燃烧的油气比 $FAR_{pilot全环}$ 以及工作的主模燃烧区实际燃烧的油气比 $FAR_{main全环}$。这样在单模燃烧室试验台要做下列两次试验。

(1) 单模燃烧室的压力、空气温度、$\dfrac{\Delta p}{p}$ 是循环 30％工况要求的,只有副油工作(即副油比例为 100％)。这时模拟上述区域(1)在全环形燃烧室中只有副模燃烧的区域燃烧实际油气比,即在单模燃烧室中副油燃烧油气比 $FAR_{pilot单}$ 等于全环形燃烧室中副油燃烧油气比 $FAR_{pilot全环}$。由此确定这一类单模燃烧室试验时整个单模燃烧室(包括冷却空气)的油气比。这个燃烧试验油气比可以与 30％工况下的循环油气比大不一样。例如,循环 30％工况 $FAR_{30\%}=0.015$。这种单模燃烧试验总油气比可能只有 0.006 5。这种试验得出 EI_{NO_x} 以 $EI_{NO_x, pilot only}$ 表示。

(2) 单模燃烧室的压力、空气温度、$\dfrac{\Delta p}{p}$ 是循环 30％工况要求的,副油与主油都工作,模拟全环形燃烧室中副油-主油共同工作的区域[上述区域(2)]。这时单模燃烧室的油气模必须与全环形燃烧室上的油气模一样；单模燃烧室冷却空气比例要与全环形燃烧室上冷却空气比例一样。在这个单模燃烧室试验中，燃烧试验的油气比、试验时主副油的比例，要保证副模燃烧油气比以及主模燃烧油气比与全环形燃烧室上相应的副模燃烧油气比及主模燃烧油气比一样。注意到这类单模燃烧室试验时总油气比及主-副油比例可以与循环 30% 工况很不一样。单模燃烧室试验时副油比例可能为 28%，而试验油气比可能为 0.028～0.029（远超过 30% 工况的 0.015）。这样试验得出的 EI_{NO_x} 以 $EI_{NO_x, combination}$ 表示。全环形燃烧室的 30% 工况的 EI_{NO_x} 为

$$EI_{NO_x, 全环} = 0.78 EI_{NO_x, combination} + 0.22 EI_{NO_x, pilot only}$$

同样确定全环形燃烧室 30% 工况的 EI_{CO}、EI_{UHC}、燃烧效率。

这样的试验不仅要针对 30% 工况进行，也要针对其他过渡工况（在第二主油未打开前）进行，在其他工况试验时不需要综合计算合成的 EI_{NO_x} 等，但需考察火焰稳定性，测量并计算燃烧效率。

5.4　主油分级设计研发中其他因素

本节讨论如果在一个真实的航空发动机技术研发中主油分级设计除了主油分两档，采用压力控制阀门之外的其他复杂因素。

该发动机的燃油供应（与 TAPS 一样）有三个档次：

（1）只有全部副油嘴工作；

（2）全部副油嘴加一半主油嘴工作（Main 1 档次）；

（3）全部副油嘴加全部主油嘴工作（Main 2 档次）。

这三条油路的燃油供应有准确的控制以保证主-副油的比例台阶式改变达到最佳低污染。在全部主油嘴都工作时，控制系统保证这两个主油集油环流量是 50%∶50%。尽管四个工作、四个不工作的安排对燃烧效率更好，但主油嘴分级是在周向一个工作、一个不工作的安排方式，因为这对涡轮的寿命有利。发动机控制则通过一个智能发动机控制系统（versatile engine control system，VECS）来实现（此处从略）。在设计这个控制系统的软件时已经考虑了以下因素：由于主油分级燃烧系统在不断研发，后续还会有更多的有关分级燃烧的信息，所以软件要有最大的机动性，以后可以将分级燃烧控制有关的参数不断包含进去（实际上是越搞越复杂）。这一点与燃烧研发有关。

在燃烧室控制上，稳态的比较好办。难办的是在发动机过渡状态中，由于发

动机过渡状态的不同而造成燃烧室内实际工况可以大有不同。例如,发动机猛烈加速,燃油流量就要快速地增大,这时燃烧室内实际的 FAR 与对应于发动机轴转速(或推力)稳态下的 FAR 相比要"富"很多。反过来,如果是发动机减速,燃烧室内实际工作就"贫"。要考虑低污染、可工作性、热部件寿命等,在选定分级点时必须考虑这些过渡效应。以什么参数控制分级在很大程度上影响到分级预定控制的主-副油比例和实际燃烧室内真正的主-副油比例之间的差距。

对发动机而言,主油分级以及主-副油比例是由燃烧室进口温度 T_3 和燃烧室 FAR 控制的,近似地可将这两个参数用 T_4 来代表。用 T_3 和 FAR 规定分级意味着分级的控制出现在一定的火焰温度比较合理。这样在发动机加速时(燃烧室实际工作变"富")出现分级的 T_3 比发动机减速时出现分级的 T_3 要低。在实际上天的飞机发动机中,T_3 是测量所得的,因而准确已知。燃烧室燃油流量是测量的,也是准确已知的。但进入燃烧室的空气流量(用于确定 FAR)不能测量,只能由 VECS 估计。该设计中专门搞了一个研究,叫燃烧室进气流量的估算,估算当然会引起一些不确定性。但经过验证由此估算的进气流量与详细的过渡态模型计算差别很小。

真正执行分级燃烧的控制还有额外复杂性。采用上述 FAR-T_3 的控制,该控制系统对实际燃烧室工况迅速反应,导致在发动机过渡时很快地打开新的一级或关闭一级。例如,在发动机由慢车状态加速上去时,导致燃烧室变"富",进入 Main 1 档次,然后很快进入 Main 2 档次。依据驾驶员的操纵手柄位置,当发动机接近于稳定状态时,又会从 Main 2 档次退回到 Main 1 档次(即第二部分的一半主油嘴先打开,然后趋于稳定时又关闭),同时主-副油的比例趋于与该工况对应的数值。

如果操纵手柄的位置使发动机的"安置"点碰巧与稳态的分级点很接近时,工况略有某些波动,Main 1 档次或 Main 2 档次可能会一会儿进、一会儿出,这就很麻烦了。为防止这种情况的发生,在控制逻辑中,对每个分级点(开或关),都包含了一定程度的滞后。滞后的宽度在以后对分级控制系统进行微调时,也是一个可调整的参数。

为了达到真正实现分级燃烧,还有一些问题。例如,实现 Main 1 或 Main 2 分级的充填时间(即打开阀门到油嘴喷油的时间)必须考虑进去。在某发动机中把单向阀门放在集油环的进口及油嘴进口。这样油路小工作时,集油环仍充满油,会使充填时间减至最低。在打开 Main 1 集油环时,由燃油同步逻辑包括主油阀门打开的时间。在这同步逻辑没完成之前,副油嘴的燃油不减少。Main 2

档次打开时,由主-副油比例的变化速率控制 Main 2 集油环的平滑打开。在发动机减速时,由逻辑控制防止燃油量减得太快而引起熄火的危险(该燃烧室贫油熄火性能本来就不好)。所以,由于基本燃烧技术不好,引出主油要分级;而要很好地控制它,又会引出一系列其他的复杂问题。

5.5 主油分级的缺点

若干年前,有一个发动机燃烧室实行主油分级,发现涡轮叶片额外的损坏与主油分级有关。这个报道已经被证实。对于主油分级,设计涡轮的人一直是反对的,尤其反对几个连在一起工作的和几个连在一起不工作的主油嘴。但从燃烧室设计的角度,这是一种无奈的选择。上述主油分级燃烧室,最后对涡轮做了一些设计修改,使涡轮的自振频率与涡轮进口温度的周期性变化错开从而解决问题。这是主油分级第一大缺点。这种周向周期性温度变化若在较高工况出现,情况就更坏。

主油分级的缺点如下。

(1) 油嘴积炭问题。有一半的油嘴在相当高的空气温度下关掉必然带来油嘴积炭。笔者在任何燃烧试验时都规定停车程序必须保持燃烧室火焰继续工作,等空气温度降低到 420 K 以下,然后切断燃油关车。这样的程序就是为了减少油嘴积炭。如果在 750 K 进气温度下紧急停车(虽然有吹除措施),经过 20 min 重新点火再开始试验,可以看到副油嘴 FN 从 2.5 突然降到 2.3,主油嘴 FN 从 26 降到 24。由此可以看出在高空气温度燃烧情况下把油嘴关掉引起积炭的危险性。而对压比 40 的燃烧室,在第二级主油打开(关闭)点工况下,空气温度可以接近甚至超过 750 K。可见油嘴积炭是主油分级引起的另一个严重问题。

(2) 每次主油打开时,燃烧效率有一突降(见图 5 - 3),影响加速性,此处不再重复。

(3) 主油分级使燃油系统变得更为复杂。复杂的系统使可靠性降低,特别如图 5 - 2 所示,其逻辑控制以及压力控制阀门都很靠近燃烧室机匣(这是因为控制燃油流动以及其同步性需要)。那里环境热,影响电子器件或控制元件的可靠性。

(4) 复杂的燃油系统带来的第二个缺点是成本增加。这种压力控制阀门都不便宜,比分流阀门贵多了,如果每个油嘴带一个,将增加不少成本,这一点在文献[4]中已经提道:

"在我们面前仍有其他的挑战,例如:可工作性,油嘴吹除而不引起沉积和堵塞,产品的价格和质量,都需要找到作为产品研发一部分的最佳工程解决方案。"

(5) 复杂燃油系统带来第三个缺点是重量增大。十几个压力控制阀门加起来,其重量不小于 1.36 kg。

正如前面所讨论的,主油分级从设计研发到投入运行,的确复杂且麻烦。现在还缺乏在投入使用后会有什么问题的信息(除了上述有关涡轮叶片损坏的报道之外)。航空低污染燃烧技术发展已经历过几次变化:① 预混合模由长变短;② 放弃追求预混合模 100% 的蒸发;③ 预混合模的旋流强度由强变弱;④ 由径向分区、轴向分区燃烧,改为同心圆式的副油、主油分区燃烧;⑤ 主油喷射由成膜式空气雾化油嘴,改为横向气流中直孔空气雾化喷射。现在又要面临一个大的变化:航空贫燃预混低污染燃烧技术要取消主油分级,至今没见到过任何相关报道。这是当今航空低污染燃烧技术研发要解决的大问题。因此先讨论低工况下火焰稳定的概念。

5.6　低压比低污染燃烧室低工况下火焰稳定

航空贫燃预混低污染燃烧室(压比不是很高的)在低工况下火焰稳定是有困难的。举一个典型的例子,压比约为 20 发动机的燃烧室,在 30% 工况下,燃烧室压力为 8 atm,空气温度为 590 K,油气比为 0.015,就算冷却空气的 25%,这样整个头部平均油气比为 0.015/0.75=0.02,即当量比为 0.294。这时要火焰稳定显然不现实。其困难与以下三点有关。

(1) 贫燃。总的说来,头部太"贫"了。

(2) 主模预混。副模虽不是预混,也混合良好。

(3) 头部空气平均速度比常规燃烧室高。

这三点都对火焰稳定不利,再加上并非由燃烧室设计者决定的循环工况参数低,造成了这种燃烧室低工况火焰稳定的难题。采用主油分级技术是解决问题的可能途径之一。但正如前文已讨论的,它存在很多弊病,仍然是大工况下降低 NO_x 与低工况下火焰稳定之间的矛盾。这与慢车工况火焰稳定不一样,在慢车时采用不打开全部主油嘴,只打开副油嘴,连同其他措施已经解决了慢车贫油熄火问题。现在面临的是主油嘴打开的问题,要一次全部打开,把主油分级省略掉,而又要火焰稳定。以下讨论一些实用的火焰稳定概念。

(1) 低压、低温空气预混燃烧,熄火油气比相当高。以航空煤油为例,在大气压和室温下,熄火油气比约为 0.041;按当量比算约为 0.60。

(2) 如果用一小部分比较富的预混火焰作为"长明灯",辅助大部分比较贫的预混火焰,其熄火(平均)当量比可以低些。例如,有一混气 FAR＝0.042,在常温、常压下如果全部混合均匀,那么接近于熄火。现在将该混气分成两部分:

① 中心一小部分,占 10% 的油,本身有回流区稳定火焰,这部分 FAR＝0.06;

② 外围大部分,占 90% 的油,其 FAR＝0.040 6。

将这两部分组合平均起来,FAR＝0.042(假设中间一小部分为 70 g 空气,4.2 g 油;外围大部分为 930 g 空气,37.8 g 油。总共为 1 000 g 空气,42 g 油,所以总的平均油气比为 0.042)。这样组合的燃烧区,如果按比例将油量减下来,火焰一直到总平均油气比为 0.032 时才熄火。因为到 FAR＝0.032 时,中心一小部分的油气比还在 0.045 7。中心区小部分火焰起到"挂住"整个火焰的作用。中心的火焰存在,它的释热可以支持外围更贫的区域继续保持火焰。这种技术通常将中心小部分火焰叫作"值班火焰(pilot flame)"(笔者认为称其为核心火焰,可能更恰当)。这是从事燃烧的人员都十分熟知的技术。

(3) 中心的值班火焰不用预混合,而用直喷混合,在同样中心油与外围油比例下,熄火的油气比又可降低一些,如 0.03(注意,这里说的熄火油气比是常压常温下的,比高压高温的高不少)。但用到压比 20 发动机燃烧室的 30% 工况,火焰稳定性还不够,燃烧效率也还不够好。

(4) 用少量扩散火焰稳定大部分预混火焰,已经至少有两种工业燃气轮机低污染燃烧室(烧天然气)采用了这种技术。其一是参考文献[8]报道的 GE 公司 LM6000 工业燃气轮机。在天然气预混合模出口端面有直喷(轴向向下喷)的一圈天然气小喷口,周向均匀分布。这些直喷燃料没有空气与之配合,所以其燃烧必然是扩散燃烧,在 LM6000 中该直喷扩散燃烧用以增强火焰稳定,并非一直在工作。只是在燃烧室中出现有熄火预兆时,临时打开这些直喷扩散燃料燃烧。LM6000 文献也报告,当振荡燃烧超过某一界限时,打开这种直喷扩散燃烧的燃料,其有压抑振荡燃烧的作用。这就是振荡燃烧中的半主动控制(感受振荡燃烧的振幅,超过界限时启用这措施,但其流量并不随振荡周期而变化,所以叫半主动控制)。另一个工业燃气轮机低污染燃烧室为 501 K,在预混合模外围有 12 个直喷(不带空气)的天然气喷口(实际上是小细管子)。这些直喷天然气从起动一直工作到近 90% 的工况,此后到最大工况时都关掉(因为是气体燃料,可以关掉)。这两种工业燃气轮机低污染燃烧室都已工作超过百万小时。这说明了如下问题。

① 用少量扩散燃烧稳定预混燃烧,非常有效。

② 在它们的应用中扩散燃烧的直喷燃料都是周向均匀分布的。是否可改进值得考虑,其实从稳定火焰的角度考虑,不一定要均匀分布。

③ 主要考虑的问题是直喷扩散燃烧对 NO_x 的影响。在 LM6000 中,它只是短暂的喷射,应急使用。而燃气轮机本身还有复杂的燃料分级系统。据报道,直喷的扩散燃烧对 NO_x 影响不大。在另一个工业燃机低污染燃烧室中,直喷的扩散燃烧在预混合模外围,它是长期工作的,由计算机专门控制其喷射量。喷射量(以总燃料量的比例表示)对 NO_x 及 CO 都很有影响。一般地,增加直喷扩散燃烧,会增多 NO_x,减少 CO。所以要保证同时满足 NO_x 及 CO 的要求,对应于不同的工况直喷扩散燃烧的燃料量必须控制在比较窄的范围内。这里引出如何减少扩散燃烧直喷燃料,也即使用扩散燃烧直喷燃料的有效性问题。笔者专门对这个问题进行了相当数量的研发。

(5) 应该采用不均匀分布的扩散燃烧直喷燃料,直喷扩散燃烧应该在预混燃烧区以内,但处于边缘部位。

笔者曾进行一个火焰稳定及熄火试验,它是天然气的预混合模。在预混合模的外围(即头部底板上)布置两种扩散燃烧直喷天然气喷孔。径向位置相同,一种是周向均布 12 孔;另一种是周向不均布,只在 30° 的扇形段内布置 3 个孔,其余周向位置上没有直喷天然气孔。用单模燃烧室带光学玻璃的火焰筒(整个火焰筒透明可供照相),在常压常温下做熄火试验。试验目的是比较周向均布的扩散燃烧直喷孔与周向集中或偏置(biased)的扩散燃烧直喷孔,哪一种在稳定火焰上的有效性高。结果非常明显:

① 如果达到总的熄火当量比相同,周向偏置的扩散燃烧直喷孔可以减少用于扩散燃烧的燃料量一半以上;

② 如果保持同样的扩散燃烧的燃料量,周向偏置的总的熄火当量比可以明显降低,这意味着付出同样代价(扩散燃烧的燃料量),可以明显改善熄火;

③ 直喷孔的孔数和孔径有最佳化的问题。例如,比较了 6 孔(在 60° 的扇形段中)和 3 孔(在 30° 的扇形段中)喷射孔,基本上没什么差别;但如果只打一个孔,那就不如 30° 扇形段中 3 个孔有效。从火焰可看出,一个孔的喷射量是三孔之和,增大喷射速度,喷射射流穿透远,增大了与预混模出口气流的混合。这样在喷射量许可的情况下,以 30° 扇形段的 3 个孔为宜。当用到液体燃料时,由于直喷喷油量可能非常小,用 3 个孔时,其孔径太小,不易加工,也容易堵,这时只

能选用一个孔。

总之,不应该用周向均布的扩散燃烧直喷孔,应该用周向偏置的直喷口布置。以上试验的直喷孔只在一个径向位置上,并没有做不同径向位置对火焰稳定影响的试验。因为已经知道这扩散燃烧不应设计在预混合模的外围。

由透明燃烧室看到在预混合模外围,扩散火焰(粉红色的火焰)有相当部分接触到壁面。这些热量损失,包括向外辐射对火焰稳定不利。由此考虑到扩散火焰应该在预混燃烧的环形燃烧区之内,而不是在其外围,在预混燃烧区之内要比在其外围好。

有人将中心副油嘴改为直孔喷射,本意是改善慢车贫油熄火,也希望改善低工况下火焰稳定。结果是:

① 慢车贫油熄火是改善了,而且很好,但主油打开前有明显排气冒烟可见;

② 大工况下的 NO_x 情况很坏;

③ 对稳定主模火焰没什么作用。

可见副油嘴用中心简单直孔喷射稳定预混主模火焰是行不通的。

笔者在原来是天然气预混合模的副燃料淋浴式的喷头(各孔与中心线成45°)上加一个方向完全沿中心轴线的喷孔。这个轴向小孔的燃料射流火焰,的确改善了慢车贫燃熄火,但对改善主模火焰稳定没什么作用。于是可得出一个概念:这个直喷扩散火焰应该在副模燃烧区与试图稳定的主模燃烧区之间。从这些试验看出,如果在副模燃烧边缘区域,有一点扩散燃烧,对慢车效率有好处,慢车的 NO_x 虽增大一点,但不严重,慢车贫油熄火情况只会变好,对稳定主模燃烧有好处。

总结为取消主油分级在低工况下全部主油嘴打开而保持火焰稳定采取的措施。

(1) 不管副油是预混或直混燃烧,采用较富的副油燃烧有助于较贫的主油燃烧的火焰稳定。

(2) 整个的副油燃烧采用中心简单直孔喷油,不是好的办法。如果在中心附加一个直射喷孔,虽然有助于慢车贫油熄火(这个问题已经解决,没有必要),但对稳定主模火焰没有作用。

(3) 用扩散火焰稳定主油预混燃烧的效果好,尤其是采用周向偏置不均匀的扩散燃烧,其有效性显著改善,即达到同样的火焰稳定,扩散燃烧的喷油量可以明显减少。

(4) 直喷扩散火焰的位置不应在主模的外围,而应该在副油燃烧区与主油燃烧区之间。

5.7　低污染燃烧室中局部扩散燃烧设计和试验

在概念确定之后就要进行设计,随之进行单模燃烧室试验。这个技术能否成功和应用取决于以下两点。

(1) 可否取消主油分级(即能否工作)。

(2) 在大工况下 NO_x 的增大是否严重或可以接受。

设计上应考虑的问题如下。

(1) 直喷孔的孔数。对低压比(20)燃烧室,由于直喷扩散燃烧的油量有限,因此只能用一个喷孔。同时,在油嘴设计上,如果只有一个喷孔,就不需要集油环或集油槽,结构简单。对压比比较高(30 或 40)的燃烧室,从直喷油量的角度,可以用两个孔(对火焰稳定或压抑振荡燃烧有利),但要取决于油嘴的机械设计。对燃烧室设计来说,一个孔也可以接受。

(2) 采用简单直射孔,还是加一点顺流雾化空气? 从试验看,直喷孔油嘴压力降可能非常低,以加一点雾化空气为佳。但显然雾化空气不能多,多了可能不是扩散燃烧,就不起作用。

(3) 直喷喷口的周向位置。对应于点火电嘴的两个油嘴,其直喷喷口位置与油嘴柱体位置应一致,即对应于点火电嘴的方向。

最后需要说明一点,这样的过渡工况设计有两种可能。

(1) 主油在 30％工况之后打开。其优点是雷雨熄火试验允许喷水量非常好;缺点是油嘴积炭略多一些。要保证通过雷雨熄火试验,可采用这方案。而 30％工况下空气温度还不高,油嘴积炭不会太严重。

(2) 对压比比较高(30 或 40)的燃烧室,采用合适的副油比例,30％工况下全部主油嘴工作,通过雷雨熄火试验不会有什么困难。所以采用低于 30％工况时打开全部主油嘴的方案。

燃烧试验结果如图 5 - 4～图 5 - 12 所示。该试验是在很大的单模燃烧室上,针对压比为 20 的发动机循环,做了 5 种工况的试验,其中 4 种是 ICAO 规定的起落:慢车、30％、85％、100％工况,第 5 种是高空巡航状态。进口压力、空气进口温度、$\dfrac{\Delta p}{p}$ 都控制在要求范围内,测量燃烧效率、EI_{CO}、EI_{UHC}、EI_{NO_x}、振荡燃烧动态压力(均方根,RMS)、头部壁温、火焰筒壁温分布等随 FAR 的变化。也做了慢车贫油熄火、地面常压常温点火试验。本节给出试验结果,并列表给出以三台发动机试车的特性污染计算的相对于 ICAO CAEP/6 的 NO_x 减少、CO 减少和 UHC 减少。冒烟没有问题，因而其结果未示出。

图 5-4 所示为压比 20 的发动机燃烧室在慢车工况下燃烧效率随 FAR 的变化。燃烧室带扩散燃烧的油气模，进口压力为 4.5 atm，进口空气温度为 458 K，$\Delta p/p$ 为 3.88%。凡有数据点的火焰稳定，数据采集 30 s 取平均，慢车贫油熄火 FAR 为 0.004 2（由录像火焰看稳定的火焰），燃烧效率为 96%～97%。需要注意的是，用什么措施确定贫油熄火是技术问题，图 5-4 给出的是很严谨的方法。从图 5-4 看出，当循环工况 FAR＝0.010 8 时，燃烧效率为 99.5%，非常好，这有两个原因：火焰筒很大，停留时间很长（但并非主要）；有扩散燃烧。

图 5-4 中每个数据点表示在该点火焰是稳定的。最后仍是稳定火焰的慢车贫油"熄火"时 FAR 为 0.004 2。这是非常好的，其理由是扩散燃烧在帮忙。

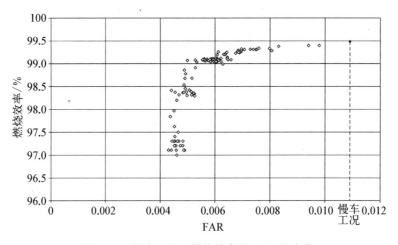

图 5-4　慢车工况下燃烧效率随 FAR 的变化

图 5-5 所示为压比 20 的发动机带扩散燃烧的燃烧室在 30%工况下 EI_{NO_x} 随 FAR 的变化。试验进口压力为 8.6 atm，进口空气温度为 580 K，$\dfrac{\Delta p}{p}$ 为 4.08%。可以看出 EI_{NO_x} 非常低。当循环 30%工况，FAR＝0.015 时，EI_{NO_x} 仅为 1.53 g/kg 燃油。图 5-5 都是非常好的情况，燃烧效率很高（99.16%），而 EI_{NO_x} 非常低。这意味着恰当地运用直混燃烧（混合良好）与部分扩散燃烧的组合，在 30%工况下，雷雨熄火肯定没有问题。

图 5-6 所示为压比 20 的发动机带扩散燃烧的燃烧室在 30%工况下燃烧效率随 FAR 的变化。在 FAR 为 0.015 时，燃烧效率达 99.16%。

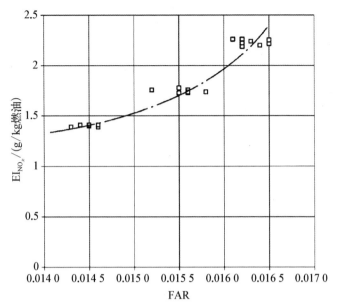

图 5 - 5　30％工况下 EI_{NO_x} 随 FAR 的变化

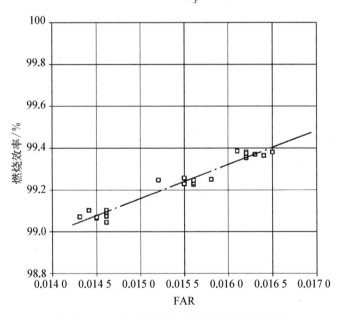

图 5 - 6　30％工况下燃烧效率随 FAR 的变化

图 5 - 7 所示为压比 20 的发动机带扩散燃烧的燃烧室在 85％工况下 EI_{NO_x} 随 FAR 的变化。进口压力为 17.4 atm,进口温度为 716 K,$\Delta p/p$ 为 3.69％,副油为 19.5％。当循环 85％工况,FAR＝0.024 4 时,EI_{NO_x} 仅为 1.58 g/kg 燃油,

NO_x 非常低。这表明在大工况下控制扩散燃烧喷射的比例,可以将扩散燃烧对 NO_x 的影响降至最小。实际上看不出有什么影响。燃烧效率超过 99.99%(此处未示出)。

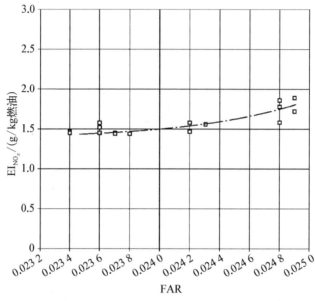

图 5 - 7 85%工况下 EI_{NO_x} 随 FAR 的变化

图 5 - 8 所示为压比 20 的发动机带扩散燃烧的燃烧室在 100%工况下 EI_{NO_x} 随 FAR 的变化。进口压力为 19.9 atm,进口空气温度为 745 K,$\dfrac{\Delta p}{p}$ 为 3.58%,副油为 16%。当循环 100%工况,FAR = 0.026 8 时,EI_{NO_x} 仅为 2.48 g/kg 燃油,EI_{NO_x} 非常低。同样说明如果控制扩散燃油喷射的比例,可以将扩散燃烧对 NO_x 的影响降至几乎看不出来。与同样情况的 85%工况相比,如果增大扩散燃烧油量,NO_x 会显著增大。但也不宜进一步减少扩散燃烧油量,不是因为对燃烧效率会产生什么影响,而是在试验中看出如果将扩散燃烧油量继续降低,振荡燃烧的压力振幅有明显增大趋势,尽管还在允许的范围内,但由于 EI_{NO_x} 已经很低,完全没有必要再继续降低扩散燃烧的油量。实际上继续减少扩散燃烧油量,对 NO_x 没什么好处。

图 5 - 9 所示为压比 20 的发动机带扩散燃烧的燃烧室在 100%工况下燃烧效率随 FAR 的变化。当循环 100%工况,FAR = 0.026 8 时,燃烧效率为 99.993%(只认定 99.9%)。

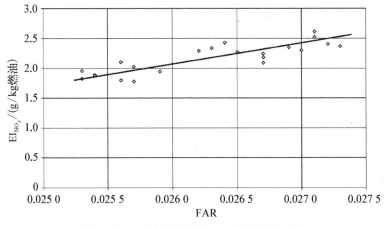

图 5-8 100％工况下 EI_{NO_x} 随 FAR 的变化

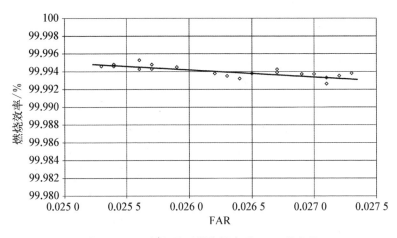

图 5-9 100％工况下燃烧效率随 FAR 的变化

图 5-10 所示为压比 20 的发动机带扩散燃烧的燃烧室在最大巡航状态下 EI_{NO_x} 随 FAR 的变化。进口压力为 8.3 atm，进口空气温度为 667 K，$\Delta p/p$ 为 3.9％，副油为 25.2％。当在循环巡航状态，FAR＝0.024 8 时，EI_{NO_x} 为 3 g/kg 燃油。可以看出，扩散燃烧燃油喷射减少，EI_{NO_x} 降低（同时效率降低微乎其微），但这时振荡燃烧动态压力 RMS 有所抬头。

图 5-11 所示为压比 20 的发动机带扩散燃烧的燃烧室在最大巡航状态下燃烧效率随 FAR 的变化。当在循环最大巡航状态，FAR＝0.024 8 时，燃烧效率为 99.975％。试验的副油比例比燃油系统实际设计时的副油比例低。这样实际燃烧室在最大巡航状态时 EI_{NO_x} 会比燃烧试验的要高些（好在至今 ICAO 没

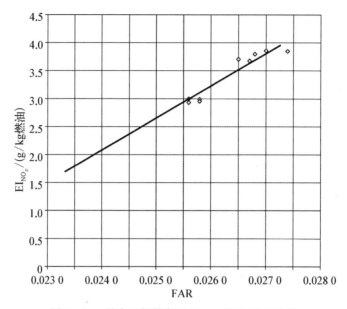

图 5 - 10　最大巡航状态下 EI_{NO_x} 随 FAR 的变化

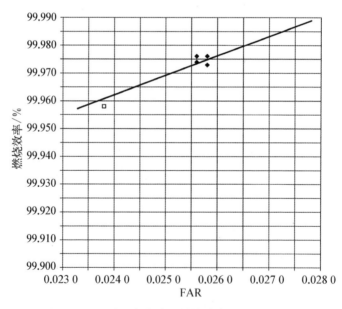

图 5 - 11　最大巡航状态下燃烧效率随 FAR 的变化

有做出最大巡航状态下对 NO_x 的规定。试验数据表明,就算再高一些也不会有问题)。最大巡航状态的效率对民航发动机是非常重要的(尤其是在油价大涨的情况下)。燃烧效率为 99% 不能接受;99.5% 还不大满意;要达到 99.9% 才受欢迎。因为从 99.5％到 99.9％，意味着总的耗油减少 0.4 个百分点，这是很可观的。有的公司生产的低污染燃烧室巡航效率相当低，甚至低于 99％，那就没人要买。由图 5-11 可见，若巡航效率在 99.9％以上，再企图改善效率，也没有意义。

　　图 5-12 所示为压比 20 的发动机带扩散燃烧的燃烧室在最大巡航状态、85％工况和 100％工况振荡燃烧动态压力（RMS）随 FAR 的变化。最大巡航状态时进口空气压力为 8.3 atm，进口空气温度为 667 K，$\Delta p/p$ 为 3.9％；85％工况时进口空气压力为 17.4 atm，进口空气温度为 716 K，$\Delta p/p$ 为 3.69％；100％工况时进口空气压力为 19.9 atm，进口空气温度为 745 K，$\dfrac{\Delta p}{p}$ 为 3.58％。由图 5-12 可以看出，振荡燃烧动态压力很低，不是问题。这是气动热力设计中包含了一系列压抑振荡燃烧措施的结果。事实上该设计还留有余地，因为 NO_x 很低。可采取措施使动态压力降低，效率不会变坏，NO_x 可以略增大一点。

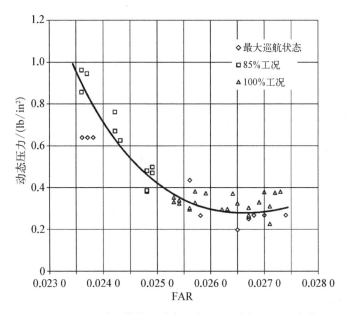

图 5-12　发动机燃烧室动态压力（RMS）随 FAR 的变化

　　将带有扩散燃烧喷射的单管燃烧室高压燃烧试验结果汇总起来，列于表 5-1。可以看出，三台定型发动机试车的特性污染相对于 ICAO CAEP/6 规定的 NO_x 降低 80.85％，CO 降低 51.3％，UHC 降低 79.88％。表 5-1 显示火焰筒壁温非常低，燃烧效率非常好，动态压力很低。这可以作为航空低污染贫燃预混燃烧技术研发的总结。于是,不采用主油分级的低污染燃烧技术得到了完全的肯定。

表 5 - 1 单模燃烧室试验结果(压比为 20.6,推力为 57.826 8 kN)

试 验 内 容	100%工况	85%工况	30%工况	7%工况	巡航	循环总量	备 注
EI_{NO_x}/(g/kg 燃油)	2.48	1.58	1.53	2.98	3		
NO_x/g	72	107.7	73.9	332.6		578.83	非常好
EI_{CO}/(g/kg 燃油)	0	0	30.9	15.5	0.02		
CO/g	0	0	1 343.7	1 729.9		3 073.56	达到要求
EI_{UHC}/(g/kg 燃油)	0.043	0.062	1.6	1.08	0.165		
UHC/g	1.127	4.226	69.575	120.54		195.46	超过要求
时间/min	0.7	2.2	4	26			
燃油流量/(kg/h)	2 247.07	1 859	652.26	257.55*			
燃烧效率/%	99.994	99.995	99.16	99.5	99.98		非常好
动态压力/%**	0.1	0.26	0.11	0.07	0.44		振荡很低
最高壁温/℃***	682.2	660	440	301.7	671		

计 算 结 果	NO_x	CO	UHC
D_p/F_∞/(g/kN)	10	53.15	3.38
三台机特性污染/(g/kN)	10.6	57.48	3.943
CAEP/6 要求/(g/kN)	55.35	≤118	≤19.6
相对于 CAEP/6 减少/%	80.85	51.3	79.88
三台机修正系数	0.944 1	0.924	0.857 2

注:带局部扩散燃烧,研发后期,可与表 4 - 1 对比。
  * 循环参数有所修正,比表 4 - 1 中的慢车油量增大了。
  ** 以该状态火焰筒进口压力(RMS)的比例表达。
  *** 壁温比表 4 - 1 中所示为高,这表明扩散燃烧的影响,但仍很好。

5.8 低污染燃烧室过渡工况的设计研发

现在流行的航空贫燃预混低污染燃烧室的过渡工况设计是采用主油分级(很大程度上受到参考文献[4]的影响)。第 4 章及本章说明,在以下两种情况下可以取消主油分级。

(1) 对压比 50 发动机的低污染燃烧室,可以在低于 30%工况下一次打开全部主油嘴。

（2）对压比低于 40 发动机的低污染燃烧室（压比为 20、30、40 几档），采用局部直喷扩散燃烧。

取消主油分级技术的最大优点是取消了在第一主油打开至第二主油打开工况点范围内涡轮进口周向周期性的温度变化。温度变化是涡轮工作的一个隐患。因为涡轮转速若在一个大范围内变化，而动叶片、静叶片的自振频率也并非永远不变，偶尔碰上这个周期性温度变化与某一级叶片的自振频率耦合，必然会产生问题。取消主油分级，彻底消除了这种隐患。

把主油分级及取消主油分级这两种系统进行比较，无疑取消主油分级的系统要简单得多，并由此带来了可靠性高、价格低、重量轻、工作稳定等优点。其中分流阀门技术是航空燃烧室一贯采用的，有丰富的经验。设计上的重点是扩散燃烧的直射喷油系统必须非常简单可靠，这是关键所在。

顺便提一下，对航空燃烧室设计者来说，并非复杂的东西一定好。原理上正确，简单而可以工作并达到要求的，常常比复杂的更好。设计者不能总是朝着复杂化的方向去思考。

取消主油分级的另一大优点是所有主油嘴都在较低工况下打开工作。这意味着主油嘴积炭问题不会比常规燃烧室的问题更严重，消除了部分主油嘴严重积炭的弊病。

主油分级下全部主油嘴打开的工况点比取消主油分级时系统的主油全部打开点工况高很多，油嘴积炭问题严重得多，差别非常之大。在有主油分级的设计中，对高压比的燃烧室，第二主油打开点大致在 45% 工况；而对压比为 20 发动机的燃烧室，大致在 60% 工况。这会导致很严重的油嘴积炭问题。

虽然取消主油分级从技术上看大有好处，但进行技术研发，还有些问题有待解决。例如，要在很低的工况下打开主油，又要在大工况下达到要求的主-副油比例，分流阀门的打开压力高，主油 FN 高，这样 100% 工况下主油压力降偏低。又如，取消主油分级的过渡工况设计中，对压比为 20、推力低于 4 000 kg 的燃烧室，其扩散燃烧直喷喷孔（哪怕只用一个喷孔）孔径太小，容易堵塞。这个问题有待通过油嘴设计解决。但是，这些小问题相对于采用局部扩散燃烧带来的以下两个设计上的大优点，可以说不值一提了。

（1）局部扩散燃烧是控制振荡燃烧非常有效的手段。试验证明，减少扩散燃烧的油量（以比例表示），振荡燃烧动态压力（RMS）总是增大；低于某个扩散燃烧油量比例，会导致动态压力（RMS）显著增大。

（2）在低污染燃烧中，不用掺混空气，这样在出口温度分布出现问题时，缺乏手段去调整。有了局部扩散燃烧喷油，就有了一个可用的调整手段。

为此，不仅是在低压比的低污染燃烧室上可以采用，在压比 50 发动机的燃烧室上，如有以上两方面的问题，也可采用。当然这需要很多研发工作。

总的来说，低污染燃烧室的低工况设计应该避免主油分级，改为复合模式的燃烧，即预混燃烧加直混燃烧加局部扩散燃烧的组合。这是低污染燃烧又一个大的发展变化。

5.9 高压比低污染燃烧室低工况设计研发

由前所述，已知对压比 50 发动机的低污染燃烧室可以不用特殊的燃烧设计而取消主油分级，至于出于对振荡燃烧压抑的考虑而采用局部的扩散燃烧，则由设计者考虑选择决定。本节讨论没有特殊燃烧设计，也不用主油分级时的燃油系统的初步设计以达到低工况工作的需要。

这种燃油系统由以下三部分组成：

（1）副油嘴；

（2）主油嘴；

（3）分流阀门处于前两种油嘴之间。

可以有两种设计安排：

（1）每个主油嘴与副油嘴之间夹一个分流阀门；

（2）副油嘴有一个集油环（又叫副油总管），主油嘴有一个集油环（又叫主油总管），在两个集油环之间有几个分流阀门和截止阀。

后一种安排带来复杂性，增加成本，但好处是副油嘴在慢车状态的压力降比分流阀门的打开压力高，可以确切地控制主油嘴打开工作的时间。有一个实例表明确切掌握主油开启时间的重要性。某燃烧室在非常高空巡航的发动机上工作，由于巡航高度非常高，空气流量很低，燃油流量很低，燃油供应压力处于分流阀门打开压力的公差范围内。这样有的分流阀门可能关闭，有的可能打开。这原本问题并不大。但有一次所有分流阀门都关闭了，只有两个油嘴是打开的。这样，大部分燃油集中于两个油嘴（主油工作），引起局部烧坏，造成了大事故。也就是说，分流阀门打开压力有一定公差范围，并非所有主油嘴在第一种安排下都准时同时打开工作。第一种安排也限制了分流阀门打开压力必须高于慢车副油嘴的压力降，而设计者都希望慢车副油嘴压力降要高些，这使设计时选择分流阀门的打开压力有困难。

这种燃油系统设计计算基于以下假设。

在分流阀门打开后,经过分流阀门的压力降等于其打开压力,也就是说在有流动时副油嘴的压力降比主油嘴的压力降高出的数值,就是分流阀门的打开压力。

笔者曾专门对分流阀门做过试验。实际情况是,还未到打开压力时已经有很少量的油通过分流阀门。到了打开压力时,阀门大开。从这以后,阀门的压力降随通过流量的增大而有所增大,但并不很大。所以上述的假设用于设计计算是可行的。

燃油系统初步设计基于以下方程。

$$M_{f\Sigma} = N \cdot \Delta p_{fp}^{\frac{1}{2}} \cdot FN_p + N \cdot (\Delta p_{fp} - \Delta p_v)^{1/2} \cdot FN_m$$

其中, $N \cdot \Delta p_{fp}^{\frac{1}{2}} \cdot FN_p$ 为副油流量; $N \cdot (\Delta p_{fp} - \Delta p_v)^{1/2} \cdot FN_m$ 为主油流量。$M_{f\Sigma}$ 为在任一主油打开工况下总的燃油流量;N 为油嘴数目;FN_p 为副油嘴流量数;FN_m 为主油嘴流量数;Δp_{fp} 为该工况下副油嘴压力降;Δp_v 为分流阀门打开压力(常值)。

FN 与 Δp 的单位必须一致。做这样的设计计算时,以下各项已经确定,一般不再改变(除非不得不改):油嘴数目 N(绝对不变)、慢车工况下副油嘴压力降(不在上述方程内)、副油嘴流量数 FN_p。需要设计选择的是分流阀门打开压力、FN_m、主油打开工况点。

设计计算的结果如图 5-13 和图 5-14 所示。在每一工况下(主油打开后),选定分流阀门打开压力,选定 FN_m,由上述流量方程决定每一工况下副油嘴的压力降,连同该工况下的燃烧室压力,就可以确定图 5-13 的曲线。这里的设计是副油和主油分别有集油环,两个集油环之间有分流阀门及截止阀,所以主油打开工况点可以设计选择。但在图 5-13 中,它受到限制:在主油打开前的瞬间,副油嘴压降加燃烧室压力之和(燃油供应压力)不能超过油泵能力(供应能力要比油泵压力小一个燃油调节器的压降以及管路压力损失约 0.7~1 atm);同时主油打开后,副油嘴的压力降不能太低;在 100%工况时,需要的供应压力不能超过油泵能力。

图 5-14 体现最重要的计算结果:

(1) 检查 100%工况时副油的质量分数(以及主油质量分数),这直接与大工况的 NO_x 相关;

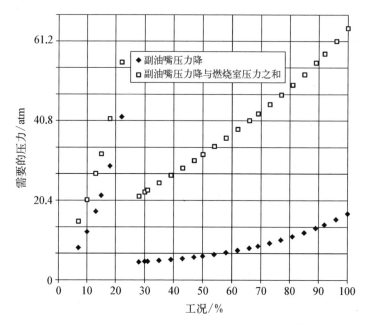

图 5-13　压比 50 发动机燃烧室的燃油压力随工况的变化

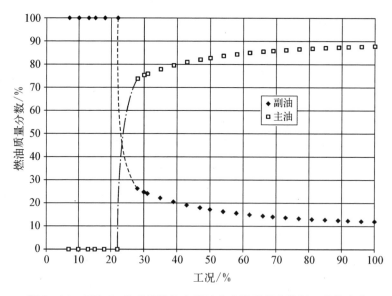

图 5-14　压比 50 发动机燃烧室副油和主油质量分数随工况的变化

（2）检查 30% 工况时副油质量分数。这关系到 30% 工况燃烧效率、NO_x、CO、UHC，特别是雷雨熄火的喷水量。由此可以估算主油打开时火焰的稳定性。这可以在单模燃烧室试验中检验。为了检验压比 50 发动机燃烧室的过渡工况设计是否可行,先在单模燃烧室试验以检验 30％工况,检验主油打开点工况(决定主油打开的最低工作点)。然后带分流阀门做过渡工况全程试验。这时手动调整燃烧室压力、空气温度,为全环形燃烧室试验奠定基础。这个初步设计中分流阀门是关键,需要多次反复(配合选用不同的主油嘴设计),有的经过试验后又要重新调整。以上初步设计由燃烧室设计者决定,之后由燃油系统设计者详细设计,最后交油嘴公司及燃油系统公司去做。由本章以及第 4 章讨论可见,对不同的发动机压比燃烧室,其气动热力设计(包括过渡工况设计)有很大的不同。

第6章 军航燃烧室设计研发基础

6.1 军航燃烧室油气比发展趋势

下一代航空发动机燃烧室的发展已经很明确：在民用航空发动机燃烧室方面，是低污染燃烧室的研发，这已在前面几章讨论过；在军用航空发动机燃烧室方面，是高油气比燃烧室的研发，高温升燃烧室与高油气比燃烧室是同样的概念，但高温升可以不一定是"油"的燃烧室，对航空而言那就是高油气比燃烧室。

高油气比燃烧室之所以成为军航发动机燃烧室的发展方向，是由军航发动机要求高的推重比（推力重量比）所决定的，如果说40多年前，RB199发动机的研发成功，代表了推重比为8的一代发动机；后来20世纪90年代研发出推重比为10的一代发动机；现在正在研发（还没完全成功）的是推重比为12的一代发动机。要推重比高，除了提高压气机级压比及总压比外，主要的一项是涡轮进口温度要高，高的涡轮进口温度要与相应的高压气机总压比联系在一起，不可能把高的涡轮进口温度与很低的压气机压比相配合。这样，高推重比带来三高：压气机总的压比高；涡轮进口温度高；燃烧室油气比高。

在军航发动机上采用高油气比燃烧室的有两类：其一是军用战斗机的航空发动机，这是主力战机，争夺制空权所需要的，历来代表着军用航空发动机的方向；其二是军用的高马赫数巡航导弹发动机。这里同样是推重比决定了采用高油气比燃烧室。

高油气比燃烧技术的研发其实在30年前就开始了[3]，而且总的说来也有不同程度的高油气比。最早的EJ200，FAR为0.038，可以说是第一代高油气比燃烧室；F119的燃烧室也是高油气比。这些高油气比燃烧室技术，基本上没有离开常规燃烧室的范围，可以说是在常规燃烧室技术范围内挖潜力把FAR提上去（没超过0.04）。对高油气比燃烧室，当FAR＝0.038时，用常规燃烧室技术可以解决，但到了 FAR=0.047，看起来有点问题[3]。研发的 FAR=0.046 这一档次的燃烧室，现在走的基本上仍是常规燃烧技术的路子，2009 年初上台架试车。目前注意力集中在 FAR=0.047 上，其他参数，典型的有：燃烧室进口压力在海平面最大起飞推力状态>30 atm；燃烧室进口空气温度为 880 K（这里燃烧室进口指扩压器进口）。

在现在已经研发出的 FAR 为 0.047 这一档次的高油气比燃烧室之后，一定会有更高油气比的燃烧技术出现，现在已经在技术研发。从燃烧室的角度，肯定不可能再通过常规的燃烧技术挖潜力去解决。其中，如果用于巡航导弹，那对寿命的要求比军用飞机发动机的要求低，这样在冷却及室壁结构上可以有不同的考虑。此外，对巡航导弹，其点火的要求（地面点火或高空点火）也会不同，本章主要针对军用飞机（主力战机）发动机的燃烧室进行讨论。

在以下的讨论中，请读者注意"综合性"这一特点。任何发动机燃烧室的研发都是综合性的（如前文谈到的低污染燃烧室的研发），但对于高油气比燃烧室的研发，这一特点尤其突出，的确牵一发而动全身，方方面面都相互关联着。

正如前文讨论低污染燃烧室研发一样，先从发动机工况开始。因为燃烧室必须在所有工况正常工作，然后要在各工况下达到各方面的要求。很多要求是基本的、共同的，因此不必重复；但有的要求对特定燃烧室有其特殊性，需要突出说明一下。这些重点要求构成研发上的主要矛盾。要解决这些问题既要关注矛盾的主要方面如何解决；也要讨论其他次要的要求和问题。

6.2 军航燃烧室工况及要求

军航发动机与民航发动机不同。民航发动机有 ICAO 规定的四个"标准"工况：100%工况（最大起飞推力状态）、85%工况（爬升工况，climb）、30%工况（进场工况，approaching）、7%工况（慢车工况，idle），此外再加一个最大巡航状态（在某个高度、某个马赫数，等速、等高度的巡航状态）。军航发动机没有这样的四个工况，也没有某个最大高度巡航状态，但仍然有 100%及慢车工况给燃烧室设计作为依据（见表 6-1），其中空气流量、燃油流量和 AC_D 未列出。

航空发动机燃烧室性能、可工作性及其他一般要求在其他书中已提及，此处不再重复。这里讨论与高油气比有关的并引发出在设计研发上的矛盾的要求。

表 6-1 军航发动机燃烧室工况

工　况	扩压器进口压力/kPa	扩大器出口压力/kPa（扩压器 $\Delta p/p$）	空气温度/K	火焰筒FAR	火焰筒$\Delta p/p$/%
100%	3 080	2 975.4(3.4%)	883	0.047	3.3
地面慢车	394	378.3(4.5%)	461.6	0.016 5	3.9
海平面，$Ma=0.83$低空突防	3 737	3 604.8(3.5%)	870	0.043 4	3.4

注：以 FAR 为 0.047 这一档次为例。

　　整个燃烧室 $\Delta p/p$ 至少为 6.7%，实际上要比 7% 还高，而低于 6% 是不现实的。

　　(1) 在大工况下不能出现可见的冒烟，包括可见的黑色与棕色组合的排气，这是高油气比燃烧室的特殊性。如果沿用以前常规燃烧室的设计，很可能有可见的排气冒烟。而高油气比燃烧室还会有较高浓度的 NO_2 排放。NO_2 是棕色的，超过一定浓度时，NO_2 本身就是可见的棕色烟雾（这在以前加力燃烧室排气中已经见到过）。如果黑色与棕色排气组合起来，更容易出现可见的排气。

　　但研发中至少要求在大工况下没有可见冒烟，这点由单模燃烧室试验基本可以确定。至于说与高油气比大工况燃烧相关的燃烧效率、燃烧室壁温度（与寿命）以及出口分布，均与其他燃烧室一样，有一定的要求。

　　(2) 慢车工况下贫油熄火油气比要求在 0.005～0.006（实际上稍微超过一点还勉强可以接受，到大于 0.008 是不行的，但低于 0.007 也有困难），由慢车工况下贫油熄火试验考核燃烧室在发动机急收油门而急剧减速时抵抗熄火的能力。因为在发动机急剧减速时燃烧室中实际工作的油气比与同样的稳态转速下的油气比相比要贫很多。这也由单模燃烧室试验基本可以确定。

　　(3) 高空再点火及发动机拉起的能力要符合要求，这意味着在相应的飞行包线内有一个要求可再点火的包线（高度、飞行马赫数）。在这个小包线内，无论是风车状态还是起动机带转，这种点火不至于导致转子悬挂，所需要的油气比不会引起压气机失速，进而发动机可以顺利拉起。过去常常说到慢车贫油熄火与高空再点火是一致的，这在常规燃烧室上的确如此，但在先进燃烧室上可以有某些不一致的情况，即高空点火虽然不错，但慢车贫油熄火不好。这时中心燃烧的回流区不好，或者慢车时主空气对副油燃烧的淬熄作用太强，使慢车贫油熄火不好，但并不怎么影响点火。总的说来可概括为"35 000，0.8，风车"。这是一个代表性的状况：在 35 000 ft 高度，飞行马赫数为 0.8，风车转速时要能点着火。如果这一点做不到，那其他的更不用提了。在技术研发阶段，由以前发动机模拟高空点火数据与对应的单模燃烧室的低压、低温点火试验数据比较来估计。

以上三方面要求决定了高油气比燃烧室的基本矛盾，还有其他的要求决定了一些较为次要的矛盾。

6.3　高油气比燃烧室的基本矛盾

Bahr D W[3]清楚地分析并明确了高温升燃烧室的基本矛盾，见图 6-1(a)。图 6-1(a)给出了 F101 发动机燃烧室主燃区平均当量比与总油气比的关系（原有的和修改设计后的比较）以及本设计的慢车贫油熄火。图中 M 为慢车工况火焰筒油气比；Q 为慢车工况副油燃烧当量比；N 为主油打开点油气比；R 为主油打开点副油燃烧当量比；P 为熄火时副油燃烧当量比；℉为华氏度，华氏度（℉）$= \dfrac{5}{9}$[摄氏度（℃）-32]。图中 ba 线为原来的 F101 发动机燃烧室的主燃区平均当量比随燃烧室总油气比的变化。设计的燃烧室总油气比为 0.03。当 FAR=0.03 时，主燃区平均当量比为 1.2（图中的 a 点），这时可以确保排气为不可见冒烟。当总油气比降低时，主燃区平均当量比沿 ab 线向左向下。在总油气比为 0.005 时，主燃区平均当量比为 0.2，燃烧空气约为 25%，恰好为贫油熄火的边界。要注意这里说的是混合不好的扩散火焰燃烧，它的熄火当量比为 0.2（慢车工况）（如果是预混合的燃烧，或者混合良好的直接混合燃烧，在慢车工况下熄火的平均当量比约为 0.5）。到 b 点火焰恰好勉强稳住或熄灭。如果这个燃烧室不做任何修改，把燃烧室总油气比开上去，即沿 ba 线向上向右，当总油气比为 0.047 时，到达 e 点。这时主燃区平均当量比为 1.88，超过了可见冒烟边界线的平均主燃区当量比 1.4。这就是说，用 F101 燃烧室，将 FAR 提高到 0.047，排气一定是可见冒烟（估计 SN=39，实际上比 39 高了不少）。如果改变燃烧室空气分配，将主燃区空气比例由 36.4% 增大到 55.9%，这时主燃区平均当量比随总油气比的变化为 dc 线。FAR 为 0.047 时，在 c 点，主燃区平均当量比为 1.24。注意到这时可见冒烟边界在平均当量比为 1.25 处，这是因为油气比高时，燃烧的均匀性要比油气比为 0.03 时差，这时不会出现排气可见冒烟。但沿着 cd 线把总油气比降下来，到油气比为 0.005 时，主燃区已在熄火线以下，即要熄火。d 点是 cd 线与熄火线的交点。这一点的油气比远高于原来的数值。这充分表明，在高油气比燃烧下，如果沿用常规的燃烧组织，大工况下不可见冒

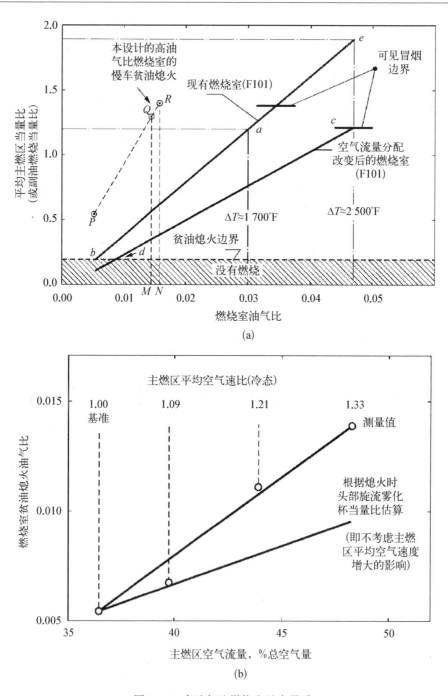

图 6-1　高油气比燃烧室基本矛盾

（a）F101 发动机燃烧室主燃区平均当量比与总油气比的关系；（b）F101 发动机燃烧室以 JP-4 作燃料测得的贫油熄火油气比随主燃区空气流量的变化

烟,那么慢车贫油熄火达不到要求;或者慢车贫油熄火达到了,大工况就可见冒
烟。两者是矛盾的,这就是高油气比燃烧的基本矛盾。矛盾的主要一方是大工
况无可见冒烟;另一方是慢车贫油熄火(及高空点火)。实际上加大主燃空气比
例,贫油熄火变坏超过预期,如图 6-1(b)所示,说明燃烧非改不可。显然矛盾
只能从贫油熄火这一方解决。图 6-1(b)为 F101 发动机燃烧室以 JP-4 作燃
料测得的贫油熄火油气比随主燃区空气流量的变化。由于主燃区平均空气速度
提高对熄火带来不利的影响,实际贫油熄火比预计的要差不少。

大工况无可见冒烟与慢车贫油熄火边界这一对矛盾决定了很多基本的
方面:

(1) 空气分配;

(2) 分开成相对独立的两个燃烧区;

(3) 慢车时只有副油嘴工作,致富系数很大(例如 6~8);

(4) 主空气对慢车下副油燃烧区的淬熄要弱;

(5) 副油嘴用离心压力雾化油嘴等。

这是"应该"的思路。本章着重讨论正确的设计,不讨论常规的"凑合"的高
油气比燃烧室设计。

6.4　高油气比与低污染的矛盾

这里说的低污染排放要求,可以来自两方面。

(1) 从环保的角度,尽管说军航发动机排放并不受国际民航组织的限制,但
对军用航空发动机也有要求,这可说是第二位的问题。

(2) 军用航空发动机本身战术技术要求,这是第一位的,有以下两点要求。

① 排气不可见冒烟,这显然是环保上要求。但对高油气比燃烧室,其意义
在于清洁燃烧,燃烧区烟颗粒物浓度低,减少发光火焰辐射,降低壁温,延长燃烧
室寿命,减少碳颗粒物,也减少触发红外线。本节不再讨论冒黑烟问题。

② 对排放 NO_2 有要求。NO_2 有毒,也是环保要求,但对高温升燃烧室来说
主要是避免排可见棕色烟。同时也希望 NO_x 低。

应当说明,尽管军用航空发动机不受 ICAO 规定的限制,不能说对军用航空
发动机气态污染排放就没有要求。有要求但一时还做不到和没有要求并不相
等。以下叙述军用航空发动机气态污染排放要求。

美国联邦政府(欧洲各国的政府也一样)发布了国家清洁空气质量标准
(National Ambient Air Quality Standards, NAAQS),对全美国适用。然后各

个州有其执行计划,这相当于州的法律。问题的关键是这包括空军基地和海军基地,即这些军事基地都要遵守联邦政府的以及各州的《清洁空气法》。具体地说,空军、海军基地都不能违反由《清洁空气法》(*Clean Air Act*)中 176(c)(1)一节的规定。该规定由美国环境保护局(Environmental Protection Agency, EPA)来执行,内容为政府的某一部门(包括空、海军基地)在进行某一项事宜时要确保它与州政府的执行清洁空气法计划相符。为此,空军、海军基地必须明确它所排放的气态污染物的总量,包括 3 000 ft 以下飞行的飞机。如果其总量超过了由环境保护当局所确定的指标,那么军方必须说明他们将采取什么措施以达到该州的清洁空气法执行计划。通常在空军基地附近,其污染排放是有可能超标的。在这种情况下,空军若要采用新军机,其起落架次或转场均会受到限制。这是一个很有趣的现象:环境保护上的要求会影响到军用航空发动机燃烧室的设计。

现在对高温升燃烧室气态污染排放上还没有明确的规定(尚在议论中),大体上要求与上一代同类常规燃烧室保持同一水平,如现在的 JSF 和 F119 保持同样水平。但 FAR 高了,很难做到保持同一水平,又由于出口温度高到有化学解离的程度,这样 CO 也会增多。民航发动机的低污染燃烧技术要移植到军用的高温升燃烧室以达到很大程度地减少污染排放也有如下困难。

(1) 燃烧室出口温度已那么高,要用"贫油"降低污染的潜力有限。采用 RQL 又有可见的冒烟问题,而出口温度还是那么高。这是最基本的问题。

(2) 由于空中格斗、机动飞行是经常状况,绝对不能用预混,怕机动动作时燃烧室进口流场畸变,出现回火。

(3) 军用机有大的加速度,大攻角,可以在不同高度、不同空域、不同空速时出现,与此相关的涉及极端的油门动作。这意味着不可能有主油分级。如果像民航发动机那样,一半主油嘴先工作,一半后来工作,那弄不好在机动动作时会出现主油嘴一会儿打开,一会儿关上,这种情况难以想象。所以至今为止,对高温升燃烧如何控制 NO_x,在基本概念上还缺少有效措施。曾有会议上提出给军航发动机公司一个鼓励政策,即价格可以是以下几项的函数而浮动:推重比、污染、噪声等。也就是说,推重比好,可以价格高;污染严重,价格要低。但具体实施起来也不好办。在该会议上,只有一家设计单位根据经典研究结果[9]提出一个方案。该文献表示在总的当量比低于 0.7 时,混合好,NO_x 低;在总的当量比超过 0.7 时(这是高温升燃烧的情况),混合不好的 NO_x 反而低。这就是说,燃烧要是可变的混合。很低工况下,FAR 很低,混合不均,效率好,NO_x 高得不多;中等工况混合均匀,NO_x 低;FAR 很高时,要它混合不均匀,NO_x 也低。这已经有试验证明,如图 6-2 所示。图 6-2 表明大体上在总油气比超过 0.04(燃烧当量比超过 0.72)时,混合不均匀的反而使 NO_x 低。

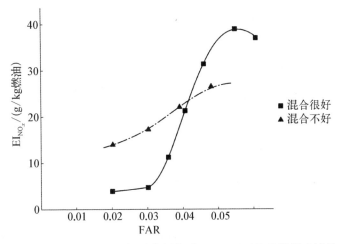

图 6-2　同样工况下油气混合程度对 EI_{NO_x} - FAR 曲线影响试验

但真的做起来并不容易。图 6-3 所示为现在高油气比燃烧的 NO_x 水平。试验进口空气温度为 758 K,压力为 11.7~13.6 atm, $\Delta p/p$ 为 4.4%~6.5%,空气冷却火焰筒。

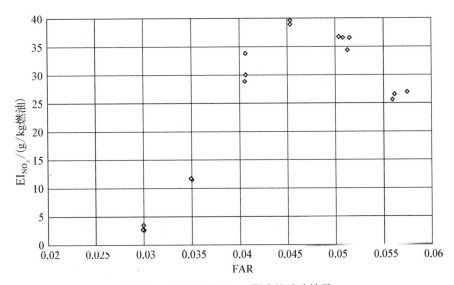

图 6-3　FAR 对 EI_{NO_x} 影响的试验结果

如图 6-4 所示，NO_2/NO_x 的比值大致在 10% 水平，说明要降低 NO_2，必须降低 NO_x。

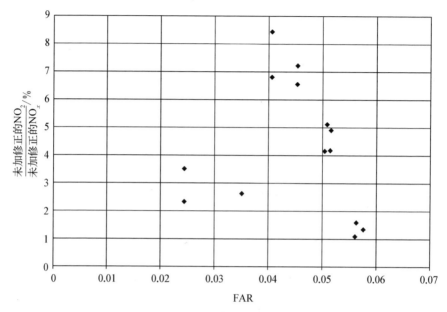

图 6-4　未加修正的 NO_x 中 NO_2 的排放水平

长远地说，从基本概念上说也是正确的，有两种可能的降低军用航空发动机 NO_x 的方案，都涉及很大的变动，现分叙如下。

(1) 高压涡轮后第二主燃烧室方案，如图 6-5(a) 所示。

这种方案已经不是高温升的情况，在工业燃气轮机上已经有人搞成功，并已产品化和投入运行，但并不很受欢迎，原因是结构复杂、价格高（可以想象）。从基本概念上说很合理，是可以减少 NO_x 的。因为第一个燃烧室出口温度不高；第二个燃烧室进口温度降了（经涡轮），再喷油，燃烧室出口温度还是比一次燃烧的低不少（要知道 NO_x 和温度是呈指数关系）。至于说到复杂，可以改进；说到价格，军用航空发动机本来就不便宜。这两点应不是大问题，但没人在搞。

某种意义上，这个方案相当于把加力搬到涡轮之间，而且每次都开。两个燃烧室的燃油控制系统也复杂多了。

(2) 涡轮级间燃烧（inter turbine burner），如图 6-5(b) 所示。

这个方案美国空军基地已经研究若干年了。也是把加力搬到高压涡轮与低压涡轮之间（也可以二级和三级涡轮之间）。这个方案原则上合理，如果用到高油气比燃烧室上，主燃烧室可变贫，涡轮级间燃烧用 RQL。这种方案可以像加

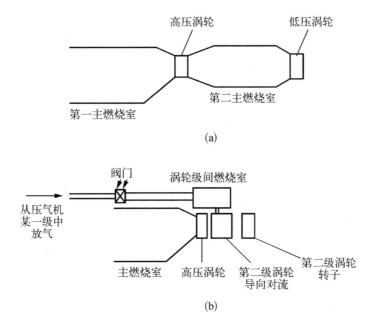

图 6 - 5　长远的降低军航发动机 NO_x 排放的方案

(a) 两段燃烧；(b) 涡轮级间燃烧

力那样，只在需要时打开，而不需要时没什么总压损失。也可以每次都打开工作，那样就变成第二燃烧室。

要减少从压气机抽出来的空气量，所以级间燃烧室相当富燃（这样温度低，有可能从空心导向叶片排出），级间燃烧产物通过导向叶片，相对于主气流垂直方向喷出。导向叶片及进入下一级转子之前的空间就相当于快速淬熄区域，有热量释放。同样，由整个流路上控制燃烧温度减少 NO_x。这比第一种方案重量轻。总的说来，基本概念合理，还需要很长时间的研发。

以上说的用混合不均的办法，或采用涡轮级间燃烧器，都会带来一个问题：在涡轮流路中有附加化学反应，有热量释放，这对涡轮设计带来新课题。至今涡轮设计基于一个基本事实，即组成不变，没有化学反应（尽管比热比可以变化），看来这一点迟早要有所改变，即要按涡轮流路中有化学反应（此处从略）来设计。

关于军航燃烧室气态污染排放，总的来说有要求，不好办，暂时只能如此。"凑合"的设计样样都高，NO_x 高，NO_2 高，CO 高，冒烟可见，UHC 高，微粒物质排放也高。只能先抓主要矛盾，从紧迫性上说，高温升的低污染要求排在后面，但困难程度排在第一位。因为如果不"大动干戈"，那没什么好办法。前面说的

"混合不均匀"方案,也降低有限(约 30%),但看来还是最现实可行的。不管如何,我们搞燃烧研发,不急于在这个问题上先下功夫。

6.5　NO_2 问题及对设计的要求

高温升燃烧室的 NO_2 是个特殊的问题,涉及排气可见。但现在只知道是怎么回事,还不能控制到要求的排放量,没把握从减少 NO_2 的角度设计燃烧室。

要减少 NO_2,有下列三点理由。

(1) NO_2 本身是有毒性的。所有其他 NO_x 在大气中最终都变成 NO_2。所有从环保上要减少 NO_x 的理由都适用于 NO_2。

(2) NO_2 从发动机排出后与排气柱中的水蒸气反应生成 HONO 以及 HNO_3,属于可溶挥发性微粒物质的排放。

(3) 会形成棕色可见排气。这是高温升燃烧室要减少 NO_2 的主要理由。

为了避免可见棕色排气,要求排气 NO_2 体积分数小于 50×10^{-6}。这个体积分数是未加修正的原始的 NO_2,不是换算成干排气氧 15% 下的体积分数(干,15% O_2),现在还达不到。

过去带加力的发动机在飞机起飞开加力时已看到 NO_2 棕色排气,在开加力情况下,NO_2 占排出的 NO_x 中相当大的部分。如图 6-6 所示,在不开加力的最大推力下,NO_2 只占 NO_x 很小一部分;而在 80% 核心加力及最大核心加力的状态,NO_2 占了一半左右。图 6-6 给出大约在 NO_2 体积分数为 50×10^{-6} 时可见排气柱。这是实际测量结果,就是现在制订的要求 NO_2 不可见体积分数为

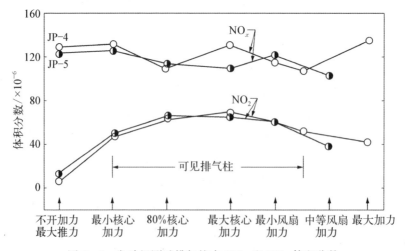

图 6-6　发动机测试排气柱中 NO_x 和 NO_2 体积分数

50×10^{-6} 的由来。

在燃烧中首先生成的是 NO，在不开加力的情况下排气 NO_x 中主要是 NO，排到大气后缓慢地与大气中的 O_2 反应，以若干小时或几天的时间逐步生成 NO_2。但在燃烧室（或加力燃烧室中），条件适合的话可以相当迅速地从 NO 转化为 NO_2，就在开加力时排出 NO_2 形成可见棕烟。

已知在加力燃烧室部分加力情况下，燃气温度还不是非常高，而且有大量的未燃碳氢化合物存在，可以短时间内达到相当多的 NO 向 NO_2 转化。

这种条件可以在高温升燃烧室内存在，有以下两点原因。

(1) 主要通过以下的反应生成 NO_2：

$$NO + HO_2 \Longleftrightarrow NO_2 + OH$$

这个反应在很高温度下会逆向变成 NO。在较低的温度下（1 100°F），燃烧气体快速冷却，会生成 NO_2。这种条件在高温升燃烧室中热气与较冷的空气混合地区，或者燃烧气体遇上冷却空气，或者燃烧气体在取样管中被冷却，都可能存在。

(2) 如果有少量的未燃碳氢化合物或 CO 存在，那么从 NO 向 NO_2 的转化就会明显加速。在高温升燃烧室中，这种未燃碳氢化合物或 CO 总是存在，而且比常规燃烧室更多。

由以上的讨论看出比较实际的通过燃烧室设计控制 NO_2 的措施，有如下几点。

(1) 控制 NO_x 的总量，在良好混合、燃烧效率很好的情况下，高温升大工况 NO_x 排放在 1×10^{-3} 量级。在 NO 向 NO_2 转化率已经很低的情况下，也有 8%～10%，即 NO_2 体积分数为 80×10^{-6}～100×10^{-6}。所以必须将 NO_x 的总水平降下来。

(2) 要提高燃烧效率，尤其要减少未燃碳氢化合物的含量。

(3) 减小冷却空气比例，要冷却空气贴壁，减少燃烧气体与冷却空气的掺混，可以在燃烧区和冷却空气层之间搞一个"缓冲带"（这本身对冷却也有利）。

由于燃烧试验时气体取样管有冷却，由计算证明在取样管中可以附加生成 NO_2。这样燃气分析得出的 NO_2 并非全部都是燃烧室内产生的。但这个问题还无法解决。

现在不管是"凑合"设计，或"本"设计都达不到原始的 NO_2 体积分数为 50×10^{-6} 的水平。现在还只能集中精力于高温升燃烧室更为紧迫的问题上：不冒黑烟,慢车贫油熄火,高空点火,冷却,室壁结构,燃烧效率,出口分布,如何做全环试验等。现在控制 NO_x、控制 NO_2 都还没有现实的把握。但也不能总是回避这些问题。20 年后需要 FAR=0.062 燃烧室的时代总要来到。只是前一步还没有走好,要提出下一步具体怎么走就不现实,或者说还顾不上。

第7章 军航高油气比燃烧室
设计研发方法

7.1 大工况无可见冒烟的解决方法

首先,这里只说大工况,没有说最大起飞推力(100%)工况下的冒可见烟问题。因为不一定100%工况下冒烟最严重。例如,低空突防工况燃烧室压力比100%工况更高(高出相当多);在该工况下,油气比与100%工况相比稍微低一点,但副油比例高,可能冒烟比100%工况更严重。

解决大工况下排气冒烟问题的两条措施如下。

(1)设计在100%工况下,燃烧区(包括主油燃烧区及副油燃烧区)平均油气当量比低于某个界限值(如1.20)。

(2)油气要混合均匀,燃烧室内没有局部很富油的"口袋"(pocket)。因为是军机,有很多机动飞行动作,不能用预混。不用预混,而又要混合比较好,这就要引入直接混合燃烧的概念。

以总油气比0.047为例,要求燃烧区平均当量比为1.2,当总油气比更高时,这个平均当量比要设计更低些。燃烧空气比例为57.6%。试验证明,在这样的平均油气比下燃烧,再加上油气均匀混合,不会出现可见冒烟。

但要提供57.6%的燃烧空气,在燃烧组织上会出现新问题,既要保证这么多的燃烧空气,同时要有足够的冷却空气,空气就不够用了。如果57.6%的燃烧空气要求仍采用主燃孔,可采用以下的分配:头部进空气38.48%,主燃孔47.8%(其中40%算是回流参加燃烧,即19.12%),于是燃烧的空气为38.48%+19.12%=57.6%。但这么一来,冷却空气和掺混空气加起来只有13.62%。所以说,要大大增加燃烧空气,这大量的燃烧空气必须从头部进入,把主燃孔取消,燃烧空气动力学都依靠头部进气来完成,这将带来两方面的影响:

(1)燃烧组织大变;

（2）头部空气的大量增加造成慢车贫油熄火及高空再点火困难。如果要保证大工况不冒烟，问题实质上转移为如何解决慢车贫油熄火及高空点火两方面（对低污染燃烧，再加上低工况熄火问题。低污染燃烧的头部进气比例更高，所以比高油气比燃烧更难些）。

前文提到过解决问题可以是"应该"的思路，或者是"凑合"的措施。"凑合"的措施是仍然保留主燃孔，这样燃烧空气只能少一些。结果表明冒烟仍然超标，与 F119 的冒烟差不多（见图 7-1）。后来经改进稍微好些，但 SN 仍然超过 30。图 7-1 给出了文献[10]中 F119 发动机单模燃烧室嘴火焰筒与本设计的单模燃烧室的燃烧冒烟比较，冒烟数都按 SAE ARP 1179 Rev. C 进行测量，所用的过滤纸都是 Whatman No. 4（国际上规定的测量冒烟数的专用纸）。试验中，F119 发动机燃烧室进气总压 $p=1\,378.2$ kPa，$T=533$ K，$\Delta p/p=4\%$，Jet A；本设计燃烧室进气总压 $p=620.2$ kPa，$T=505.2$ K，$\Delta p/p=4.4\%$，Jet A 副油 19%。

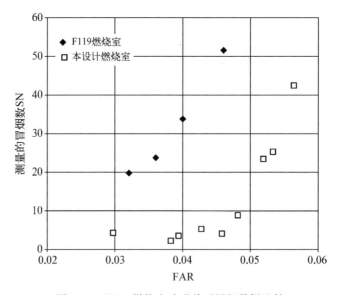

图 7-1 F119 燃烧室改进前后冒烟数据比较

有人说在燃油中加附加剂以减少冒烟。例如，现在广泛采用的 JP8+100，加了附加剂。文献[10]的试验表明，JP8+100 可以降低一点 SN，但是很不够。因此，不能以燃油附加剂作为控制可见冒烟的措施。

"应该"怎么办？按照以下"应该"的思路组织燃烧可以解决冒烟同时解决慢车贫油熄火问题。先看一下冒烟的试验结果。

由图 7-1 可见,F119 的单模燃烧室冒烟严重很多(尽管其压力高一些),可以注意到以下两点。

(1) 在 FAR=0.03 时,F119 的 SN 已经在 20。这样在 FAR>0.04 之后,SN 肯定超出可见冒烟限,所以要在 FAR=0.03 时,SN 在 5 以下,那么当 FAR>0.04 之后,才有望不可见冒烟,这说明如果试到 FAR=0.03 时,SN 已到 20,那后面一定没有希望。

(2) 每条 SN 随 FAR 的变化曲线都有一转折点,过了这一点后 SN 随 FAR 增大而急剧上升,这个转折点的位置又是不可见冒烟设计的关键所在。对于 F119,其转折点在 FAR=0.035～0.04;对于本设计,其转折点在 PAR=0.045～0.05,应该设计工作的 FAR 与这个转折的 FAR 相一致。转折点太早,排气可见冒烟;转折点太迟,也没有必要,必定在其他方面要付出代价。

可以注意到,解决高油气比燃烧室的基本矛盾与解决低污染燃烧室的基本矛盾,在本质上是一样的,措施也差不多,这是这两种先进燃烧技术"共同性"的地方,略有不同的是:

(1) 高油气比燃烧不采取预混燃烧;

(2) 高油气比燃烧室在大工况下控制燃烧区油气比,并要均匀燃烧,主要是为了解决冒烟问题;低污染燃烧室主要为了解决 NO_x 的问题。

7.2　慢车贫油熄火边界的解决方法

这是高油气比燃烧室设计研发中的核心技术问题(也是低污染燃烧室研发的核心技术),由于要解决这个根本问题会带来燃烧组织上的变化,从而燃烧室设计上也会有大变化。

如图 6-1 所示,Don Bahr 没能解决好慢车贫油熄火问题,这是为什么?因为其燃烧组织没改变,副油和主油仍然都在一个燃烧区里燃烧,当燃烧空气大量增加时,在慢车贫油熄火时,燃烧区的空气太多了,没法不早早熄火,所以关键是在慢车时,不要有那么多的空气参与燃烧。有的高油气比燃烧室,其基本思路也是如何减少慢车工况参与燃烧的空气量,只是效果并不好。文献[11]中把副油燃烧与主油燃烧在径向分开,这样的燃烧组织,如双环腔燃烧室,可以解决这个问题,但双环腔燃烧室有其他问题,不受欢迎。这样的思路为本设计所吸收,不是径向的副油主油分开,也不是周向的分开,而是同心圆式的分开(和 GE 公司的 TAPS 低污染燃烧室一样的概念,是分别独立研发,采用同样措施）。这样油嘴的数目、油嘴的安装、头部的结构形式与常规燃烧室基本相同，就可以实用了。

本设计的要点可以归纳如下。

（1）副油燃烧区与主油燃烧区相对地分开，但不要影响传焰（也不可能分得那么开）。不要把副油和主油混在一起烧。这样有专门供给副油燃烧的副模空气；有专门供给主油燃烧的主模空气。

（2）慢车工况时，主油嘴不工作，全部燃油供给副油嘴，因而进入副油燃烧区，这就是让局部地区"先富起来"。

（3）设计副模空气流量比例以控制慢车工况副油燃烧油气比。假设慢车时只有副模空气参与燃烧，这时燃烧致富系数为副模空气分数的倒数。如果慢车时火焰筒油气比为 0.014，副模空气占 16%，则慢车工况副油燃烧油气比为 0.014/0.16＝0.087 5。当量比为 1.287，混合良好的副油燃烧在慢车工况的压力、空气温度下在当量比 0.5 时熄火，于是火焰筒熄火油气比为 0.005 44。

（4）要达到要求的慢车贫油熄火，上述假设的只有副模空气参与燃烧是关键。这就是说，要慢车时主模空气不能对副油燃烧有很大的淬熄作用。试验完全证明了这一点，当主模空气与副油燃烧区相隔不太远时，贫油熄火明显恶化。

本设计示意于图 6-1(a)左侧。M 点是慢车工况下火焰筒油气比，Q 点是慢车工况副油燃烧当量比。P 点是贫油熄火时副油燃烧当量比，对应该点的火焰筒油气比与常规燃烧室的 b 点很靠近。对于熄火来说，只要有一个小区域（如副油燃烧区）能留住火就是成功，可见这里的要点在于把副油燃烧区独立出来，由副模空气量控制慢车副油燃烧当量比。N 点是主油打开时火焰筒油气比，R 点是主油打开时副油燃烧当量比，这一点不应冒烟可见。

（5）副模空气旋流强度要适当。因为副模空气旋流强势必要与主模空气混合；同样，主模空气旋流强，也会形成与副模空气混合。常规燃烧室油嘴头部空气一起与回流的主燃孔空气形成一个大回流区。现在要把副模空气与主模空气分开，不能有这样的大回流区。可见不仅从燃烧室空气分配上说，不能有主燃孔空气，从燃烧空气动力学上说，也不能有主燃孔回流空气。而要单独由副模旋流形成一个比较小的但仍然稳定的回流区。没有这个小回流区，火焰也稳不住，所以副模旋流强度也不能太弱。图 7-2 所示为副模下游空气流态（由单独试验测得）。这里有一个相当尺寸的起稳定火焰作用的回流区，该回流区没有主模空气参与，也没有主燃孔空气参与。这是从空气动力学角度考虑本设计的关键点，同时注意到回流区内空气流速不高。一对小回流区后来去除了。

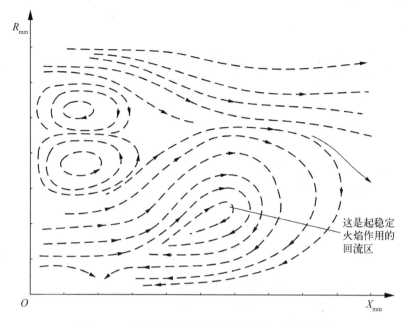

图 7-2　单模燃烧室火焰筒油嘴下游二元流场图

（6）燃油喷射总是对火焰稳定和熄火有很大影响。选用单油路简单压力雾化离心油嘴为副油嘴，适当选择油嘴流量数。保证在慢车工况下副油嘴有适当的压力降以达到在熄火时雾化不要太差（熄火时副油嘴压降不低于 2 atm）。

在以上设计方案下，大量燃烧试验（包括各种类型）证明慢车贫油熄火问题已经解决，但"凑合"的方案不得不为了慢车贫油熄火采用一半一半的油嘴分级，复杂多了。

以上解决慢车贫油熄火的措施与低污染燃烧中解决慢车贫油熄火的措施一样。以后可看到副模是完全一样的结构，略有不同的是：

（1）不必采用如第 5 章所提的局部扩散燃烧；

（2）慢车工况油气比相对高一些，会带来一些差异；

（3）主模没有预混。设计主模出口径向位置限制较少，所以比较容易解决在慢车时主模空气对副模燃烧的淬熄问题，也就是慢车贫油熄火问题相对好办一些。

7.3　高空再点火的解决方法

解决高油气比燃烧室的高空再点火问题与解决低污染燃烧室的高空再点火

问题本质上一样,只是高油气比燃烧室系军用航空发动机,其高空点火要求更高。35 000 ft 的再点火高度是不容争辩的。而民航发动机,只有公务机要求再点火高度为 35 000 ft。一般大民航飞机只要求 30 000 ft 再点火高度。

首先应说明为什么把高空再点火与发动机"拉起"(pull away)联系起来?这是因为,如果在高空飞行燃烧室低压低温条件点着了火,火焰也传遍了整个环形燃烧室,但这个点火与发动机的工作配不起来,出现悬挂或压气机失速,不能使发动机正常地重新进入大工况,就不算成功点火起动。这就是学术上的点火和发动机上的点火不同之处。我们说的不是纯粹燃烧学意义上的点火,要的是发动机点着火后正常工作起来。

从技术研发的角度,要尽早地做单模燃烧室的低压、低温模拟高空点火试验。如果等到研发后期发现高空点火达不到,再要改动(也必须改动)麻烦就大了。

为解决高空再点火问题,采取的措施有下列几点。

(1) 适当增大火焰筒头部横截面积,但若过分加大火焰筒,第一不现实,第二对高空点火不见得有利。

(2) 选用油嘴流量数,在高空点火下其油嘴压力降不要太低,雾化锥角为 90°(除非经过广泛燃烧试验,这角度不能随便改)。

(3) 采用高能电嘴,12 J 以上,但也没必要超过 20 J。

(4) 点火电嘴的轴向位置在由油嘴中心作 45°线交室壁点的上游不远处,局部减少紧靠电嘴上游的冷却空气,电嘴径向位置可以伸出一点点。试验结果表明,可以在 -20℃, 0.34 atm 下点火。可以说问题解决了。

7.4 高油气比燃烧室的冷却方法

冷却问题是高温升燃烧技术研发的第二个难题,所谓难题的含义是:一方面,燃烧室出口温度提高很多,因而整个燃烧室内温度水平都提高了;另一方面,冷却空气量要减少。难就难在现代常规航空发动机上典型的冷却空气比例为 35%~40%,而在高温升燃烧室中,头部燃烧空气比例显著增大,同时又要有一些掺混空气达到出口分布的要求,冷却空气要在 20% 的水平,这就给高温升燃烧室冷却技术的研发带来很大的挑战。同时,因为冷却的设计与高温升燃烧室的室壁结构密切相关,冷却设计决定了室壁结构。这样冷却技术又成了燃烧室机械设计的第一步,也是关键的一步,其重要性可想而知。冷却问题永远是燃烧室的基本问题之一,尤其是对于高温升的情况。

在 RB199 发动机燃烧室(发动机推重比为 8)研发成功投入生产之后,接着研发的就是推重比为 10 的低档次的高温升燃烧室。这种燃烧室压力为 25 atm,油气比为 0.038,其中以普惠公司的 F119 发动机燃烧室及罗罗公司的 EJ200 发动机燃烧室为代表。它们都是 20 世纪 80 年代初正式开始研发(如 1982—1983 年),1997 年正式投入生产。先进的燃烧室冷却技术与室壁结构的研发配合着这一档次的高温升燃烧室的发展而启动。但总的来说,基础性的研究落后于实际室壁结构的研发,结果就出现一种特别的现象:实际的燃烧室室壁结构已投入使用,车间已建立,工艺线已定型,回过头来发现室壁结构在冷却性能上有缺陷(暂不说其加工复杂、成本高等缺点)。这就有点"木已成舟",要放弃,实在舍不得,"食之无味,弃之可惜"。这里基本概括是指:不去具体深入讨论每种冷却技术研发的进展,而是从燃烧室研发的角度(实用的角度)来看冷却技术研发的重要成果,引出高油气比燃烧室壁结构。

总的来说,加强冷却技术研发可以分为两类。

(1) 辅助性的加强冷却,包括:采用绝热涂料;加强火焰筒背面对流冷却(要说明的是 GE 公司的工业低污染燃烧室 LM6000 火焰筒就靠背面对流冷却,即变成主体冷却方式),从增大湍流的跨流金属丝到犹如乒乓球拍上的胶粒的大量小圆柱体,都有一定效果;还有在室壁厚度内有冷却空气通道以吸热,从简单圆孔到复杂的特制通道,可以算出由此吸收了多少热量,这通常叫内部冷却(internal cooling)。

(2) 主体冷却方式。燃烧室冷却主要靠它,它总是与火焰筒室壁结构连在一起。近 30 年来研究的冷却方式主要有 3 种(以及它们的组合):气膜冷却、冲击冷却、发散小孔冷却。

整体来说,加强冷却的研发与低档次的高温升燃烧室(如 EJ200、F119)研发紧密相关。现就从为什么常规的机械加工冷却环节不适合高温升燃烧室说起。

在高温升燃烧室之前的燃烧室(典型的如 RB199)都采用机械加工冷却环带的气膜冷却(这相对于更早的波纹板是一大进步),但它有以下几方面的问题。

(1) 冷却有效性差(注意到应该叫冷却气膜有效性,而不能叫冷却气膜效率)。尽管在刚刚加入新鲜冷却空气处有效性很高,但随着轴向下游距离加大,有效性很快降低。到一定距离(如 30 mm),不得不再加一道新的冷却气膜。

(2) 新加入 道的冷却空气气膜处,冷却过度;而离膜远处就冷却不足。

(3) 由此带来壁温沿轴向周期性地涨落(锯齿形),温度梯度很大。在 25 mm 范围最大温差可达 300℃以上。这一点对以后讨论很重要。

（4）冷却环带有一"舌片"，若舌片变形，使局部冷却空气通道变小，局部地区就更热，进入恶性循环直至损坏。

这是新的冷却技术研发的出发点。但各研究者走的方向可大有不同。文献[12]提供了有方向性的建议：改善冷却性能的一个方法是设计对火焰筒外表面的对流换热以及冲击换热来补充对内表面的气膜冷却。

这里有两点是带有方向性的：其一，要组合，而不是"单枪匹马"；其二，气膜为主，其他的是去补偿内壁的冷却气膜。

其实，这句话已说得很清楚，但燃烧室冷却和室壁结构的研发人员没有去理会它。

发散小孔若与气膜冷却组合，即发散小孔出来的空气起气膜的作用（常叫离散孔的气膜冷却），那么小孔的方向性非常关键。小孔如果垂直于壁面，那么冷却有效性最差（不成什么气膜）；改为斜孔，而且角度小，效果明显改善。但角度可以减到多小受两项限制：其一，受激光打孔的激光头限制；其二，角度小激光打孔入口处有局部过热，有可能成为以后产生裂缝的地方。

随后采用复合角（compound angle）的发散小孔，如 GE 公司的火焰筒上已有采用。在上述研发基础上，引出笔者研发的特殊形式的发散小孔气膜冷却的组合（切向发散小孔）。

冷却技术研发的不断进展，可基本概括如下（见参考文献[13]）。

（1）不能简单地通过对壁面内冷却的最大化达到壁面冷却最佳化。在多孔多层（板室）壁（Lamilloy 或 Transply）材料的研发中正是遵循了这样的思路。这些多孔多层壁力图使室壁内冷却最大化。这就是说，多孔多层壁在冷却上的发展方向不对。遗憾的是，文献[13]是 1988 年发表的，而 Lamilloy 与 Transply 在这之前就已研发。很明显，当时技术研发并没有科学基础。后来在国内也有人做过 Lamilloy 的研究（见参考文献[14]）。

（2）同时指出：这些材料之所以具有高的冷却总有效性，只是由于那些设计中有良好的气膜空气动力特性，其射流扰动非常小。这里所说的"最小的射流扰动"指的就是孔径大大地减小（至 0.3 mm），孔之间的间距也小。靠这个措施达到一定的气膜空气动力学。

（3）文献指出不同的冲击发散小孔组合的冷却性能上的差别"主要来自气膜冷却上的不同"，因此关键在气膜[15]。

（4）简单发散小孔气膜组合（还不是笔者研发的特殊形式的发散小孔气膜组合）可以"提供一种其冷却剂质量流很低的、相对简单的但非常有效的室壁冷却技术",而其性能"很接近那些复杂的室壁冷却设计中的最佳者"。

现说明两点：① 复杂的壁面冷却设计包括 Lamilloy、Transply 以及浮动壁（或瓦片式冷却室壁）的设计；② 当时简单的发散小孔气膜组合比现在（笔者研发的）新的组合差了一步，而那些复杂系统没有再前进。所以现在实际上简单的冷却在冷却性能上也已超过以前复杂的系统。

上述说明可以引出一点：笔者所做的特殊形式的发散小孔气膜组合冷却的研发，并非无源之水，而是一个完全合乎逻辑的发展。

顺便提一下，这些复杂的冷却室壁结构研究在 25 年前已经开始，花了很多年掌握工艺，大致在 10 年前投入飞行。如果现在我们开始跟踪，至少要花 5 年时间掌握工艺，那时别人早已前进了，所以跟在别人后面是永远也跟不上的。

7.5 特殊形式的发散小孔-气膜组合冷却

笔者研发的冷却方式是以发散小孔气膜冷却组合为基础，不排除在需要时加上冲击冷却及背面加强对流冷却。其重点是以上所概括的——着重加强气膜冷却的有效性。最实质性的也是最有特色的措施是：冷却空气沿切向进入火焰筒，设计要求冷却空气贴壁，即形成很结实的冷却空气膜，减少与燃烧主气流的掺混，达到很高的气膜有效性。其中关键词是"切向进气贴壁"。

应当说明，这么一点变化就用了多年时间进行研发，说明在技术研发上每步都并非那么容易。要实现安全自主创新，那着实要下大功夫。

要切向进气形成结实、紧密（compact）的冷却空气膜，在环形火焰筒的外壁上非常简单，但在内壁上需要有一些特殊的考虑。图 4-2 讨论了发散小孔气膜组合冷却在外环火焰筒及单模燃烧室火焰筒上的设计与应用，现讨论"切向进气"。切向进气是一种概念。实际设计时有两方面使其并非"完全"是切向进气，具体如下。

（1）如果完全是切向的话，那么同一轴向位置上小孔进气互相重叠，冷却气膜空气流动不好。

（2）取决于火焰筒的椭圆度，为了避免激光打孔出现盲孔或直通孔（即没进到火焰筒就出去了），该孔也不可能几何意义上完全相切。例如，如果用的是机械加工的单模燃烧室火焰筒，其椭圆度很小，其相切程度可以比较高；如果是大尺寸的火焰筒，由钣卷起来焊接而成，椭圆度大很多（经过校正后仍有椭圆度），这样相切程度就根据椭圆度来定。对于尺寸非常人的火焰筒，相切程度又取决于激光打孔机的功率。因为相切得非常好的孔，孔的长度会很长。如果激光打孔的功率不够，会出现盲孔或孔的质量降低。在大尺寸火焰筒上，从几何上说可以打出长度大于 25 mm 的长孔,但不少激光打孔机没有这么大的功率。打的孔很长,尽管对冷却有利,但火焰筒成本也增加。总之,切向进气是一个概念,一个原则,设计时必须包含具体的考虑(如带涂料与不带涂料的也有所不同)。

笔者研发的特殊形式的发散小孔-气膜冷却组合的燃烧试验结果如图 7-3 所示。图 7-3 的单模燃烧室采用切向发散小孔冷却,副油 15%,非常好的油气混合,$p=1\,380$ kPa,$T=482$℃,$\Delta p/p=5\%$,冷却空气 24%。需要说明的是,这个单模燃烧室的油气组织很均匀,非常好。测量的壁温是一种极限情况,即在这样的压力、温度、油气比、冷却气量下,最佳可能达到的火焰筒壁温,FAR=0.051 时,壁面温升 120℃。这里强调火焰筒壁温高低只是部分地取决于火焰筒冷却,这很大程度上是一个燃烧组织(油气混合)的问题。如果燃烧组织不好,冷却再好,壁面温度降低也有限,而且壁温的均匀性也不会好。这里强调对冷却设计的要求有以下几方面。

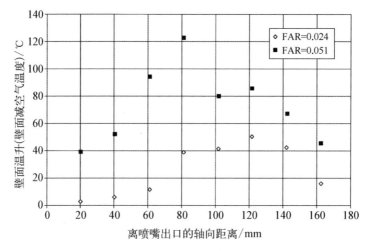

图 7-3　单模燃烧室壁温沿轴向距离的变化

(1) 冷却设计要在燃烧室允许的冷却空气量下,室壁温度合理地低(并不是越低越好,太低也没必要。例如,室壁温度 1 300℉与 1 100℉相比,在寿命上没什么差别)。

(2) 室壁温度的均匀性要好,包括轴向的以及周向的温度梯度不能超过某值,如每 25 mm 距离温差为 100℃。这一点很大程度上取决于燃烧分布的均匀性,图 7-3 的轴向温度梯度很低,为 2℃/mm。专门的试验也测量过周向温度分布均匀性,其梯度远低于轴向的温度梯度。

（3）局部过热的区域少，这也与燃烧有关。但在 Lamilloy 的室壁上，每当有焊缝处，冷却空气小孔都被焊死，室壁内部的空气流路都被断开，必然形成局部过热。

如图 7-3 所示，壁温低，同时壁温的变化梯度很小，这与燃烧有关，也与冷却设计有关。在如图 7-3 所示的壁温分布下，由冷却计算反验算气膜冷却有效性，都在 100%。任何部位假设气膜有效性低于 100% 的，计算的 T_{w2} 都要比测量的 T_{w2} 高。壁温均匀为什么与冷却设计有关？先大致说明一下如何进行冷却设计。

在确定了冷却空气流量，并以 AC_D 分配到外壁和内壁后，分别选取外壁和内壁的空气流量系数 C_D，得出冷却孔的几何面积；然后选定发散小孔的孔径，确定总的孔数（内、外分别确定），决定小孔的数量密度（每平方米面积上孔的数目），由此定出孔的平均间距。这个平均间距与实际设计的有两点不同。

① 一般在不同的轴向位置上周向整个圆周上的孔数保持为常数。这样后排的孔可在前排两孔之间位置错开，而改变轴向方向的间距使其数量密度接近于合理。在整个圆周上的孔数，通常选 60、90、120、200、240、300 这样的数目，不会选 78、249 这种数目。

② 在已知高热流区域，如图 7-3 所示（大致在油嘴下游 80～100 mm 处），可以增大数量密度以改善轴向壁温的均匀性，也就是说在高热流区域轴向间距可以按需要调整，一般平均的轴向（周向）间距在 7.6～8 mm。高热流区域减至 5～6 mm。而在火焰筒缩小截面区域或热流较低区域，轴向间距可加大至 10 mm，甚至更大。这种设计上的灵活性在燃烧室研发中带来很大好处，可在很大程度降低轴向壁温梯度。长期以来，有大量试验数据证明这种冷却方式效果很好。与 Lamilloy 的设计相比较，在同样冷却空气量下，其冷却性能优于 Lamilloy。这有类似条件下单管燃烧试验的数据可以证明。最主要的点在于 Lamilloy 的小孔空气是与壁面垂直出来，所以气膜有效性差，而室壁壁厚内的冷却空气流路也比笔者研发的小直径单管火焰筒的发散小孔长度短，如果与大直径的环形火焰筒相比，Lamilloy 设计的壁厚中的空气流路要短很多（Lamilloy 设计中空气流路长度为常数，笔者研发的发散小孔长度随火焰筒直径增大而加长）。在 Lamilloy 设计中冲击冷却的效果很有限，这是因为冲击冷却要有适当的通道高度（H/d）以生成回流。Lamilloy 的空气通道太矮（$H/d<2$），对冲击冷却不利（最佳的 H/d 约为 6）。

瓦片式窒壁结构的冷却很大程度上依靠背面的对流冷却，冲击冷却效果很小。而气膜冷却远没达到最佳。由于流路复杂，气膜的空气流动扰动太大，也并不是很紧地贴壁。最大缺点是壁温分布为锯齿形，如图 7-4 所示，这是过去机加冷却环带常见的，温度梯度太大。图 7-4 中横坐标 3、4、5 是前后瓦片位置，值得注意的是瓦片壁温是锯齿形分布（冷却空气指该道瓦片的空气量）。

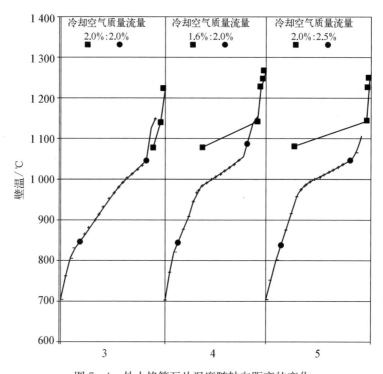

图 7-4　外火焰筒瓦片温度随轴向距离的变化

与其他冷却方式相比较，笔者研发的发散小孔气膜冷却组合的最大特点是着重改善了气膜冷却的有效性，关键措施是切向进气，让冷却空气贴壁，另外壁温均匀。

7.6　高油气比燃烧室的室壁结构

对室壁结构的第一个要求当然是良好的冷却，壁温不高而均匀。此外，还有以下其他要求。

（1）结构简单。因为复杂的结构常导致以下的三个问题。

① 重量太重是严重问题。

② 工艺性太差，要用特殊设备（工艺性中尤其是焊接至关重要）。

③ 成本。尽管军航燃烧室比民航燃烧室成本要求可放宽，但仍然是有要求的。

（2）可修理性。

（3）研发上的灵活性。

以下先讨论本设计与 Lamilloy 设计的比较。

Lamilloy 设计中在结构上并不是太复杂，因此重量不是问题，但其工艺性太差，必须靠特殊车间和特殊设备，其层板上小孔和流路由化学铣形成，焊接性能太差。并非该材料不可焊接，而是一旦焊接了，焊缝把冷却孔全堵死，使冷却空气流路全断开。这样必须在焊缝处再打发散小孔，很麻烦。而无论采用轴向焊缝或周向焊缝都必不可免。在内环上要有两道全长的轴向焊缝，外环上要有三道全长的轴向焊缝，这是因为 Lamilloy 的板子只有 36 in 长（不清楚为何不做得更长些），没法卷起来只有一道焊缝。而在 Lamilloy 与非 Lamilloy 的结构相连处，必须有周向焊缝。焊接问题使修理性很差，导致成本过高，与发散小孔气膜组合冷却的燃烧室相比，试制研发阶段费用高出 20 倍；在投入生产后成本也高出 10 倍，这一点是必须考虑的。Lamilloy 燃烧室在研发上的灵活性也很差（实际上没有）。Lamilloy 层板孔的大小、间距都是固定的，无法在燃烧室某区域加密孔或缩小间距。而且迄今为止，无法加绝热涂料。无论在何处，全是一样的孔径，孔的安排没有灵活性。另一个灵活性问题是，在燃烧室刚开始研发时，都从单模燃烧室试验开始。可以加工出 Lamilloy 的单模燃烧室来，但如果要改变空气流量分配，只能改变头部或掺混空气量。尺寸一定，火焰筒冷却空气量就改变不了。

Lamilloy（或 Transply）设计的最大弊病是工艺性差，成本太高。以下将本设计与浮动式火焰筒［或瓦片（Tile）式室壁结构］作比较。大致可说明如下。

（1）瓦片火焰筒本身是两层结构：壳体工作温度低，承载荷；里层是瓦片，周向不是连成一体的，温度高，允许热膨胀，载荷很低（这一点是合理的）。

（2）瓦片有很多块。举例说明，外环的瓦片是 36°一块，圆周上有 10 块。某燃烧室外环轴向有 5 道，仅外环上就有 50 个瓦片（请注意：瓦片不能在各道之间互相换位，有的甚至在同一道周向也不能换位）。

（3）每个瓦片上有 4 个螺栓，与瓦片一起铸出。仅就外火焰筒而言，螺栓及螺帽有 200 套。再加上本身是两层，还有大量小圆柱体（见图 7-5），很

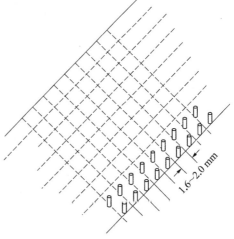

图 7-5　燃烧室瓦片上小圆柱散热体的间距

容易想象重量有多少。

由图 7-5 可知,设计者的主要意图是增大背面对流散热。小圆柱体中心间距减到 1.6 mm。冲击冷却只是一小部分,而气膜冷却靠从散热筋流出来的空气(已经经过复杂的流路,湍流度不可能低),气膜有效性不会好。用在某低污染燃烧室时,还加一些发散小孔,它们与气膜也没有最佳化。尤其是气膜冷却,没有贴壁紧凑的气膜。这就是为什么其结构复杂,而冷却性能并不理想。这由图 7-4 的壁温测量结果可充分说明——壁温高(可以超过 1 100 ℃),又不均匀(锯齿形)。注意到图 7-4 不是高温升燃烧室,只是普通民航燃烧室,在室壁结构上存在下列问题。

(1)构造过于复杂,重量太重。

(2)由于复杂也带来其他问题,如螺栓要设在瓦片的 4 个角,螺栓要固定得相当紧,否则工作中松了会出问题,螺栓本身又要冷却等。

(3)工艺性不好,瓦片与螺栓、混合孔、散热筋一起铸造出来。螺栓不再加工,大空气孔也一次铸造出来,这样也增大出问题的机会。瓦片脱落是非常严重的事故。

(4)以上几点必然导致成本不低,只比 Lamilloy 便宜些。投产后大致比发散小孔气膜组合冷却的燃烧室贵 3~5 倍。

(5)在修理上比 Lamilloy 方便,简单地说就是换瓦片。

(6)研发上的灵活性仍然基本上没有,特别是要做一个瓦片式的小直径单模燃烧室火焰筒,太麻烦,又太贵。

瓦片式火焰筒的最大缺点是复杂,且太重。但以下其他问题也不容轻视。

(1)由于结构复杂而可能带来工作中出现大事故。例如,飞行中的发动机,其瓦片上的螺栓因冷却空气速度不够,螺栓温度升高,螺栓的蠕变以及螺栓和其"底座"的温差导致螺栓在瓦片上的夹紧力消失,引起瓦片本身的自振频率与燃烧室 Rumble 所激起的高频振荡相近,结果瓦片在发动机工作中脱落,酿成大事故。

(2)从瓦片螺栓夹紧的位置到冷却空气孔之间的距离不到 4 mm,因为这两者靠近了,一边热,一边冷,使冷却空气孔应力集中,由此冷却空气孔确实出现过裂纹。

(3)螺栓以及混合的空气大孔从一开始就要一次铸造到位。开始研发时,为求便利,混合的空气大孔只铸出形状,再加工到尺寸。后来若要再改成一次铸造到位,就很麻烦。

(4)如图 7-4 所示的瓦片壁温分布很重要,在一个瓦片的轴向长度上相差

400℃以上,温差就太大了(本身超过1 100℃,也太热)。这样,原本想用瓦片由冷的壳体承载,热的瓦片承载高温,可减小机械应力,提高寿命,现在温度这么高,温度梯度这么大,很难说如何提高寿命,不可能达到预期效果。这说明瓦片室壁基本上与机加冷却环带具有一样的特性(再次说明气膜占主导地位)。结果搞得如此复杂,冷却性能没什么优越性,而机械特性上也没有什么精彩之处。对高温升燃烧室尤其要强调冷却空气贴壁。Kick 等[16]分析了如果大量可燃物与冷却空气接触,壁面附近有化学反应,当地有热量释放,以致增大向壁面传热的30%,这充分说明冷却空气垂直于壁面出来是最坏的设计,而瓦片室壁中冷却空气也没有很好贴壁。

　　30 年来的冷却研发表明加强气膜冷却是重点。正如笔者所做的要冷却空气贴壁。而加大背面对流冷却或加大室壁内部冷却,都不是正确方向。室壁结构的工艺性、复杂性、重量、成本也都是要考虑的因素。

　　从高温升燃烧技术研发来说,一开始总是解决燃烧基本问题,解决空气动力学设计、燃油喷射及油气混合,解决燃烧试验中新问题。一直到 TRL 5 时才涉及全环形燃烧室是什么。所以一开始可以不忙于决定全环形的室壁结构,可以到做完单模燃烧室试验再决定。单模燃烧室肯定采用发散小孔室壁。

　　总结三种冷却方式和室壁结构的比较(以 A、B、C 三种等级表示,A 为最佳,C 为最差),如表 7-1 所示。

表 7-1　三种冷却方式和室壁结构的比较

比 较 内 容	瓦片式室壁	多层多孔板室壁	切向发散小孔室壁	
			外壁	内壁
冷却性	B	B—	A	B+
复杂性	C—	C+	A	B+
成　本	B	C—	A	B+
重　量	C	B	A	B+
焊接性	A—	C—	A	A—
修　理	B	C—	A	B+
出现裂纹	B+	C	B+	B+
继承性	C	C	A	B
工艺难度	B—	C—	B+	B—
民航或工燃可使用性	B	C	A	B+

在列举了上述比较后,要特别强调继承性问题。特殊的工艺方法本身就是金钱和时间上很大的投资,对开始开展先进燃烧技术研发十分不利。在开始开展先进燃烧技术研发时不要形成"百废俱兴"的局面,结果相当长时间还不能集中到关键技术问题上来。激光打孔是成熟的,也是必不可少的;设备可以现成买到,这样起步就比较快。过去曾经有过经验:搞一个全环形燃烧室,加工、材料费劲极了,花了几年时间在关键技术研发上做出的有用试验数据结果并不多,还没碰到燃烧室技术核心。所以要抓住基本矛盾,以单模燃烧室试验为起点,这样就必然从切向发散小孔冷却的室壁结构开始。

高油气比燃烧室的冷却比低污染燃烧室的冷却要困难多了。这就是为什么在 4.4 节中只提到"对火焰筒内壁选用切向进气的成对自击式复合角发散小孔冷却",但并没有展开讨论。对低污染环形燃烧室有可能不必采用这样难加工的方案,但对高油气比燃烧室(尤其是今后更高的油气比)就必不可少。首先要说明,对环形内火焰筒不能采用单个的切向孔进气,因为切向进气后就与主流燃烧气体混合,根本不贴壁。其次要说明,常规的机械加工冷却环带的方案有一个优点,即冷却空气顺着轴流方向流动,但其缺点是在整个长度上只可能放数目有限的冷却环带,这样在新的冷却环带加入时,冷却过度(没有必要),但很快又冷却不足。假设有办法将这样的冷却环带的数目大大增多,每个冷却环带的进气量减少,每个冷却环带负责保护的长度减短,就可以充分利用冷却空气,这就是多排的发散小孔冷却。但对内火焰筒如果用单个切向进气孔,它是多排但不轴向。如果又要多排小孔,又要轴向,就要引入成对自击切向小孔,这个思路来自液体火箭发动机自击式油嘴的设计,两个对称角度的射流相互撞击后,就变成轴流的合成射流。这些成对切向小孔的撞击点要定在内火焰筒的表面。自击后合成轴向射流贴在表面,形成贴壁的冷却气膜层。其方案如图 7 - 6 所示,现说明以下几点。

(1)成对切向小孔射流相交于 O 点,小孔孔径为 d,相交点 O 至环形内火焰筒壁距离 $0.5d$。

(2)在 A 向视图示出这成对切向孔带有在轴向方向一个小的角度 δ。这个角度由激光打孔决定,大致为 $15°$,其目的是防止撞击射流逆流向上,保证合成射流是向下游方向。

(3)在这种冷却设计中激光打孔是最最关键的。孔径 d 要尽量小,打孔只能由 O 点沿 N 方向进行。要保证这成对孔相交于 O 点,这样打孔时在打完孔①后立即在同一点改换角度打孔②。

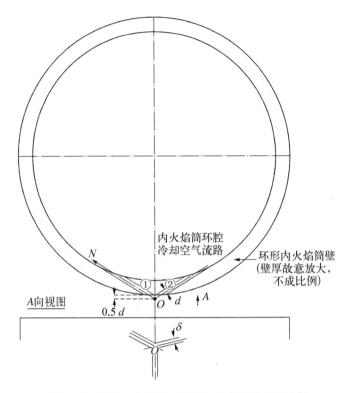

图 7-6 环形内火焰筒成对切向自击发散小孔冷却

（4）由于合成射流虽然是沿轴向了，但覆盖面很小（射流宽度没有比 d 大多少），所以一个圆周上孔数（或成对孔的数）要多。这样孔径 d 要小，以节约冷却空气。

（5）前后排冷却孔（对孔）的排列必须错开，也可以四排孔循环错开排列。即周向的间距是 S，第二排孔与第一排孔错开 $S/4$，第三排孔与第二排孔错开 $S/4$，这样到第五排孔就会与第一排孔同样周向排列。

总之，这种先进冷却方式集合了冷却环带及发散小孔两者的优点，其缺点是需要很优等的激光打孔技术。

7.7 陶瓷基复合材料特性及室壁应用

火焰筒的耐久性与耐温能力直接影响发动机的总体性能。高油气比燃烧室火焰筒面临着严峻的热防护的技术挑战，主要原因如下。

（1）燃气温度与火焰辐射增加，导致火焰向壁面的传热量增大。

（2）更多的空气参与燃烧，冷却空气进一步减少。

(3) 压气机出口温度提高,冷却品质下降。

相较常用的高温合金材料,陶瓷基复合材料(ceramic matrix composite, CMC)具有更高的耐温能力和更低的密度,是解决高油气比燃烧室热防护挑战的有效途径。陶瓷基复合材料可使火焰筒具有更高的耐温能力和更低的部件冷却要求,减少了燃烧室中的冷却气量,增大了燃烧空气占比。NASA 报告表明陶瓷基复合材料火焰筒能实现降低冷却空气量 60%,并能有效提高火焰筒寿命,是下一代先进燃烧室的重要发展方向。

为了推动陶瓷基复合材料在航空发动机及其燃烧室火焰筒上的应用,世界各航空强国开展了众多以发展新材料为核心的航空发动机发展计划。美国从 20 世纪 80 年代起相继开展了 HOST(Hot Section Technology)、HITEMP (Advanced High Temperature Engine Materials Technology Program)、UEET (Ultra-Efficient Engine Technology)、ADAM(Advanced Aero-engine Materials)、NGMTI(Next-Generation Manufacturing Technology Initiative)和 ERA (Environmentally Responsible Aviation)等计划,德国开展了 HiPOC(High Performance Oxide Ceramics)计划,日本先后开展了 AMG(Advanced Material Gas-Generator)与 ESPR(Research and Development of Environmentally Compatible Propulsion System for Next-generation Supersonic Transport)计划。各国对陶瓷基复合材料的高度关注与研发投入加速了陶瓷基复合材料在航空发动机燃烧室上的应用,目前已经基本形成了陶瓷基复合材料在航空发动机及其燃烧室应用设计的研发体系,陶瓷基复合材料在某些著名商用或军航发动机(如 F136、F414、Trent1000、F119、GE9X 等)燃烧室火焰筒上已经得到了工程应用。

1. 陶瓷基复合材料特性

通常陶瓷基复合材料由增强纤维、陶瓷体、界面层以及涂层四部分组成,通过在陶瓷体中引入增强纤维,形成以增强纤维为分散相和陶瓷体为连续相的复合材料(见图 7 - 7)。其中增强纤维起主要承力作用,其纤维预制体一般采用 2D、2.5D、3D 等多种编织方法;陶瓷体是陶瓷基复合材料的主体部分,在承受载荷时基体首先断裂并将载荷传递至增强纤维,一般采用 Al_2O_3 或 SiC;界面层是调节纤维与陶瓷体之间结合的关键部分,其组分与结构对陶瓷体与纤维的结合强度决定了陶瓷基复合材料的增韧效果。界面层可以抑制陶瓷体与纤维之间的扩散反应,保持材料韧性,并作为纤维与陶瓷体之间载荷传递的桥梁,控制界面的结合强度,使陶瓷体裂纹传递发生偏转,使材料破坏形式为韧性破坏;涂层可以阻挡氧气与陶瓷体接触并向陶瓷体内部扩散,极大降低了极端热、力、腐

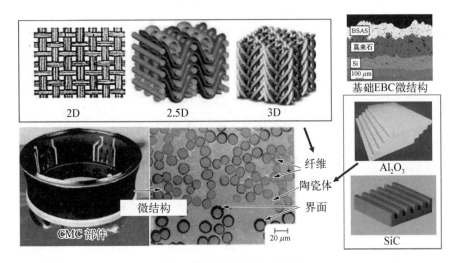

图 7-7　陶瓷基复合材料图

蚀条件下氧化作用对材料的损伤,大幅提高陶瓷基复合材料的高温使用寿命。
目前包括陶瓷基复合材料在内的航空发动机常用高温材料及其特性如表 7-2
所示。陶瓷基复合材料的组分特征与结构决定了其相较于高温合金具有耐温
更高、密度更小、高温下更优异的持久强度、可设计性更强的优点;相较于陶瓷
材料又克服了其脆性大和可靠性差的弱点,对裂纹不敏感,不易发生灾难性
断裂。

表 7-2　航空发动机常用高温材料及其特性

高温材料	类　型	材料特性	应用部件
TiAl 系合金	金属间化合物	许用温度: 600 ~ 750℃;密度: 5.3 g/cm³;热膨胀系数较低;蠕变强度较高。该材料缺点在于许用温度较低、制备成本较高	压气机叶片、低压涡轮叶片
Ni₃Al 基合金		熔点高: 1 390℃;密度: 7.5 g/cm³;高温强度强;1 100℃下纵向持久性能大于 80 MPa;组织稳定、铸造工艺性好、成本低	燃烧室喷嘴、涡轮导向叶片、涡轮外环、喷管调节片
Nb-Si 基合金		熔点高: 1 700℃;密度: 7 g/cm³;高温强度优良;许用温度有望达 1 200 ~ 1 400℃。但存在制备工艺不成熟、中低温塑性与韧性差、高温易氧化等挑战	高压涡轮导向叶片

（续表）

高温材料	类　型	材　料　特　性	应　用　部　件
Ni - Cr 基合金	金属间化合物	长时许用温度：900℃；密度：9 g/cm³；具有较高的强度与良好的塑性，其中GH3044 合金是一般火焰筒常用的材料	主燃烧室火焰筒、加力燃烧室、导向叶片
陶瓷材料	陶瓷	高温强度高；熔点高；热稳定性好；热膨胀系数较小；密度低；硬度大；耐磨。但脆性大、强度分散大、可靠性低	应用较少
C_f/C 复合材料	复合材料	密度低；比模量高；比强度高；高温强度高；耐超高温；耐烧蚀；耐热冲击；热膨胀系数低。但高温下易被氧化	燃烧室部件、喷管部件、涡轮转子
SiC/SiC 陶瓷基复合材料		长时许用温度可达 1 350℃，少量冷却气条件下可在 1 650℃条件下长时工作，密度低（约为合金的 1/3），克服了陶瓷脆性大的弱点	燃烧室火焰筒、高压涡轮静子叶片、火焰稳定器、尾喷管、涡轮外环

　　燃烧室火焰筒用的陶瓷基复合材料一般有两类：一类是增强碳化硅纤维的碳化硅复合材料，即 SiC/SiC 复合材料；另一类是增强氧化物纤维的氧化物复合材料，即 Ox/Ox 复合材料。它们的特性与区别主要如下。

　　（1）SiC/SiC 复合材料密度为 2.1～2.8 g/cm³；Ox/Ox 复合材料密度通常在 2.5～2.8 g/cm³。

　　（2）SiC/SiC 复合材料耐高温能力强，1 200～1 350℃可长时使用；Ox/Ox 复合材料长时耐温能力约为 1 150℃。

　　（3）SiC/SiC 复合材料的设计强度较高，约为 200 MPa；Ox/Ox 复合材料设计极限强度约为 140 MPa。

　　（4）Ox/Ox 复合材料抗氧化性能更好，特别是抗高温水蒸气腐蚀性能，这方面优于 SiC/SiC 复合材料。

　　（5）Ox/Ox 复合材料的热导率一般小于 2.5 W/(m·K)，低于 SiC/SiC 复合材料的热导率[约为 15 W/(m·K)]。

　　（6）Ox/Ox 复合材料的加工自由度更大，Al_2O_3 应变容限高，Ox/Ox 复合材料加工和安装连接的公差容限大，制造和使用自由度高。

　　（7）Ox/Ox 复合材料的制造成本更低。

　　总体来说，SiC/SiC 复合材料因其优异的高温力学性能，主要应用于发动机高温热端部件,如燃烧室、高/低压涡轮等;而 Ox/Ox 复合材料的优势之一是成本相对较低,因而在发动机喷管、小型发动机或工业燃气轮机高温件等方面应用上获得青睐。

在高温腐蚀环境中,SiC/SiC 复合材料表面会因高温氧化生成 SiO_2,因其热膨胀系数与基体存在巨大差异,容易使火焰筒的冷却孔出现裂纹进而严重影响火焰筒耐久性与寿命,因此其表面需涂覆 EBC(environmental barrier coatings)涂层,不仅隔热,还能阻碍高温水蒸气对硅化物的腐蚀,提高陶瓷基复合材料的可靠性。Ox/Ox 复合材料表面一般也涂覆 FGI(friable graded insulation)涂层或 TBC 涂层,以大幅提高陶瓷基复合材料的耐久性与耐温极限。

2. 陶瓷基复合材料工艺比较

SiC/SiC 复合材料常用制备工艺包括化学气相渗透法(chemical vapor infiltration,CVI)、熔融渗硅工艺(melt infiltration,MI)、聚合物浸渍裂解工艺(polymer infiltration and pyrolysis,PIP)。Ox/Ox 复合材料的主要制备工艺包括浆料浸渍法(slurry infiltration and hot-pressing process,RIHP)和溶胶-凝胶法(sol-gel),目前这几类制备工艺都已较为成熟,但根据工艺特点各种制备方法都有其优缺点,应当考虑火焰筒的工作环境与特点、制备周期与成本选择合适的制备方法(见表 7-3)。

表 7-3　火焰筒陶瓷基复合材料制作方法比较

制备方法	类　型	工 艺 原 理	优　点	缺　点
化学气相渗透法	SiC/SiC	在高温条件下,气相前驱体渗入纤维预制体并开裂,然后在纤维表面反应沉积 SiC 基体	材料纯度高,通常基体具有完整晶体结构,力学性能优异	工艺复杂、制备周期长、成本较高
熔融渗硅工艺	SiC/SiC	熔融的硅或硅合金通过毛细管渗入到纤维预制体中,纤维预制体中已预先填充 SiC 和碳粉,硅与碳反应形成 SiC 基体并填充剩余孔隙	制造成本低、周期短、材料气孔率低	液相渗硅反应温度高,对 SiC 纤维会产生一定损伤,同时基体中残留硅,易导致材料脆性较高
聚合物浸渍裂解工艺	SiC/SiC	将纤维预制体浸渍在聚合物前驱体溶液中,然后通过热解得到 SiC 基体,经热处理和无机硬化形成陶瓷体	制备温度低、纤维损伤小、陶瓷体可设计性强,易于成型实现大型复杂构件的制造	在制备过程中,基体收缩较大且材料的孔隙率高,一定程度上影响材料蠕变性能

（续表）

制备方法	类 型	工 艺 原 理	优 点	缺 点
浆料浸渍法	Ox/Ox	把陶瓷纤维浸渍于含有陶瓷体的浆料中,然后把表面涂覆浆料的陶瓷纤维缠绕至滚筒,进而制作成无纬布。在经过切片、叠加、热模压成型和热压烧结后,获得致密化的复合材料	工艺简单,成本较低,制作周期短,可实现近净成型及量产	热压工艺容易使纤维造成损伤,降低了复合材料的力学性能,难以制备三维大型陶瓷复合构件
溶胶-凝胶法	Ox/Ox	将陶瓷体、金属盐等调配制备料浆前驱体,将其水解、缩合等反应成为溶胶态,再将其填充至纤维预制体经聚合、脱水固化为凝胶态,反复上述操作至复合材料结构致密	工艺简单、制造成本低、制备温度低、纤维损伤小、基体组分均匀性高	制备周期长、产品体积收缩变化大、产品孔隙率较高

3. 陶瓷基复合材料火焰筒应用现状

在发动机燃烧室部件上应用陶瓷基复合材料,往往会经历燃烧室试验、在发动机上性能考核以及地面发动机试车考核等 5 个阶段(见图 7-8)。陶瓷基复合材料在燃烧室火焰筒上的相关应用,美国、法国、日本等国家走在研究的前列。

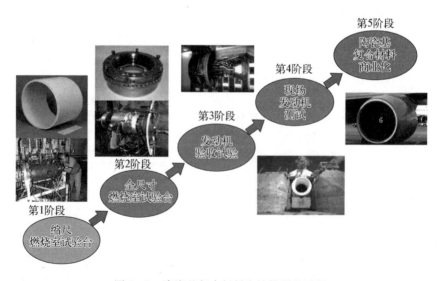

图 7-8　陶瓷基复合材料火焰筒研发过程

　　在 20 世纪 80 年代初,法国 SNECMA 公司就启动了陶瓷基复合材料在航空发动机热端部件的应用研究,采用化学气相渗透法工艺研制出了 CERASEPR 系列的碳化硅纤维增强的陶瓷基复合材料,并在 M88 发动机上进行了试车考核。在此基础上,SNECMA 公司对 CERASEPR 系列材料进行了升级改进,开发并引入了自愈合技术,能够在高温氧化环境下自行生成玻璃相封填孔隙和裂纹,可阻止氧化介质扩散至内部损伤复合材料,提高了材料的高温力学性能与耐温能力。之后 SNECMA 公司采用改进后的材料制作了全尺寸的燃烧室火焰筒,其中 CERASEP - A410 火焰稳定器经过 1 180℃、143 h 的测试且未检测到缺陷,火焰筒 CERASEP - A415(见图 7 - 9)通过 180 h 的试验未发现损伤,其中最大工况测试时间 100 h,实现了 CFM56 商用发动机燃烧室全尺寸部件的设计制造与测试,测试结果表明冷却空气量较高温合金减少了 35%。

图 7 - 9　CERASEP - A415 燃烧室火焰筒

　　美国在多个航空发动机及材料发展计划的推动下,在陶瓷基复合材料火焰筒的研究与应用方面取得了巨大的成果,各知名航空发动机制造商都对陶瓷基复合材料火焰筒开展了研究、试制、应用工作。在 IHPTET 计划的 ATEGG 项目中,GE 与 Allison 公司合作开发和验证了涡轮发动机上大量的陶瓷基复合材料高温部件,在 XTC76/3 上验证了陶瓷基复合材料燃烧室火焰筒(见图 7 - 10),并在 1 200℃工作条件下通过了全生命周期工作 5 000 h、高温工况工作 500 h 的考核,试验表明,火焰筒可以承受最高 1 316℃的壁面温度,实现减重 30%,并有效提高燃烧室的综合性能,验证了陶瓷基复合材料在发动机高温环境工作下的可靠性。同时,GE 公司通过 TECH56 计划,制造并验证了采用多斜孔冷却的 SiC/SiC 低污染燃烧室内火焰筒(见图 7 - 11),试验证明采用该火焰筒能够实现减少冷却空气 50%,重量减轻 50%,减少 NO_x 排放约 20%,体现了陶瓷基复合材料在低污染燃烧室上的巨大应用潜力。在此之后,GE 公司不断加强对陶瓷基复合材料燃烧室的研发投入,实现了在最新商用发动机 GE9X 与 LEAP‑X 上的工程应用。其中,GE9X 发动机燃烧室的内火焰筒和外火焰筒均采用陶瓷基复合材料,明显提高了燃烧室的耐久性,降低对冷却空气量的需求,并降低 NO_x 排放 25%～30%,提高燃烧室出口温度 150 K,表现出优异的高温性能,大幅度提高了发动机的综合性能。

图 7‑10　IHPTET 项目的陶瓷基复合材料火焰筒

图 7‑11　TECH56 计划的陶瓷基复合材料火焰筒

2010 年美国普惠公司在涡轴发动机 PW206 中验证了 SiC/SiC 复合材料燃烧室(见图 7‑12),并进行了在慢车和最大工况间循环 250 次试验,测试之后燃烧室未观察到损伤。测试结果表明,相较于高温合金材料燃烧室,燃烧室出口温度分布改善 40%～50%,全工况下 NO_x 排放降低 30%,低工况下 CO 排放降低 20%。

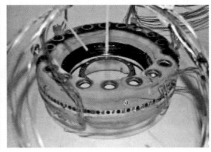

图 7-12　PW206 陶瓷基复合材料火焰筒考核前后对比

在德国的高性能氧化物陶瓷(HiPOC)项目中,德国航空航天中心为未来中推力某型航空发动机研制了 Ox/Ox 管状燃烧室(见图 7-13),并在发动机工况下进行了试验。该燃烧室在考核 12.5 h 后出现了裂纹,离工程应用尚有差距,但该研究成功研制了一种新型防护涂层,建立了陶瓷基复合材料火焰筒裂纹的检测准则,为 Ox/Ox 燃烧室火焰筒的工程应用提供了宝贵经验。

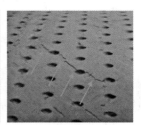

测试前　　　　　　　　　测试后　　　　　　　　　裂纹

图 7-13　德国航空航天中心 Ox/Ox 管状燃烧室

4. 陶瓷基复合材料火焰筒设计研发难、重点

尽管陶瓷基复合材料在燃烧室火焰筒上的应用存在巨大优势,目前多型采用陶瓷基复合材料火焰筒的先进商用、军用航空发动机也已服役,但从应用反馈来看,航空发动机陶瓷基复合材料火焰筒的工程应用依然存在很大技术挑战。陶瓷基复合材料火焰筒对热应力十分敏感且很难实现准确的热分析。由于增强纤维与陶瓷体的特性存在差异,增强纤维的布置又具有方向,这种材料内部非均质的结构特点,使得增强纤维与陶瓷体的热膨胀系数存在较大差异,从而使得陶瓷基复合材料的强度与材料特性表现出明显的各向异性。相关研究表明陶瓷基复合材料在不同方向的导热系数甚至可相差 10 倍,因而它的热分析变得十分复杂;同时,燃烧室火焰筒壁面存在较大的温度梯度,巨大温差所引起的热应力对

增强纤维的强度会产生显著影响。基于上述挑战以及陶瓷基复合材料的传热与力学特性,笔者认为陶瓷基复合材料火焰筒设计研发的难、重点主要体现在四方面。

(1)冷却设计。一方面,传统镍基高温合金火焰筒的冷却设计,主要是通过在火焰筒壁面通过不同的实现形式形成一层贴近火焰筒壁面的冷却气膜将燃气与金属隔开;而在陶瓷基复合材料火焰筒的冷却设计中,不但要形成冷却保护气膜,更需要考虑开孔策略对机体纤维的损伤程度,需要结合复合材料火焰筒的强度设计进行冷却气动设计。另一方面,陶瓷基复合材料较镍基高温合金的导热率低并存在显著的导热各向异性,使得火焰筒局部温度梯度很高,且内部温度场呈现非均匀特征,反过来影响气膜冷却的传热特性,因此火焰筒的冷却设计需要克服材料导热各向异性与气膜冷却的耦合作用的复杂分析与大温度梯度对材料纤维的影响评估的挑战。

(2)燃烧组织设计。由于陶瓷基复合材料同时具有良好的耐热性和高温下不发生蠕变的特性,因而可发展军用的高油气比燃烧室提升燃烧室出口温度,进而增大发动机推力,同时也可发展民用的低排放长寿命的技术路线,保持目前的燃烧室温升水平,延长使用寿命。不管是哪种技术路线,陶瓷基复合材料火焰筒的空气分配均出现异于传统镍基高温合金火焰筒的空气分配原则,原来出口分布由后面的掺混解决,现在陶瓷基复合材料火焰筒的掺混空气很少甚至要求不用掺混空气,这就要求火焰筒燃烧组织设计要有变化。这种差异性是陶瓷基复合材料火焰筒技术应用所带来的,因而如何瞄准设计目标恰当分配燃烧、冷却及掺混气量,以及组织合理油气场的燃烧是燃烧室气动设计必须解决好的问题。

(3)构件间的连接设计。陶瓷基复合材料和高温合金有着不同的热膨胀系数,所以在陶瓷基复合材料火焰筒在不同材料构件之间的连接设计中必须要考虑不同材料在冷/热状态下的变形、搭接、密封及定位等问题,解决陶瓷基复合材料与金属材料的变形不匹配问题。

(4)强度正向设计。要想最大限度发挥复合材料的可设计性,就需要在预制体设计时加入具有构件铺层特征的宏观热力载荷强度分析,同时对火焰筒结构预制体特征区域进行细观识别、统计与建模分析,形成火焰筒结构预制体强度校核分析数据库,从而达到对复合材料构件的强度表现进行正向预测的设计目的。

第8章 军航高油气比燃烧室设计研发要点

8.1 高油气比燃烧室的燃烧效率

在早期高温升燃烧室研发中，在高压力、高进口温度、高油气比下，燃烧效率不高。当时研发者以为那是由于高燃烧温度下化学解离的结果。实际上并非如此。

燃烧不完全性由两种不同性质的因素造成，叙述如下。

1. 化学性燃烧不完全

由于化学解离，有一部分燃料的化学能不会转换为热能。只要到达一定温度，就有化学解离产物存在。这种不完全性的特点只取决于温度、压力（因为化学平衡常数是温度的函数）。燃烧室设计、油嘴设计、空气动力学设计改变不了这种情况。典型的反应如下。

$$CO_2 \Longleftrightarrow CO + \frac{1}{2}O_2$$

$$H_2O \Longleftrightarrow \frac{1}{2}H_2 + OH$$

温度越高，反应向右；压力越高，反应向左，达到平衡。这就是说，在高的燃烧温度下，不可避免有一定量的 CO、OH 等存在，只是量非常少。温度越高，单原子的、原子基的解离产物更多，这种"损失"与燃烧室设计没有关系，即无论怎么设计，它总存在。这就是化学燃烧不完全性。

在另外一些燃烧情况下，也会由于燃烧的化学反应不完全而形成燃烧不完全性。例如，压力很低（小于大气压），进气温度很低（室温），油气比低，这时化学反应速率很低，在现实的燃烧室中，燃烧效率不高。这两种情况都因为燃烧本质上是化学反应,但后者与燃烧室设计有关。

2. 物理性燃烧不完全

油嘴雾化不好,有大油珠;燃油碰壁;油气混合不好,有富油的区域;燃烧停留时间太少;可燃物落入冷却空气层受到淬熄作用等,均会引起燃烧效率降低。这也由燃烧室设计决定。

随着高温升燃烧室研发深入,发现由于化学解离作用引起的因素并非燃烧效率只有98%的主要原因,因为由于化学解离,在现在的高油气比燃烧室中带来燃烧效率的降低最多为 0.3%~0.5%(不管总的油气比多少,燃烧的油气比都是化学恰当比)。所以,燃烧室设计良好,在最大工况下燃烧效率应该大于99%。文献[17]中对燃烧室要求为(海平面标准大气,设计点):燃烧效率≥99%;冒烟 SN≤30;热点指标≤0.25;出口平均温度≥1 873 K;火焰筒壁温≤1 173 K(900℃);火焰筒长度 125 mm。

这个燃烧室是高温升的下限。所提的要求都属合理,试验结果也都能达到,其中长度偏短(因为燃烧室长度由低工况而非大工况下的燃烧效率决定。而该文没有涉及低工况问题)。说明大工况下 99%的燃烧效率可以实现,而"凑合"的燃烧室效率不到98%主要是因为混合不好,即设计问题。文献试验比较了 4 种室壁冷却结构和 5 种空气雾化油嘴,然后择优在扇形及全环形燃烧室试验台上试验,遗憾的是没有说明空气流量分配。

总的来说,要保证高温升燃烧室燃烧效率好,应该有下列措施。

(1) 适当加大火焰筒横截面积,不能"苗条",而要"肥胖"型。

(2) 增大油雾散布,避免局部富油,雾化要好。

(3) 燃烧区空气动力学设计良好,不用主燃孔空气射流,整个流场除了副油燃烧回流区外,基本上是直匀流。

(4) 冷却空气贴壁,燃烧区与冷却空气层之间有一个"缓冲区",以减少 CO的产生。

为了确切地计算燃烧效率,SAE ARP 1533 中的燃烧试验确定的燃烧效率计算式可以修正,以明确有多少燃烧不完全性与设计有关。

前文提到燃烧室出口温度高,因解离引起 CO、UHC、OH 的存在。这和燃烧室设计没什么关系,由化学解离引起,只与压力、燃烧温度有关。这样取决于燃烧效率的定义(或基准),试验测出的效率可能要有修正,以明确有多少燃烧不完全性要由燃烧设计负责。

(1) 以温升为定义的燃烧效率,即燃烧效率定义为实际燃烧室温升除以理论温升。这样不管油气比多高,不用修正。因为计算的理论温升已经包含了化学解离。

(2) 以热值为定义的燃烧效率,如在 SAE ARP 1533 中定义的燃烧效率:

$$\eta_b = \left(1.00 - 4.346 \frac{EI_{CO}}{H_c} - \frac{EI_{C_xH_y}}{1\,000}\right) \times 100 \tag{8-1}$$

它是以燃料热值 H_c 为基准。当测量得出的 EI_{CO}、$EI_{C_xH_y}$ 为零时,燃烧效率才能为 100%。要修正的是:由测量得出 CO 及 UHC,减去解离产生的相应的数值,即 CO_η 等于测量得出的 CO 减去解离所产生 CO,UHC_η 等于测量得出的 UHC 减去解离所产生的 UHC。而解离所产生的 CO、UHC 由计算机根据 P_3、T_3、FAR 得出。由此得出 CO_η 及 UHC_η,计算 EI_{CO_η} 及 EI_{UHC_η},代入上述方程得出修正后的燃烧效率。这个修正过的燃烧效率是给燃烧室设计者的信息:有多少燃烧不完全性要由燃烧设计来负责,而向外报告的是测量得出的燃烧效率。

8.2　高油气比燃烧室出口分布质量

首先注意到这里讨论的是出口分布质量,没有说"出口温度分布"。这是因为在高温升燃烧室,其出口分布质量用油气比的分布来定义,而不是用出口温度分布来定义[18]。但笔者认为两者都需要,即用油气比的分布来定义,而用出口温度分布来补充。

对于常规燃烧室,出口温度分布中的热点指标定义为

$$\frac{T_{4,\,max} - T_{4,\,ave}}{T_{4,\,ave} - T_{3,\,ave}} \tag{8-2}$$

采用这样的定义遇到的第一个问题是其中有若干点温度太高,用一般热电偶不好测,即使是用铂铑铂热电偶,寿命也非常短。更大的问题如下所述。

对于常规燃烧室,在出口截面很少有地方能达到化学恰当比。而对于高温升燃烧室,出口截面中有不少区域可以达到化学恰当比,甚至富于化学恰当比。燃烧温度有一特点:达到化学恰当比时,燃烧温度就达到最高(大致地说),不可能超过在相应压力、相应空气进气温度下的绝热燃烧化学恰当比温度;如果油气比超过化学恰当比,燃烧温度反而下降。在式(8-2)中,随着 FAR 的增大,分母在不断增大,但分子增大有限,最多不会超过 $T_{4,化学恰当比} - T_{4,\,ave}$。注意到 $T_{4,化学恰当比}$ 只随压力及空气进气温度而变,所以在压力一定、进气温度一定时,它是常值,但 FAR 增大,$T_{4,\,ave}$ 增大,这样,式(8-2)中分子会随 FAR 增大($T_{4,\,ave}$

增大)而减小,这形成一个假象:当燃烧室 FAR 增大时,其出口趋于均匀,热点指标在减小。其实不然。这个假象对涡轮很不利。燃烧室出口截面油气比分布的不均匀性远远超过了温度分布的不均匀性。所以 Erp C V 等[18]的论文指出,应该用油气比分布来表征燃烧室出口分布及其不均匀性。原来的热点指标没有意义。现在没有热点指标,所以实用的出口油气比不均匀性指标,可定义如下:

$$PF_{FAR} = \frac{FAR_{max} - FAR_{ave}}{FAR_{ave}} \qquad (8-3)$$

式中,PF_{FAR} 为燃烧室出口油气比分布不均匀性指标。

同样情况适用于燃烧室出口以温度表征的如下定义的径向分布参数,在高温升燃烧室也不适用了

$$\frac{(T_{4,沿周向平均的径向分布} - T_{4,最佳分布})_{同一径向位置}}{T_{4,ave} - T_{3,ave}} \qquad (8-4)$$

取而代之的是出口油气比径向分布参数

$$\frac{(FAR_{沿周向平均的径向分布} - FAR_{最佳分布})_{同一径向位置}}{FAR_{ave}} \qquad (8-5)$$

其中,$FAR_{最佳分布}$ 由涡轮设计或总体性能给出。

图 8-1 给出 Erp C V 等[18]由燃烧试验测量得出(都在同样情况下)的出口温度径向分布参数和出口油气比径向分布参数的比较,其差别非常明显(经过很好的研发后目前差别没这么大),也就是说,温度不能表征出口的不均匀性及径向分布。应当说明以下几点。

(1) 图 8-1 所示的是总油气比不算非常高的情况。这同时可以用热电偶测温度来比较,所以其油气比径向分布参数比较低。实际设计的高压、高进口温度、高油气比燃烧室的径向分布参数比图中所示可能高出很多。

(2) Yokichi Sugiyama 的论文[17]中提到的出口油气比不均匀性指标为0.25,在高压、高进气温度、高油气比条件下现在还达不到。

(3) 由于定义变了,在最高工况下,不用热电偶测出口分布,而用燃气分析来测,这会带来困难。但热电偶不是完全不用。调试出口分布,并不仅用高压、高进气温度、高油气比来调试(那太贵了)。大量地使用中等压力、中等进气温度、中等油气比来调试,最后由高工况的燃气分析去验证。在中等工况时可以用热电偶,而实际上在中等工况的全环形试验(用热电偶)之前,先在扇形燃烧室试

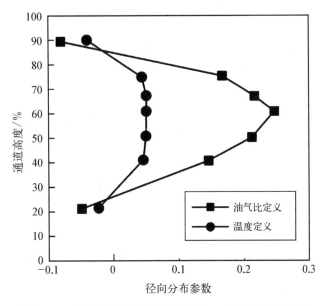

图 8-1　温度和油气比分别定义的出口分布参数的比较

验上调试,有点结果后再进行全环形燃烧室调试,中等工况的全环形燃烧室调试后再进行大工况调试。实际上无法在最大工况下的全环形燃烧室上调试出口分布,这是困难(也是冒险)所在。这也正是为什么笔者认为不应当对以出口温度分布来定义的出口分布质量完全否定。

8.3　高油气比燃烧室与涡轮的关系

高温升燃烧室研发对涡轮有影响,文献[19]分析了由于高温升燃烧室出口燃气中含有可燃物而引起在涡轮中二次放热的影响,该文中提出的问题既有学术意义,也有工程意义。从学术上看,以往涡轮的设计基于成分不变,没有附加的热量释放(绝热流动)。现在有化学反应,有附加热量释放,是新的课题。工程上的考虑很具体:涡轮导向叶片,涡轮转子怎么算?怎么设计?文中估计有可能出现 10% 的燃料化学能在涡轮中二次反应而释放,因而要考虑涡轮设计。近年来的研发表明,从原则上这个问题是应该考虑,但对当前的高温升发动机还没那么严重。就算"凑合"设计的燃烧室,燃烧效率只有 97.8%,那也只有 2.2% 的燃料总能量会在涡轮中释放。当然,以后再发展下去,就说不准了。至少现在涡轮设计中要考虑比热比的数值变化,这个问题与燃烧室有关。从图 8-1 中看到,潜在的未释放的燃料化学能集中在环形燃烧室出口 40%~70% 环高范围内。所以,从今后的发展看,高温升的燃烧室与涡轮的关系很密切,要考虑多少能量在燃烧室中释放,多少能量在高压涡轮释放。或在低压涡轮之前再来一个燃烧室释放,或就在涡轮级之间利用涡轮流路作为化学反应空间,都值得研究。

高油气比燃烧室的研发与涡轮有非常密切的关系,可说明几点。

(1) 高油气比燃烧室是为高推重比发动机所用。但燃烧室油气比可以高至多少,显然受限于涡轮。燃烧室可以承受高温度,但若涡轮不能承受,装不到发动机上去也没有用。因此要同时研发高温涡轮。

(2) 如前所述,今后出现更高油气比的燃烧室,涡轮的设计势必要相应改动。

(3) 在研发高温涡轮时也离不开高油气比燃烧室,没有相应的高油气比的燃烧室提供燃烧气源,没法试验涡轮冷却。

(4) 涡轮叶片的冷却与环形内火焰筒的冷却有共同之处,都是凸面冷却,冷却空气难以贴壁。同样可以采用成对冷却孔以使冷却空气贴壁由叶尖向叶根方向流动。当然这里就不是成对切向孔了,打孔的技术也更为复杂。

(5) 在高油气比燃烧室研发成功后,最佳的涡轮进口沿周向平均的径向分布(温度分布及油气比分布)可能与过去的有点不同。过去径向温度分布最高点可以是平均温度的125%,叶尖温度低,只是平均温度的70%(因为有漏气,温度高损失更多),而叶根(这里叶片应力最大)温度最低,可能只是平均温度的50%。现在叶尖漏气少了,将叶尖的允许温度可以提高些,如80%以上;叶根还是要低,但要上去一点,然后将最佳径向分布用油气比分布表达,最高点不超过当量比1(不希望最高点超过1,富了会造成涡轮中补燃),所以整个径向分布的曲线要变得扁平。这条径向分布曲线是作功能力(温度)、损失(漏气)、应力几方面的综合,而对于高油气比燃烧室,又多一条——减少富燃的地方,这是最困难的事情。

8.4　高油气比燃烧室的燃烧研发

从20世纪80年代开始高油气比燃烧室研发以来,初期存在"两条路线":其一,仍然按照常规燃烧室的设计思路,就是"凑合";其二,按照"正确"的(或者说从基本分析得出的"应该"的做法)去设计,那的确相当困难,所表达的意思就是"用常规燃烧室的设计是不行的"。Bahr D W 是 GE 公司原航空发动机首席燃烧专家,他在文献[3]中明确表示尽管新的燃烧室设计方法(在当时)还无法确定,但老办法从长远看行不通。该文献只是明确了问题所在(或者说困难所在),

并没有给出解决问题的设计措施。况且当时 EJ200、F119 的研发都已开始，都是常规燃烧室的设计思路，这样在高油气比燃烧室发展上占主导地位的就一直是常规的，或者说"凑合"的设计。曾经采用"正确"的设计思路进行了一次燃烧组织的试验，结果非常好，燃烧效率为 99.7%，高油气比下 SN 只有 15～16，壁温也很低。但用的是预混燃烧，不受欢迎。人们并没有认真分析从这样好的结果中可以吸取什么（即改掉预混燃烧，而仍然可以保留有价值的设计思路），当即否定掉了，仍然沿用"凑合"的常规思路，做单模燃烧室试验结果很糟。在没有得到基本改善前，就做全环形燃烧室试验，结果当然很糟。到 2002 年做第二次全环形燃烧室试验，全面地检查性能及工作，结果暴露出三大问题：燃烧效率、冒烟、出口分布。这次试验很关键，试到近 27 atm，油气比 0.045。所发现的问题没有超出 Bahr D W 在十几年前就预示的。最主要的是设计者仍然采用头部油嘴、旋流器和主燃孔组合的气动设计，头部进气增多了，如何解决慢车贫油熄火问题呢？设计者在头部旋流器出口加一导流器，将旋流引向外，其意图是在慢车工况头部燃烧空气减少，可以有助于贫油熄火，遗憾的是加了导流器之后，在大工况下由导流器引向外的空气旋流连同主燃孔进来的空气卷在一起不返回主燃区，直至掺混孔才参与燃烧。这样在大工况下一直到掺混孔，才真正开始激烈的燃烧，其燃烧效率不可能好。整个燃烧的油气混合太差，冒黑烟，SN 高到超过60，根本不可能接受。同时，从激烈燃烧到出口的路径太短，出口分布情况很糟。这时设计者承认在第一次全环形燃烧室试验报告中提到的"只动火焰筒主燃孔"的研发策略完全失败，回过头来改动头部，重新做单模燃烧室试验，做五个头的扇形燃烧室试验。但这还是在原来的方案上做小改动，把原来全部旋流器气流引向外的导流器改为只引导旋流器的一部分气流向外，让一部分旋流直接参与燃烧。随后几年时间一直都在改动头部，改油嘴，改旋流器，这时冒烟问题基本解决，燃烧效率好了一些，也只有 98% 多一点，不到 99%，慢车贫油熄火问题却又出来了。于是在慢车工况采用燃油分级。同时出口分布调整不过来，个别点太富，径向分布最高点在下方，问题仍然没很好地解决。搞了七八年时间，在2009 年台架试车，结果只能说是"勉强"。基本上当年 Bahr D W 提及的一个问题解决了，另一个问题又出现了的状况。需要说明，经过几年的研发，"正确"的设计也有很大进展，放弃了预混燃烧的方案，正确地解决冒烟及慢车贫油熄火矛盾。燃烧效率大大改进，采用直混燃烧的概念（在以下两节讨论），试验证明可以恰当地解决问题。有关的概念在前文讨论中都已提到。但型号已发展到此，不可能再改了。这说明先进燃烧室研发，一开始的"基本路线"要选对，否则进行了一半或一大半,发现不满意就很难再改,也就只能"凑合"下去了。除非实在过不去是不会大改的。

以上说的是高油气比燃烧室以前的研发。以下讨论长远的研发。未来军用飞机高油气比燃烧室可以由以下几点为标志:

(1) 燃烧室进口空气温度为 1 000 K;

(2) 燃烧室进口燃油温度为 750 K;

(3) 燃烧室油气比为 0.062。

这几项参数会带来怎么样的大难题,由此需要进行怎样的预先研究,可以从以下几点考虑。

(1) 进气空气温度 1 000 K 意味着其冷却能力变差。这就需要进一步做冷却研究以采用更少的冷却空气达到很好冷却效果,其中关键是内火焰筒的冷却。另一条途径是从材料上解决。现在已经取得进展因而很有希望的是通过以编织纤维为基底的 CMC 的研发,陶瓷基复合材料可以达到高温下高强度与重量比的最佳组合,如用 SiTiCO(硅钛碳氧)的纤维黏合的陶瓷基复合材料显示了在 1 500℃空气中极长的寿命,因为在高温下其表面生成了一层氧化物保护层。这无疑是更高温升燃烧室所需要的材料,有可能做到极少用冷却空气,甚至不用冷却空气。

(2) 燃烧室进口的燃油温度很高带来的难题是油嘴积炭问题。这种高油温积炭与现在燃烧室中油嘴积炭还不是同一个机理。针对这个难题,一方面预研其机理(已研究并发表了不少),从而确定减少积炭的措施,另一方面寻找飞机停在地上时清理积炭的办法。

(3) 燃烧室油气比高到 0.062 时,就涉及如何组织燃烧的问题,前文提到的矛盾,除了冷却问题在有更先进材料下可以解决,其他的只会更加尖锐。这就很可能需要研发可变燃烧室(空气流量分配可变的燃烧室)。长时间以来,不少研发者研究过可变燃烧室。例如,Bahr D W 曾试过采用可变的(类似于照片机快门)空气旋流器,其叶片角度可变,试验结果不行,有以下两点原因。

① 与以前的可变燃烧室失败原因一样,凡可变的部分,在高温火焰筒上不久就会卡死。

② 可变旋流器还有另外一个问题,即燃烧旋流强度变了,因而燃烧区空气动力学变了。这是燃烧室研发者不希望的。

笔者研究可变燃烧室得出结论如下。

① 可变部分必须在相对比较低温的空气流路上。

② 高油气比燃烧室有主油燃烧区及副油燃烧区,其中可变部分只涉及主油燃烧区,保持副油燃烧区不动,这样有利于火焰稳定。

8.5　高油气比燃烧室的油气模

在以上讨论了高油气比燃烧室设计研发的理念之后,必然要落实到油气模的设计研发。图 8-2 所示为高油气比燃烧室油气模的基本方案,其中主油为简单直孔喷射(发动机油嘴形式)。可说明如下。

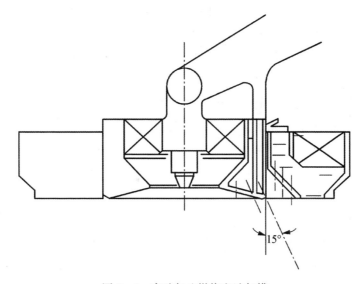

图 8-2　高油气比燃烧室油气模

(1) 有副油嘴-副空气模及主油喷射-主空气模,也就是副油燃烧区和主油燃烧区两个相对独立的燃烧区。

(2) 副油嘴-副空气模的设计和图 4-4 中的副油嘴-副空气模的设计完全一样。这是很显然的,因为这个燃烧室解决慢车贫油熄火的设计措施与图 4-4 是完全一样的。

(3) 主油喷射与图 4-4 中的主油喷射有很大不同。图 4-4 中主油是预混的(主模是预蒸发预混合),而图 8-2 中没有预混,主油直接喷到燃烧区中去。

(4) 解决油气模的浮动问题很不一样。图 8-2 中,在副空气模与固定在头部底板上的主空气模之间有轴向、径向、切向可以浮动的关系。主空气模叫以焊死在头部底板上。

(5) 主油是简单直孔喷射,这样比较简单。但如果小工况(在慢车后主油打开的小工况)下燃烧效率不够满意,可以改为带空气雾化的直孔喷射。试验证明在小工况下,主油嘴压力降很低,因而雾化不好,导致燃烧效率不高。采用顺喷空气雾化可以改善。但顺喷空气雾化比简单直孔喷射在结构上要复杂些。这种喷射是直接混合燃烧的概念,将在8.6节讨论。

(6) 现在主模不是预混的,但仍然沿用前面讨论的旋流空气与非旋流空气的组合。旋流叶片角度、旋流与非旋流的比例、主模出口环形的内径与副模喉部的间距、主模出口面积的设计等,都沿用以前的设计准则。这是设计上的继承性,使得燃烧区空气动力学保持一致,有利于研发经验的积累。

与图4-4对比显示,低污染燃烧技术的某些方面可以"移植"过来,这样可减少两者重叠的研发工作量,与低污染燃烧不同的地方有如下几处。

(1) 主油不是预混。图8-2所示是军航高油气比燃烧室,不允许预混。主油嘴的喷射方向与整个模的中心线大致为15°。角度太小(如0°),主油大工况下油气混合差,冒烟增多;角度太大(如45°),低工况下火焰稳定,燃烧效率不好。这个角度是一个关键。

(2) 在主空气模内壁锥形段,有三排冷却小孔,一开始试验过这三排小孔带切向角度,以及这三排小孔与锥形段壁垂直,效果都不好。尤其与锥形段壁垂直的小孔,引起局部区域空气的小回流,带回少量主油,造成油嘴壁及主模局部过热。最终三排冷却小孔都改为轴向,使该区域没有任何回流。

(3) 主模的非旋空气以放在内侧为佳。一方面也是为了配合锥形段三排直小孔;另一方面,如图8-2所示,内侧非旋空气的支承肋可以给浮动环提供安装位置。

笔者的心得是任何一个细节设计不当,都可以引起整个设计不适用。例如,上述三排冷却小孔与壁面垂直时引起过热,使整个油嘴模烧掉。

8.6 直接混合燃烧和变混合燃烧

在图8-2的设计中涉及两个燃烧的基本概念:直接混合燃烧和变混合燃烧。

先讨论直接混合燃烧,众所周知,在燃烧学中有预混燃烧和扩散燃烧。但还有的燃烧,既不是预混燃烧,又不完全是扩散燃烧,甚至基本上不是扩散燃烧。如图8-2所示的副模燃烧,在前文中已经讨论过,它不是预混燃烧,但混合效果相当好,从燃烧性能上接近预混燃烧。这点已由大工况下燃烧试验的NO_x结果所证明。

为什么直接混合却接近于预混而不接近于扩散燃烧?

对于副模燃烧,燃烧空气和油雾由同一位置喷出;设计情况下雾化较细,很少有特别大的液滴。这是空气助雾化的离心油嘴雾化,在相当广的压力降范围内雾化情况不错。空气旋流速度高于液雾运动速度,有相当高的相对速度。这样不大可能形成液滴周围的火焰圈。而由于空气与液滴有相对速度,使油蒸气脱离液滴,油气与空气混合燃烧占主导地位。试验表明油气分布均匀,这就是直接混合燃烧。油气与空气并没有在预混合模中混合,但在进入燃烧区之前混合好,或边混合边燃烧,扩散燃烧并非主要方式。

对于主油与主空气,在大工况下是直接混合燃烧。但在小工况下,主油喷雾穿透不到主模下游的空气流中。这时主油以较富的浓度燃烧,基本上是扩散燃烧方式,这就是变混合燃烧。空气与油并不从一个位置出来(指主模空气)。在主油流量低的情况下,主油喷射压力不高,主油射流穿透少,主油遇不到主模出来的气流。这时混合差,局部富油,这正是低工况下所需要的。当主油流量增大时,主油喷射压力降显著增大,主油射流穿透增大,主油喷雾可以达到主模旋流,这时趋于直接混合燃烧。这种设计有两个特色:

(1)主油与空气是从两处出发,主油喷雾要经过一段距离才遇到主气流;

(2)主油喷雾是小角度(15°),这样油嘴压力降很高时才进入良好混合状态,小压力降时很少与空气混合,就扩散燃烧。

这样的设计也使大工况主油燃烧离开头部底板下游有一段距离处,有利于降低头部底板壁温。整体来说燃烧模式是变化的。

图 8-2 的设计巧妙地也很简单地解决了在小工况下要局部富油燃烧以达到火焰稳定燃烧效率好与大工况下要油气混合良好、不冒可见烟的矛盾,很好地运用了直混燃烧。特别是变混合燃烧的概念,其中主油与主模空气故意分别从两处出发,利用射流穿透深度的变化掌握混合的程度,可见设计中喷射角(15°)是关键所在。

8.7　高油气比燃烧室的进一步研发

高油气比燃烧室设计研发的近阶段主要方向如下。

(1)壁温均匀化的燃烧室冷却设计。

(2)连接放气式进口扩压器。

(3)不用掺混空气的出口温度分布调控。

针对壁温均匀化的燃烧室冷却设计,应对策略的相关经验和要点如下。

影响火焰筒寿命有两点：最高壁温及壁温的梯度(热应力)。

没有任何规定冷却孔的轴向排列的间距必须均匀。

今后冷却空气都是宝贵的,无论低污染燃烧室或高油气比燃烧室,都要求在显著减少冷却空气消耗量的情况下,火焰筒寿命要长。

火焰筒在常规冷却设计下壁温都有最高点,大约在 100 mm 的位置,在这之后壁温降低,一直到出口。

火焰筒开始一端的壁温偏低,因为燃烧不是从头部马上开始的。火焰筒壁温是开始低,逐步升高到最高点,然后降落到出口最低。

可以在距头部 127 mm 之后,冷却孔轴向间距加大,曾试过在距出口 33 mm 的距离设置最后一排冷却孔,火焰筒末端温度仍完全可以承受。

在开始一端,不需要急忙给冷却空气,如第 1 排冷却空气孔可以在距头部 10 mm 处开始,然后间距缩小,8 mm,6 mm,4 mm,之后又增大。大体上冷却孔的间距如图 8-3 所示(仅为示意图)。

图 8-3　火焰筒冷却孔间距布置示意图

以上仅作为例子示意冷却孔轴向排列可以不等间距以降低最高壁温及使壁温均匀化减少热应力。

以上仅对外火焰筒而言,对内火焰筒缺乏试验数据,不作讨论。

以上安排只适合于前方的冷却空气已经紧贴壁面,因而后面的冷却孔间距可以大幅度加大,只适合复合角切向进气发散小孔冷却。

需要说明的是,上述情况针对的是设计和燃烧良好的燃烧室,有的燃烧室壁温最高点在 150 mm,但那是不太好的情况,个别的也有出现在 100 mm 前面的情况,那往往是火焰贴头部的不良情况。对于这种情况,首先是改变燃烧,让它不前不后,再进行壁面均匀化。

复合角切向进气冷却孔的设计中和室壁的相切是重要的,而这又与外火焰筒的椭圆度有关,因此如何减小椭圆度是关键,尽管这是燃烧室设计以外的事情。

对于 CMC 燃烧室,打不了小孔,也就是孔的总数减少了,在周向上整个一周的大致孔数不能少(间距为 5～7 mm),这意味着轴向的孔的排数减少,但不等间距仍然适用,只是上述具体的例子就不适合了。

在研发时,可以先做一个等间距的单模燃烧室,由试验测出壁温分布,然后再设计不等间距的冷却。

应该有一个 CFD 程序,由等间距的试验结果推出热流的分布,以此再来设计不等间距的冷却。

现在最普遍的进口扩压器是突扩扩压器,有以下两个缺点。

(1) 总压损失太高,如果今后压气机出口马赫数再升高,其总压损失更严重,主要是突扩损失。

(2) 长度过长,看上去突扩扩压器的前置扩压器很短,但前置扩压器出口到火焰筒头部,这一段距离不能太短,因为前置扩压器出来的空气要转弯,拐到内外环腔中去,不可能来个急转弯,现在从燃烧室进口到火焰筒头部底板约为 127 mm,这太长了,整个燃烧室后半部分很紧凑,前面部分应还有压缩的空间。

针对连接式放气的进口扩压器设计,新的扩压器研发就要达到:减少总压损失至少 1%;缩短从进口到火焰筒头部底板的距离至少 25 mm。

缩短的途径即扩压器放气。扩压器是降速增压,犹如爬山坡,山坡越陡越难爬,有人爬了一段没力气了,就在原地打转。空气降速增压,在附面层没劲了,只能原地打圈,这时如果把这些没力气的空气放出去,就可以继续前进。以前很多人研究过放气扩压器,如可控涡扩压器,但不成功。关键是放出来的空气怎么用? 现在我们提出的扩压器放出来的空气就是环腔空气(即假设只是冷却空气),但有以下几个问题。

(1) 扩压器要与火焰筒头连接起来,这问题不大,但在什么地方与火焰筒连接,是在主空气模的外侧,还是在头部与火焰筒的连接处? 建议在后者,如图 8-4 所示。

(2) 这条流路下游是冷却孔,要保证大部分压力降用在冷却孔上,所以放气的几何面积要大。

(3) 超过冷却孔几何面积,放气也不必用小孔。这就是说,在喷嘴通过扩压器外壁处开一个大洞,让喷嘴与副空气模通过,它们在通过时会将开孔的面积堵了相当部分,余下

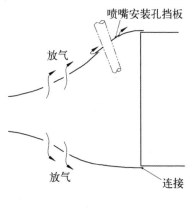

图 8-4　连接式放气扩压器示意图

面积将有空气从这里到环腔去,其实也不可怕,有多少空气进入到环腔去,最后由冷却孔的面积决定,冷却孔是计量装置(metering device)。

针对不用掺混空气的出口温度分布调控设计,应对策略的相关经验和要点如下。

(1)改变主油嘴的周向分布,由均匀分布改为非均匀分布,或者在火焰筒头部相应的径向位置处打冷却空气孔,用这两种设计措施来解决。其中改动主油的周向分布(不改动其角度)起主要作用,冷却空气只起辅助作用。

(2)主油与副油之间的分流活门不是由一个弹簧决定的简单分流活门,而是由计算机控制的分流活门,在所有工况下都保持最佳的分流。

(3)分流活门位置可以调整到油嘴进入机匣前,这样有较大空间安装该活门。从机匣进来后主油与副油就分别为两条油路,有利于主油路进入主油嘴的位置,可以一直在副油路的外围到副油嘴前,由设计油路通过副空气膜的旋流器叶片而进入位于副空气膜外壁的主油路而进到主油嘴。

8.8 几种先进燃烧室设计研发共同性

在大型航空发动机公司里,通常会对几种燃烧室同时进行设计研发。

(1)民用航空发动机燃烧室(现在就是民航低污染燃烧室)。

(2)航空改型的工业燃气轮机及船用燃气轮机燃烧室(可以是天然气的低污染燃烧室,也可以是液体燃油的低污染燃烧室或双燃的低污染燃烧室)。

(3)军用航空发动机燃烧室(现在就是高油气比燃烧室)。

如果这三种燃烧室采用完全不同的空气动力学设计、不同的冷却设计(有的带角度发散小孔,有的背面冲击加对流)、不同油嘴(如有的主油嘴用成膜式空气雾化油嘴,有的用跨流直喷空气雾化)、不同的旋流器(有的用轴流旋流器,有的用径向旋流器,有的用直叶片,有的用曲叶片)、不同的室壁结构(军用航空用Lamilloy,民用航空用浮动瓦片式,工业燃机用发散小孔单层壁)等,可以想象这种情况绝非好事,显然增多了花样,但技术发展不集中。

本书第3~8章连续讨论了民航低污染燃烧室和军航高油气比燃烧室的设计研发(航空改型燃烧室在本书上一版作了讨论,本书没有列入),阐明它们可根据同一个思路,同一种设计理念而来。例如,有以下几点。

(1)燃烧组织都一样(没有主燃孔,燃烧都由头部决定,划分副模及主模燃烧区等)。

(2)燃烧室空气动力学设计一样(弱旋流、有中心回流区等)。

（3）燃烧室冷却设计一样（只不过冷却孔密度可不同，都采用切向或成对切向发散小孔冷却）。

（4）室壁结构一样（都是发散小孔冷却单层壁，采用同样材料，只是室壁厚度可不同）。

（5）油嘴空气模的气动热力设计基本一样（都有旋流与非旋流组合；都是轴流旋流器，直叶片；对慢车贫油熄火要求高的，主模和副模分开；在径向主模出口与副模喉部隔开一段距离等）。

（6）油嘴为同一个类型（副油嘴都是简单离心压力雾化油嘴，主油嘴都是直射跨流空气雾化或简单直孔喷射，不采用成膜式空气雾化油嘴等）。

这就是说，一个设计集团出来的东西有其显著的特征，有其共同性。在一个设计单位着手研发先进燃烧室时，从一开始就要注意这个问题。无疑这样有很大好处：可以共同做设计研发（design study）；可以互相"借用"火焰筒；甚至"借用"油气模；一个设计单位里有"共同语言"；很多方面可以深入下去而省去重叠。一旦有一种设计突破了，都会有好处。但设计者有一个"通病"——喜欢搞自己的"花样"。这样就出现一个矛盾——设计者的"花样"和迅速出成果需要的"共同性"有矛盾。若完全不允许设计者搞自己的"花样"，可能不利于调动积极性，但必须要有限度，允许多少时间或允许修改几次设计，到某种情况后必须有"集中"。实际情况中常常是不得不换主要设计者。

自第 3 章至本章结束，可以看出先进燃烧室设计研发有很多"共同性"，都是燃烧空气大大增多，由此引发的问题也有共同性。这就好比一支军队，思想统一，战斗力可大大增强。

第9章 与气动热力设计
   相关的其他问题

前文已提到燃烧室设计研发包括两部分:气动热力设计研发和机械设计研发。通常说的燃烧室设计常指气动热力设计。尽管在技术研发阶段,主要是气动热力设计,到了型号研发阶段,正常情况下(指技术研发已经过关)机械设计占据主要的分量。本书整个重点放在先进燃烧室的气动热力设计研发上,但有一些设计问题是机械设计的一部分,然而与气动热力设计很有关系。对于这些方面,燃烧室气动设计研发人员,也有必要了解,有的还必须仔细考虑。还有一些设计问题,如重量因素、价格问题、放大问题,有必要讨论。本章还将讨论 CFD 在设计中的作用。

9.1 机匣及扩压器问题

通常扩压器与机匣连在一起算作机匣的一部分。扩压器是否分叉,分几个叉,与机匣强度和放气的流路很有关系。如果研发新型连接放气式扩压器,则与机匣、油气模安装有密切关系。

环形燃烧室火焰筒与机匣之间的环腔高度,与充分利用火焰筒背面对流冷却很有关系。环腔高度低有利于背面的对流冷却。但很小的环腔高度会带来环形燃烧室装配上的困难。很可能要在机匣上增加一个分离面以及两个法兰盘和一批螺栓螺帽,这意味着增加重量,也影响机匣强度。

机匣上让油嘴装入取出的开口大小,对油气模的设计和研发影响非常之大。由于机匣机械设计及强度上的考虑,不希望装油气模的开口太大。对于很大的油气模,有时会形成"不可能"的局面。正是这一点,在讨论航空贫燃预混油气模设计研发时,强调将主油的喷射由主模从外向里喷,改为由副油-副空气模-主油嘴组合件径向由里向外喷入主空气模。这样主模与火焰筒头部在一起,仅油嘴及副空气模由机匣开口出入,使机匣开口面积大为减小,开口的直径可以缩小,这是机械设计影响到气动热力设计最明显的例子。

　　同样原因,如果选用成膜式空气雾化油嘴,要从机匣开口通过的包括副模、空气雾化的成膜器,还有内雾化空气,而内雾化空气比外雾化空气对成膜式空气雾化更为重要。这样内雾化空气不能大规模地减少,因而这种成膜式空气雾化油嘴也要求机匣开大孔而带来问题,最终不得不放弃使用成膜式空气雾化喷嘴。

9.2　火焰筒的其他问题

　　火焰筒的机械设计有很多方面影响到气动热力设计,现叙述如下。

　　(1)室壁结构直接与冷却联系在一起,同时先进燃烧的研发反过来影响室壁结构。现在已经清楚,对于低污染燃烧室,没有必要采用如瓦片式的复杂室壁结构。对于本书所讨论的先进燃烧室,影响最大的是火焰筒内壁的室壁结构及其冷却。正如第 8 章已讨论环形燃烧室火焰筒内壁的冷却是成对切向孔的发散小孔冷却,不带冲击冷却。一般情况不带加强的背面对流冷却,这样使室壁结构大为简化。

　　(2)火焰筒的材料是冷却计算必须知道的,也是冷却设计的一部分。笔者曾对火焰筒材料的选用做过一点研究。采取的办法如下。

　　① 调查 GE 公司已经投入使用的 12 种发动机燃烧室火焰筒,其中 7 种用的是 Hastelloy X。

　　② 材料的价格上,Hastelloy X 是 Haynes 230 的 1/3,即 Haynes 230 要贵很多。

　　③ 最重要的是材料的密度。Hastelloy X 比 Haynes 230 要低 7%。因此同样的壁厚,Hastelloy X 重量要轻 7%,这是相当可观的。

　　④ 对抗氧化能力比较,Haynes 230 在超过 1 000℃(1 832℉)时是比 Hastelloy X 好,但对于低污染燃烧室,火焰筒壁温大致在 900℃ 以下,所以选用 Haynes 230 没什么优越性。就算高油气比燃烧室也可选用 Hastelloy X。

　　(3)火焰筒定位销的位置是一个"小问题",但定位销的位置影响到火焰筒头部与油气模由于热膨胀而带来的浮动,这直接影响到油气模设计中油嘴与主模之间要求的轴向浮动量。

　　(4)火焰筒上点火器的位置直接影响到燃烧室高空点火的性能。

　　(5)火焰筒本身环形高度是气动热力设计中很重要参数,也影响机械设计,影响点火性能、熄火、效率、总压损失、振荡燃烧等。火焰筒截面积太大,不仅增大重量,影响强度,对点火也不见得有利;截面积太小,会带来一系列缺点。总的倾向是要与燃烧空气比例相对应。

9.3　油气模间距

　　油气模的数目决定了头部模与模之间的中心距,也决定了头部相邻两个模之间头部底板的间距。这对头部的强度及刚性有决定性影响。前文提到经验准则,在相邻两个模之间,两模外壁外径之间距离大致为 30 mm。这正是从头部强度和刚性考虑的。虽然间距进一步加大对头部强度及刚性有利,但会影响到点火起动过程中联焰的可靠性,也没必要继续拉开很多。

9.4　点火方法的探讨

　　由基础燃烧研究可知,可燃气与空气的混合物在适当的比例下点火的最小能量还不到 1 J。那怎么航空燃烧室的点火器是 12 J,甚至 20 J?

　　(1) 点火器的能量真正达到火花时没有那么多了,一路上损失不少。一个 12 J 的电嘴,其火花的真正能量可能不到 3～4 J。

　　(2) 电火花能点燃的气态的可燃气与空气,但在点火启动阶段,油嘴的雾化很差,大量的油以液体形式喷到壁面上。由摄像头记录的点火时火焰筒壁面处,犹如大雨淋下一般。少量蒸发的可燃气才与火花相交被点燃。液体油将大量吸收能量,是"捣乱分子"。

　　(3) 研究表明将电火花伸出去几毫米,点火就会改善。遗憾的是,这样电嘴的寿命会缩短,因而不可取。

　　(4) 研究表明在电嘴处加入少量天然气,点火大为改善,可见关键问题是电嘴火花处缺乏油蒸气。这种情况下再加大电嘴能量也无济于事。曾有研究过 60 J 的电嘴,但结果显示对成功点火作用不大。

　　可见,可燃气在油嘴下游不远处(点火时只有副油嘴工作)而点火的能量在壁面处,这种布局于点火而言不合理。

　　可能改进方向如下。

　　(1) 由壁面处发出光波或微波聚焦于油嘴下方,可以是激光,也可以是微波或其他电磁波。

　　(2) 将电嘴装在靠近副油嘴就近点火,困难在于头部的安排。

　　(3) 用热物体点火,可以是热板、热棒。过去燃烧室高空点火困难,曾有位设计师采用在头部伸入两根铂棒的方法。燃烧中这两根铂棒烧得很热,一旦熄火立即喷油,燃油遇到热的铂棒就恢复燃烧。但该法有一个大缺点:铂棒太贵,几乎是燃烧室价格的一半,不经济。同时,并没有解决地面的点火问题,仍然需要采用点火电嘴,所以不可取。但现在由耐热合金材料制作的棒可能能够承受高温,且价格不贵。

综上所述,最有可能的还是在壁面安装一个发射能量的点火器,其能量可以射到油嘴下游。点火器可以是激光点火器或高能量微波发射器。此外,还可以考虑电点火器＋耐热合金棒的组合方案。在地面时电点火器点火启动,高空熄火时利用电点火器＋耐热合金棒的组合增强点火。

9.5　油气模机械设计问题

油气模的设计研发上有很多方面涉及机械设计。

(1) 最典型的是在低污染燃烧室中,油嘴与主空气模之间的"跨沟"喷射问题。注意到如图 4-1 所示的 TAPS 燃烧室也有跨沟喷射的问题。由于油嘴及副空气模和与头部底板连在一起的主模必须有浮动量,这是热胀及装配公差所必需的。而主油又必须径向地由油嘴向外喷入主模去与主模空气混合。这就形成"跨沟"喷射,带来副模与主模之间积油过热,以致 NO_x 情况恶化,严重的则出现头部烧坏。所以说,无论怎么好的气动热力设计,总得要适当的机械设计来落实。不管哪一部分,最后总是落实到几何形状、尺寸、组装、公差、配合、材料等。没有机械设计,那么气动热力设计是空的。从这个意义上说,燃烧室气动热力设计人员都要懂一些机械设计,免得最后装不上发动机而不能使用。

(2) 油气模设计中还有一个机械设计问题待解决,即如何将主空气模装到头部上。这样的装配及浮动设计在单模燃烧室研发阶段不用考虑,只要考虑到油嘴、副模及主模的关系。到全环形燃烧室研发时(这时的全环形燃烧室就与发动机上的全环形燃烧室十分相近了),头部设计必须考虑这一点。这样对油嘴空气模设计不得不做相应的改动。可见,机械设计上的问题可能会导致回过头来改动气动热力设计。注意到可以在单模燃烧室设计时就把浮动的尺寸包括进去,那么这个油气模的流路尺寸后来不用变动,但这个结构要经过燃烧试验,直至油气模组合在头部底板上浮动问题解决后,油气模的气动热力设计、研发才可以说完成。

(3) 副油气模与主模相配合的公差十分关键。如果太紧,油嘴很难装上去;如果太松,漏油又漏气。这需要发动机投入运行后,由工程项目的人员收集使用中的信息不断改进。一开始也应十分重视这个问题。

(4) 油气模中副模和主模的旋流器是数控铣还是铸造,涉及旋流器是直叶片还是曲叶片；也涉及叶片的厚度。这些都与旋流空气动力学以及模的 AC_D 有关，是气动热力设计中最基本的方面，与机械设计紧密相关。

9.6　燃烧室的价值工程

通常设计者并不认为燃烧室气动热力设计与燃烧室的成本和费用关系十分密切。本节专门讨论燃烧室的价值工程，重点放在气动热力设计与燃烧室成本及费用的关系。

我们经常看到在下达设计研发要求任务书中有以下一句话（举例）：“新的燃烧室的费用（cost）要减少 30％。”

问题是，这里的费用是什么含义？有以下几种可能性：

（1）只算加工制造的成本（这显然不对）；

（2）加工制造的成本加上研发的经费分摊到每台燃烧室上去之后的费用；

（3）总费用，即加工制造成本加研发费用再加维护的费用。

应该说，正确的定义是“总费用（total cost）”。

研发的费用如何分摊到每台燃烧室上去？以下只是举一个例子，并非实际的情况。

假设一种型号燃烧室投产 20 年，总共生产 4 000 台（每年平均按 200 台计算）。研发费用包括定型前的初次研发及定型后的继续研发。假设初次研发费用总共为 1 500 万美元，继续研发费用总共为 900 万美元。这样总的研发投资为 2 400 万美元，分摊到 4 000 台燃烧室，每台合 6 000 美元。可见研发费用不是一个小数目。最明显的例子是协和号飞机，投入了大量的研发费用，总共只生产 16 架飞机，那无论如何是收不回成本的。一个型号，总量越多，分摊费用越少。

现在讨论总费用，假设对于中小推力的燃烧室，每台加工制造成本为 3 万美元。

假设燃烧室大修寿命为 6 000 h，总共可以大修 9 次，连同第一次新燃烧室，总寿命 60 000 h 后报废。每次维修费用为 2 000 美元，9 次维修费用为 18 000 美元。

这样总费用为（对每台燃烧室）：

研发：6 000 美元；

生产：30 000 美元；

维修：18 000 美元。

总共寿命 60 000 h，这意味着每小时总费用为 0.9 美元。

为了要减少 30% 总费用,那意味着平均每小时费用为 0.63 美元。通过哪些途径可以达到? 假定总的生产量还是 4 000 台。

第一,减少研发费用。初次研发费用减至 1 200 万美元,继续研发费用为 800 万美元,总研发费用 2 000 万美元。摊到每台为 5 000 美元。

第二,生产费用每台降至 25 000 美元。

第三,燃烧室寿命延长到 8 000 h,仍然大修 9 次后报废。每次维修仍是 2 000 美元。总共维修费用为 18 000 美元。但总寿命不是 60 000 h,而是 80 000 h。现在计算总费用:

研发:5 000 美元;

生产:25 000 美元;

维修:18 000 美元;

共计 48 000 美元,总寿命 80 000 h,每小时 0.60 美元,可以说超额达到指标。由此可看出:

(1) 要减少研发费用;

(2) 要降低生产成本;

(3) 要延长寿命(尤其是这一条非常重要,是关键所在)。

这几项都与气动热力设计有关。例如,有的航空发动机公司研发低污染燃烧技术,几年也没过关,研发费用都要计入成本。如果气动热力设计好,不必采用复杂的室壁结构,也不必采用复杂的油气模,不必采用复杂的主油分级及燃油控制系统,生产成本会大幅度降低。以下三项是燃烧室成本中的主要部分。

(1) 火焰筒,与室壁结构密切有关。如果不采用涂料(如果燃烧室冷却可以),每台火焰筒至少节省 2 000 美元。

(2) 油气模。如果从 20 个油嘴减至 16 个,那又至少省下 2 000 美元。例如,副模可以只用一个旋流器,就不必用两个旋流器(这也可以节省费用)。

(3) 燃油系统,通常不算在燃烧室成本中。但如果燃烧室设计要求主油分级,要求有压力控制油嘴(pressure controlled nozzle)以及控制逻辑,这个费用最终算在发动机成本中。又如,由于主油分级使主油嘴积炭增多,会增加维修费用。如果设计中用副油冷却主油路,油嘴复杂性显著增大,自然油气模的生产成本也要增大。

从上述例子可看出,延长大修寿命和总寿命对减少总费用的影响非常大。而延长大修寿命与燃烧组织(直接与气动热力设计有关,如减少发光火焰、减少辐射、降低壁温、改善混合、燃烧均匀、减少壁温梯度等)关系非常密切。壁温降低 100℉,均匀性改善,大修寿命就可能从 6 000 h 延长到 8 000 h。

从以上讨论的燃烧室价值工程看出,降低总费用,最根本的还是改进燃烧室设计,其中重点是气动热力设计。根据现有的工业燃气轮机低污染燃烧室的研发和使用,其总费用都比原来常规燃烧室高,因为研发费用高,生产成本高,而维护费用并没减少。这就涉及本节的标题——价值工程(value engineering)。价值工程中的"价值"并非仅仅是"价格"或"费用"。这里说的价值是一个比值:分子是功用(function),包括性能、可工作性(可操作性)、可靠性;分母是总费用。目标是功用提高(如污染降低),而费用减少。事实上在常规燃烧室上通常是费用减少,功用也降低。现在已经投入使用多年的工燃低污染燃烧室则是功用提高,费用也提高。这样价值工程就要考虑:功用提高多少(如 NO_x 减少比例),哪部分的费用提高可以接受,否则就不受欢迎(如 GE 公司的一个双环腔燃烧室,实际上并不受欢迎)。价值工程的另一个任务是如何减少费用(提高功用,这是燃烧室研发一贯的目标)。本节强调的是在价值工程中要减少费用,要从气动热力设计下手,既可减少研发费用,又可减少维护费用,而不增大生产成本。例如,以下设计措施直接与费用相关。

(1) 火焰筒要简单。现在有人采用的多层多孔板或瓦片式室壁都复杂且贵。

(2) 适当减少油气模数目,没必要采用过多的模,如 75 个太多了。

(3) 油气模不要用多个旋流器。用反旋的两个旋流器,没有好处。

(4) 采用价格低、性能适当的火焰筒材料(不影响寿命),如 Hastelloy X。

(5) 改善冷却组织,壁温降低而且趋于均匀,延长大修寿命。均匀壁温750℃的火焰筒寿命可达几万小时。

(6) 减少油嘴积炭,延长油嘴清洗的时间间隔。

(7) 不要主油分级,燃油系统简单、可靠。

(8) 简化扩压器,不用分叉式短突扩扩压器。

这就是说,在技术研发上,在燃烧室气动热力设计中把总费用的概念包括进去。笔者从事的各种先进燃烧室研发,其最初的总费用目标是"不比常规的增大",这是实事求是的。因为做到不增大就已经不错了。首先要能实用,并在不断改进中降低费用。从现在部分已知的费用看,可以达到基本不增加。例如,已知油气模的费用和原来的油嘴加头部旋流器的费用相比差不多;型号研发费用要增加,但不是非常多,而寿命肯定可延长。这样总费用不会增加很多。

总之,燃烧室设计要把总费用或价值工程的概念融入气动热力设计以及整个设计研发过程中去。

9.7　燃烧室的减重问题

在航空发动机的设计研发中,任何部件的重量都是重要的考虑因素。对先进燃烧室设计研发中的重量因素,可以归纳以下几点。

(1) 要减轻重量,首先是要简化结构。如果结构复杂,重量肯定减不下来。在结构设计时总是把重量作为一个重要因素考虑在内。例如,浮动瓦片式结构,有几百个螺栓、螺帽;在内瓦片上有大量的像乒乓球拍上的胶粒(别小看这些东西,也有重量),于是瓦片式火焰筒重量很难减下来。又如,某型号燃烧室,由于扩压器压力损失偏高,改为分三叉的扩压器。结果压力损失降低不多,但由于多了两个环形还有支承肋,重量增大,最后又不得不改回去。

(2) 如前文所述,将火焰筒材料由 Haynes 230 改为 Hastelloy X,强度上没什么影响,重量减小 7%。这种减重切实可行。

(3) 有一个型号燃烧室为了减轻重量,机匣采用钛合金。结果是: ① 很贵;② 后来要将发动机压比提高,但机匣所能承受的温度限制了,重新改材料又很麻烦;③ 更为麻烦的是,曾有一次由于滑油蒸气空气自燃以致机匣部分地烧起来(钛容易燃烧),这样减重就不合算了。又曾有人将法兰盘螺栓由 36 个改为 24 个(据说强度足够)以节省重量,结果漏气,又只得改回去。总之,减重不能影响“健康”。

(4) 在计算燃烧室重量时,所有孔,包括火焰筒上的大孔、小孔,法兰盘上的孔都要考虑进去;所有零件,包括螺栓、垫圈、垫片等都计算在内。最后要称重,以称出的重量为准。

在重量问题上,航空发动机要求最高;船用发动机、坦克发动机、汽车发动机次之;工业用燃气轮机要求最低。完全一样的气动热力设计,在结构设计、机械设计上可以不一样;或由于允许结构不同,也可用不同的气动热力设计。例如,低污染燃烧室中预混合模的主油喷射,对工业燃气轮机可以从模的外壁喷入,而对航空低污染燃烧室只能由油嘴从里沿径向往外喷射。

9.8　设计研发中 CFD 的作用

计算流体动力学(computational fluid dynamics,CFD)是现在很流行的设计手段。本节只讨论 CFD 在先进燃烧室设计研发中的作用。对于这一问题,原GE 公司燃烧室的一把手 Mongia 做了如下真实的回答(他本人很热衷于 CFD):

“TAPS 燃烧系统气动热力设计与研发过程大量依靠试验台的运用(单模

的、扇形及全环形燃烧室试验台)和工程试验。现代的以计算流体力学为基础的设计工具,在 TAPS 研发阶段,对试验之前的设计分析没能提供什么有用的帮助,但对定性地理解试验结果是有用的。"

这就是说,现在先进燃烧室设计研发主要靠试验(其背后是知识和经验),CFD 不可能告诉设计者应该采用哪种方案,哪种结构,或哪些主要尺寸。这就是他说的在试验研发前方案的确定,气动热力设计起不到实质性作用,更谈不上用计算机辅助设计(computer aided design,CAD)。这主要是因为燃烧的 CFD 涉及化学反应。凡是有化学反应的 CFD 都很难准确计算。另外,CFD 涉及雾化液滴尺寸分布。现在 CFD 中只是假设了一个 SMD(sauter mean diameter)和一个尺寸分布指数 N 来计算,这都与实际差很远。现在还没有高压下喷入高温空气的燃油雾化数据,也没有初始液雾质量、液滴尺寸、初始喷射速度及方向等随油嘴出口径向或周向或轴向分布的数据。多组分液滴的蒸发研究取得了很大的进展,但很复杂。CFD 计算程序中包括的通常还是以单组分处理多组分燃油的简化方法。这对油气的分布以及计算的燃烧分布也有影响。高压、高空气温度有蒸发情况下的液滴运动阻力系数也是一个问题,更不必说化学反应方程及反应速率系数。用一个总包的反应方程根本不行。对计算 NO_x 或冒烟,就算用8 个或 10 个反应方程也不行。美国天然气研究所(Gas Research Institute,位于芝加哥南)对气体燃料用 CFD 计算其自燃延迟时间,采用 183 个化学反应方程(注意只是气体,没有雾化,没有蒸发问题,只计算自燃延迟时间),可以达到基本上与试验数据符合(当然试验数据本身也不是完全没有问题)。

这说明了现在(以及以后相当一段时期内)为什么 CFD 在先进燃烧室设计研发上还不能起到实质性的作用,更不必说指导性的或 CAD 的作用。

但 CFD 也有其作用,可说明如下。

(1) 正如 Mongia 所说的,可以"放马后炮"。就是试验结果出来了,非常好,用 CFD 算一算,解释一下为什么好,这对 CFD 来说比较容易。如果试验结果很不好,用 CFD 算一算,解释为什么不好,就有点难度。因为按照其给出的不好的原因去改,通常结果还是不好。这就说明 CFD 给出的不好的原因并不对,所以解释为什么好比解释为什么不好来得容易。笔者经常是先做试验出了好结果,然后用 CFD 算一下,给两张图附上说明问题;但有时也会出现不好的燃烧试验结果,这时并不使用 CFD。因为其给出的解释常常不在点子上。于是自己从物理概念和试验数据上去找原因并改进。

(2) CFD 是否有用也取决于具体问题。例如,冒烟的 CFD 程序计算很不灵。这里有烟颗粒物生成化学反应;有烟粒子氧化化学反应;有烟颗粒物成核、凝聚;烟颗粒物的几何形状与球形相差太远,计算的是烟颗粒物的质量分布密度,又要换算到 SN 才能与试验测量值比较等。总之,冒烟的 CFD 相符程度很差。NO_x 的计算也相差不小。NO_x 的化学反应比冒烟清楚多了,但涉及油气比分布,也不容易准确。

(3)"相对"计算也有用处。这里指的"相对"计算是如下的意思。例如,有一次全环形燃烧室试验,测得出口径向温度分布不好。然后用一个 CFD 程序,将其中某些可调整的参数(如 SMD、N)进行调整以使计算的出口径向温度分布与测量的基本相符。最后修改掺混孔(如外环掺混孔加大),在已经"凑"到与试验测量相符的程序中修改掺混气流,计算出经过这样掺混孔修改后的出口径向温度分布如何变化,这样的"相对"计算常常相符得好一些,至少定性上正确。其实做到这一步也挺有意义。

(4)适合计算纯粹空气流动。例如,不考虑燃油喷射,不考虑化学反应,只计算空气流动;算出流态、流速分布;在什么地方有回流;回流区有多大等。这样的 CFD 程序简单,做好了也很有用处。例如,对新的连接放气式扩压器进行纯空气流动的计算,以 CFD 研究放气孔的位置、孔的大小、孔的方向、喷嘴装入的影响等,可以提供大量有用信息(这样的计算也容易做相应的试验验证)。对燃烧室研发真正有帮助的是纯空气的一些计算,如流量系数(千万不要觉得流量系数全是一样的)、流量分配等。但搞 CFD 的又瞧不起这种简单实用的东西。

9.9　燃烧室的放大或缩尺

放大或缩尺(scaling)是工业界很常用的技术。例如,在化工装置上,先做出一个小的装置,摸清问题,取得经验后再做更大的装置,这叫放大。发动机燃烧室有放大的需要,很少有缩尺的需要。

在过去的常规发动机燃烧室上,无论主燃烧室还是加力燃烧室,无论用 PD 准则还是其他准则,一般放大都不成功。在小燃烧室上达到某个性能水平,放大到大燃烧室上就不是那么一回事。甚至从单模燃烧室到全环形燃烧室,采用同样的油嘴就可能结果不一样。

在没有主燃孔的先进燃烧室,全部燃烧空气由头部进入,燃烧区的空气动力学完全由头部空气模决定,每个油气模决定了一个相对独立的燃烧区,与相邻的油气模的燃烧区相互作用较少。这种情况下,成功放大的可能性大得多。但就算这样,不少人试过也很不成功。例如,Kendrick D W 等[20]有如下的报告。

United Technology 研究中心与美国能源部技术中心联合对预混合模的尺寸效应进行了试验研究。试验压力为 $6.8 \sim 27.2$ atm，空气加温，试验当量比 $0.4 \sim 0.77$。Kendrick D W 等报道了空气压力为 6.8 大气压、温度为 733 K、当量比为 $0.4 \sim 0.77$、$\Delta p / p$ 为 3% 的试验结果，如图 9-1 所示。其中全尺寸及 1/4 尺寸的试验数据如表 9-1 所示。

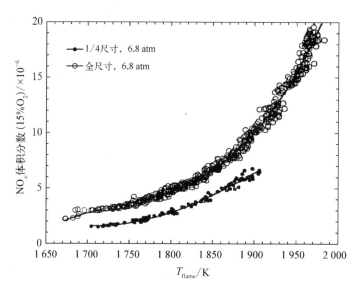

图 9-1　燃烧室放大后的试验结果

表 9-1　全尺寸和 1/4 尺寸的试验结果

喷嘴尺寸	喷嘴-模 AC_D/cm^2	燃烧室直径/cm	燃烧室长度/cm
1/4 尺寸	6.45	7.62	40.6
全尺寸	25.8	15.2	40.6

由图 9-1 清楚可见，两个几何形状相似但尺寸不同的油气模得出的试验数据表明 NO_x 水平随燃烧室尺寸而增大。

大尺寸的油气模不仅使 NO_x 增多，而且 CO 也明显增多。该放大试验时已经考虑了以下因素。

两种设计都以速度为常值的缩尺准则进行，其中油气模速度以及内部燃油穿透特性（这与 NO_x 水平相关）保持一致。

实际上 Kendrick D W 等所说的等速放大准则就是火焰筒截面积与空气模

按同样比例放大。这并不能保证模的空气动力学一样,更不能保证燃料空气比的分布一样。所以,实质性的问题是在全尺寸时混合变差:结合可预计的燃烧室空气流量分配的变化,NO_x 尺寸效应的最主要因素是随着尺寸增大而混合不断变差。

为什么全尺寸时混合变差呢? 原文解释为:"由于尺寸增大,因此混合尺度变大,从而削弱了油气混合空间均匀化。"

Kendrick D W 等还运用了 CFD 分析 NO_x 生成的三种机理中,哪一种受尺寸影响最大——NO_x 的尺寸效应看来对热力 NO_x 生成机理(或者 Zeldovich 机理)影响最大,其次是 Fenimore 机理,最后是 N_2O 机理。

这是完全可以想象的。因为三种 NO_x 生成机理中,热力 NO_x 生成受燃烧温度影响,因而受到混合的影响最大。

笔者对 Kendrick D W 等研究的评述如下。

(1) 燃烧的放大(学术问题)和燃烧室的放大(工程技术问题)常常混淆在一起。我们要解决的是燃烧室放大这样的工程实际问题。已经清楚,由于涉及空气动力学、流体力学(如雾化)、传热学、化学反应动力学,燃烧作为物理的以及化学的变化是没办法放大的。

(2) 燃烧研究人员总想根据什么准则(scaling rule)来放大,如 PD 准则或该 Kendrick D W 等的等速度准则,都不能解决问题。

(3) Kendrick D W 等最后归因于混合不好,这是对的,但对流体燃料的燃烧室,要放大,至少要涉及三方面:空气动力学情况要一样,尤其是旋流;燃油雾化要一样,SMD 和 N 要差不多,燃油初始喷射(速度、方向)和初始散布要差不多;油气混合或燃料空气混合要一样,指的是油气比(或 FAR)的分布大致相同,这是最基本的。

笔者进行的燃烧室放大是根据同样的空气动力学设计(指旋流强度及旋流非旋流的比例),所以模的空气动力学与燃烧区空气动力学保证基本一样;采用同样的设计方案,同样的油嘴类型,只适当调整油嘴大小(喷孔直径),调整喷射压力降(大尺寸的压力降提高一些),大体可以使 SMD、N 相近。这样剩下一个难题是 FAR 的分布,这是最困难的。但先要把燃烧室放大问题的含义搞清楚,随后显示笔者对实际燃烧室放大的试验结果(放大比为 2.20),再讨论这成功放大如何取得。

燃烧室的"放大"有下列几种含义。

(1) 先设计一个单模燃烧室,然后将很多个这样的油气模(如 12 个)组合到一个全环形燃烧室,这可以说是最简单的放大,现在已经没什么问题。

（2）先设计一个较低推力、较低压比的发动机燃烧室,如压比只有20。这个燃烧室技术研发成功了,再设计压比30的推力是上述发动机3倍的燃烧室。由于压比不同,循环参数不同,火焰筒横截面积的放大不与推力的放大成正比。火焰筒平均直径、环高只是放大得不多。由于压比高,空气流量加大比推力加大的倍数小;而油气比又增大了一些,所以燃油流量的增大比空气流量的加大来得多。实际上整个火焰筒的AC_D可能只是小发动机燃烧室的2倍。由于油气模的数目只增大到116.7%,这样每个油气模的AC_D增大到121%。每个油嘴（包括副油嘴及主油嘴）的流量增大到171%又比空气模AC_D增大得多。所以没有一项是复印机式的放大。

这种情况实际上是,根据在低压比燃烧室研发上已经验证过的设计准则和已经取得的经验（这些设计准则和经验又需要根据不同压比、不同大小适当地做一些调整）设计一个新的更高压比、更大流量的燃烧室。最典型的例子是压比30的低污染燃烧室和压比50的低污染燃烧室相比较,尽管其空气动力学设计一样,很多基本设计准则一样。选择油嘴形式一样,但它们的过渡工况设计不一样:压比30的采用局部直喷扩散燃烧;而压比50的不用扩散燃烧不用主油分级。更细致地说,压比50的主模主油喷射角度可以大一些;主模旋流器旋流强度低一些等。所以不是复印机式的放大,而是新设计一个燃烧室,这是最困难的。

（3）同样的压比和循环参数,在设计一个大流量的燃烧室之前先设计一个小燃烧室,然后"放大"。这样的"放大"也不是"复印机式"的放大。

说一个真实例子。一个工业燃气轮机的低污染燃烧室研发,其设计功率很高,流量很大,体现在每个油气模的AC_D很大。这个发动机本来就是多个单管燃烧室,所以只需要研发一个油气模,一个单管燃烧室即可。一开始利用别的研发计划中现成的油气模,略加改造就开始试验。等试验做到符合要求了,根据已经试验成功的小模,设计一个大的油气模以及大的单管燃烧室,再做试验。这完全是最后一种"放大"的典型事例。一开始小的油气模的AC_D只有806.5 mm²,放大的油气模的AC_D为1774.2 mm²（放大系数为2.2）。燃烧室的横截面积相应地放大。两者有一样的循环参数和燃料,两者都是双燃的燃烧室（气体燃料是天然气,液体燃料是DF-2柴油）。图9-2所示为其放大燃烧试验的结果。在图9-2中,油气模放大到220%,从806.5 mm²放大到1 774.2 mm²,火焰筒相应地放大;原型小燃烧室进口空气压力为276.3 psia,温度为860°F,$\Delta p/p=$

3.61%,中心燃油 34.1%;放大后燃烧室进口空气压力为 273 psia,温度为 869°F,$\Delta p/p=3.1\%$,中心燃油 32.6%。试验证明采用同样设计方案和设计准则,放大后的低污染燃烧室可以达到同样的性能(甚至大的燃烧室性能更好)。由于大燃烧室的冷却空气比例可以减小,因而燃烧空气比例不完全一样。试验结果用模的 FAR 表示(这很接近于真实的燃烧油气比)。结果表明,NO_x 的试验点完全落在一条曲线上,即 NO_x 的数值完全一样。大燃烧室的 CO 结果反而更低些。这是由于两个理由:大燃烧室冷却空气少了一些;大燃烧室在燃烧区和火焰筒之间有一个"缓冲区",这样可减少燃烧产物与冷却空气的接触,减少部分燃烧产物落入冷却空气层,这都有助于 CO 的减少。

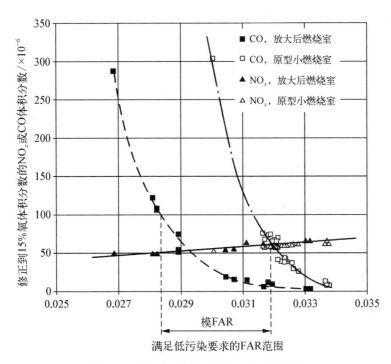

图 9-2　低污染燃烧室放大后的试验结果

通过这次放大的设计、研发和试验证明了一点:上述第三种形式的放大,即同样循环参数由小的低污染燃烧室放大到大的低污染燃烧室,采用同样的设计准则,同样的结构方案,放大之后的燃烧室完全可以实现同样的性能(但因为这次放大只是单管燃烧室,所以放大之后的振荡燃烧并不严重,如果从小的环形燃烧室放大到大的环形燃烧室,振荡燃烧可能会变得严重些)。从图 9-2 可看出大的燃烧室在一定压力、空气温度下可达到 NO_x-CO 低污染要求的 FAR 范围更宽。这一点很重要,正如前文已经讨论的,可达到要求的 FAR 宽,那么总的燃料分级的级数可以减少,这表示燃烧改善。可以说同样压比、同样循环参数下的放大,也绝不是"复印机式"的放大,但相对来说比较有把握。关键是要有同样的方案,同样的设计准则,同样的 FAR 分布。

图 9-2 的燃烧试验结果建立在对油气比分布的专门试验基础上。

(1) 专门进行 FAR 分布的试验研究。起初想用液体燃油做,实践证明并不现实。后来用甲烷气来代替,事后表明此办法不错,下游测量甲烷的浓度分布可以代表 FAR 分布。

(2) 一开始只做预混合模出口下游的 FAR 分布试验。重点考查中心喷射与外壁喷射之比(体现在中心喷射比例)对 FAR 分布的影响。这时不带火焰筒,结果发现不行,不仅必须带火焰筒,而且模拟的火焰筒还不能太短,如图 9-3 所示。试验在油嘴-模下游 25.4 m 处测量,$\Delta p/p=3\%$,总 FAR=0.016 6,中心喷射与外壁喷射同时打开,测量最佳中心喷射/外壁喷射之比。在做混合分布试验时,必须带适当的火焰筒模拟。值得注意的是,模拟火焰筒不同长度使整个燃烧室 AC_D 有所不同。在大模-大火焰筒上的混合分布要调至与小模-小火焰筒十分相近。由图 9-3 可以看出,FAR 的分布在离开中心一段距离后,即向外锐减;在带适当火焰筒试验时,一直到快接近到火焰筒壁,FAR 分布才降下来。无

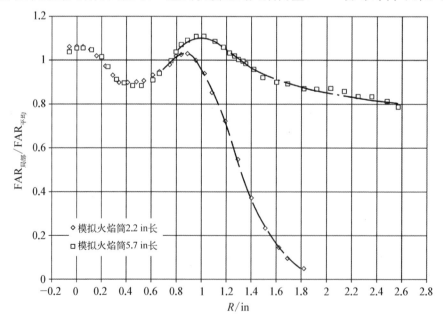

图 9-3　不同长度火焰筒的 FAR 分布试验结果

疑,在做 FAR 分布试验时,必须带适当火焰筒。试验表明,大气压力下做的
FAR 分布均匀的设计,在高压燃烧试验时 NO_x 情况好。

(3) 大模及大火焰筒的 FAR 分布试验表明,对于大预混合模,其中心喷射
比例应该比小预混合模的中心喷射比例要小一些。对于大预混合模,中心喷射
的绝对量已经增大了一倍多,如再加大中心喷射比例会导致燃烧的中心区富燃,
对 NO_x 不利,但差别很小,见图 9 - 2。

(4) 预混合模的 FAR 分布试验结果如图 9 - 4 所示。试验中 $\Delta p/p = 3\%$,
FAR = 0.016 25。分别试验了单独中心喷射、单独外壁喷射和中心-外壁喷射同
时打开(中心喷射 32.6%)下的 FAR 分布。值得注意的是,只有外壁喷射,中心
区域是凹形;只有中心喷射,中心区域是一高峰,向外很快衰减;中心外壁喷射组
合,分布明显均匀,适当调整中心喷射比例,可以做到小模小火焰筒的 FAR 分布
与大模大火焰筒的 FAR 分布十分相似。这奠定了燃烧放大的基础。由图 9 - 4
可知,采用中心喷射与外壁喷射组合,使 FAR 分布好很多。而且这样的方案使
在小模小火焰筒上的 FAR 分布和大模大火焰筒上的 FAR 分布十分相近,这是
燃烧室成功放大的关键所在。但并不是说用气体燃料做 FAR 分布就与真实高

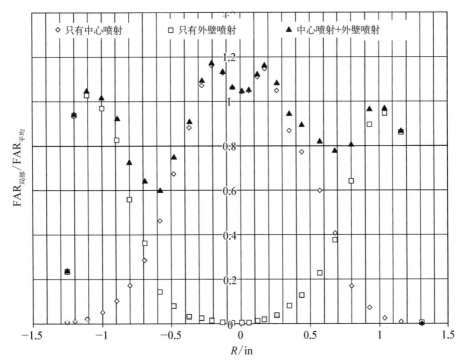

图 9 - 4　不同喷射方式的 FAR 分布试验结果

压燃烧时的 FAR 分布一样。这里只是证明了,如果小模小火焰筒的 FAR 分布与大模大火焰筒试验的 FAR 分布很相近,那么大模大火焰筒燃烧的 NO_x 不会比小模小火焰筒的差。假如只采用中心喷射(或只采用外壁喷射),从小模小火焰筒的 FAR 分布到大模大火焰筒的 FAR 分布会有很大的差别(本身也很不均匀)。笔者研发的中心与外壁油嘴组合(见图 9-3),使 FAR 分布均匀($\pm 15\%$以内),可以放大,只需要少量地调整中心喷射的比例,即可得出十分类似的 FAR 分布。而这已由燃烧试验证明(见图 9-2)。

(5)由 FAR 分布试验研发还得出一个有用结果。如图 9-2 所示的低污染燃烧试验结果,都在一个 FAR 范围内可以同时满足 NO_x 和 CO 的要求。但这个范围并不一定与发动机控制系统要求相匹配。这时可以适当调整中心喷射比例,将图 9-2 中的 CO 曲线及 NO_x 曲线同时左移(或右移),以与控制系统的设计相配合。同时,如果将来对低污染的要求更为严格,则中心喷射和外壁喷射可以分开而加以控制,使中心喷射比例随工况而变(见图 9-4)。

本节小结如下。

(1)如果保持设计方案相同,采用同样的设计准则,通过大气压力下 FAR 分布试验,可达到 FAR 分布十分相近。同样循环参数下的研发成功的小燃烧室可以放大,至少放大系数为 2.2 的已经有试验证明。但绝对不是"复印机式"的放大,也没有什么固定的放大准则,要燃烧相似而不是几何相似。

(2)低污染燃烧室要成功"放大",需要满足下列几点。

① 同样的空气动力学设计。

② 同样的喷射,适当调整油嘴尺寸与压力降,达到 SMD、N 十分相近(有大气压下的试验证明)。

③ FAR 分布很相近(有大气压下的试验证明)。

④ 火焰筒必须相应放大。在进行这一项"放大"的技术研发时,有一位领导指定笔者做大模配原来的小火焰筒的燃烧试验,结果 CO 情况非常之差。没有一个 FAR 可以满足 NO_x 和 CO 的要求,这说明必须把油气模与火焰筒合在一起考虑,不能只是模的放大,而是燃烧放大。不仅如此,试验也表明火焰筒的压力损失加大了。大模加小尺寸的火焰筒其 AC_D 随 FAR/BIT(burner inlet pressure,火焰筒进口温度)降低的斜率大,表示其压力损失大。

9.10　燃烧室的机械设计研发

本书以先进燃烧室气动热力设计研发为主,但为了对整个燃烧室的设计研发有一个全面的了解,也需要提及燃烧室机械设计研发。机械设计研发并非笔者的专长,这里仅作概述。什么时候开始做燃烧室机械设计研发为好? 一般说主要的机械设计研发在燃烧室型号研发时进行,当全环形燃烧室试验基本通过,燃烧室气动热力设计基本确定时,就可以对燃烧室做详细的机械设计研发。否则,气动热力设计变更了,很多情况都会变化,详细地做了应力分析、热分析、振动分析、结构设计等都可能成为"白费",但以下情况例外。

(1) 在高压扇形燃烧室试验件设计时,同样需要机械设计。不仅是燃烧室,就是扇形燃烧室主油、副油的集油管(manifold)也需要做振动分析。出现过如下的情况: 由于集油管支承偏软,由试验确定集油管自振频率偏低(低于 1 000 Hz),但机械设计的人认为可以不改(因为振荡燃烧频率约为 500 Hz,而且集油管很短),结果集油管是没坏,但主油进口的接头振松了,因漏油而把燃烧室头部烧坏。

(2) 燃烧室机匣及扩压器不会有大的改变。有关机匣(扩压器)的机械设计可以早做(如果结构方案及尺寸、材料都可确定的话)。

(3) 内外火焰筒室壁结构、形状、尺寸、材料等一旦确定,不会经常改变,也可以先初步地做机械设计。

总之,涉及气动热力设计可能变动的,只能等气动热力设计定下来后再做。

燃烧室机械设计研发应该做些什么工作? 在气动热力设计基本确定之后,接着是结构设计,包括以下几方面。

(1) 结构形式。

(2) 尺寸、配合、公差、材料选择、焊缝、涂料设计。

(3) 装配(尤其是油嘴)设计: 前(后)支撑、定位、浮动(热膨胀)、密封、磨损等。

(4) 热分析,传热计算(不仅对火焰筒)。确定所有金属体的温度。

(5) 应力分析,其中外火焰筒的屈曲(buckling)是重点。往往对外火焰筒需要做屈曲试验。机匣做应力分析后常常不做循环疲劳试验(以前有做的)。

(6) 振动分析,包括头部零件。自振频率不要低于 1 000 Hz;

(7) 寿命预估,包括蠕变(creep)、断裂(rupture)、屈曲、低周疲劳寿命(low cyclic fatigue, LCF),以及热应力影响。

机械设计同样有研发。燃烧室试验研发的各阶段可能包括一些机械设计需要的试验项目。也有完全单纯的机械设计需要的燃烧室试验,包括专门制作的燃烧室,也包括其实严格说不属于机械设计的以下三方面(但无例外地必须进行）。

（1）重量分析（计算带孔的或不包括冷却孔的；包括涂料或不包括涂料等）。例如,有人为减轻重量想把火焰筒壁厚减至 1.016 mm(0.04 in),试验结果很糟,这就是"不合算的买卖"(不能如此减重)。

（2）价格(成本)分析。如本章前文所述,影响成本最大的因素还是气动热力计算及室壁结构。

（3）工艺分析。有一些关键性的工艺很复杂,既难以控制质量,又容易出问题,这就是分析的关键。例如,多层多孔板(本来就复杂)如再要加涂料,既难以保证质量,又必然增大成本。

最后简单说一下燃烧室的选型。这不属于机械设计,而属于总的初步设计。现在普遍认为要用环形燃烧室。这对于航空燃烧室的确如此,但对于大流量、高压比的工业或船用燃气轮机,选用环管燃烧室有其可取之处。因为对大流量、高压比的燃烧室,要做全环形燃烧室试验,需要大设备,耗费也非常之大,实际上没法做。例如,要做每秒几百千克流量的试验,不可能有这么大的试验设备。所以,选用环管燃烧室是可取的。

第 10 章　先进燃烧室研发试验与测量

10.1　低污染燃烧室试验的特点

本章讨论先进燃烧室的研发试验。这就是说这些试验技术由先进燃烧室的研发而引出的。同时,只限于研发试验,不讨论生产性试验或科研性试验。关于测量,则只限于与先进燃烧室研发试验直接相关的测量问题。

先进航空燃烧室,无论是高油气比燃烧室还是低污染燃烧室,其试验都有特点。这里首先讨论低污染燃烧室试验。

先进航空燃烧室技术研发完全离不开燃烧室试验。不仅如此,某项技术措施是否正确,必须由燃烧室试验来鉴定,所以如果没有正确的燃烧室试验,根本无法断定该设计或该项技术措施是好还是不好。要强调燃烧室本身好或不好,是一回事;而燃烧室试验的好坏(指试验的质量,数据的可靠性)是另一回事。燃烧室设计不好,燃烧性能很差,但燃烧试验可以做得很好(尽管污染很高,效率很低),这是两码事。数据是可靠的,试验是正确的,可以得出结论:这个燃烧室设计不好,这同样是有意义的。但如果燃烧室试验做得不好(试验安排不恰当,数据不可靠),绝对不可能得出结论:这个低污染燃烧室是好的。例如,试验一个低污染燃烧室,试验进行中性能都不错。但中途燃油管路漏油,燃烧室烧掉。这次试验就无法得出结论,甚至燃烧室烧掉之前的试验数据是否可用也是问题,因为无法确定漏油是从什么时候开始的。需要说明,燃烧室试验本身就是一门技术。当然试验与测试分不开,本章从一般性地讨论低污染燃烧试验的一些特点开始。

(1) 第一个特点是绝对不能采用直接加热。现在不管哪种燃烧室试验,几乎已经没有人还用直接加热了。不仅不能用直接加热,还要注意进口空气的质量。例如,在某些地方,某些情况下进口空气本身包含体积分数高于 20×10^{-6}

的 CO,这看来似乎不多,但对天然气的工业燃气轮机低污染燃烧室,在 50%～100%工况范围内,要求在换算为 15%氧体积分数情况下,燃烧室出口 CO 体积分数不超过 50×10^{-6}。如果进口就大于 20×10^{-6},那就有问题了。另外,在夏天或雨季,空气中湿度饱和,气温又高,这时空气中水蒸气含量的影响就不能忽略不计(假设气源没有空气干燥器)。

(2) 第二个特点是无论在单模燃烧室、扇形燃烧室还是全环形燃烧室上试验,空气流量的分配(包括燃烧空气比例和冷却空气比例)要与发动机燃烧室上的一样。从这一点来说,扇形燃烧室有不利之处,因为有两个侧壁,侧壁上的冷却空气消耗是发动机燃烧室上所没有的(除非侧壁用单独的水冷却)。

(3) 低污染燃烧试验数据的质量指标(由文件规定)是由测量的空气流量与燃油流量得出的油气比 $FAR_{流量}$ 与由燃气分析得出的油气比 $FAR_{分析}$ 的相符程度。在冒烟的试验测量中,要求如下:慢车工况,相差不超过 $\pm 15\%$;其他工况,相差不超过 $\pm 10\%$。在气态污染物及燃烧效率的试验测量中,要求如下:各种工况,相差不超过 $\pm 5\%$。

如果取样燃气分析得出的 $FAR_{分析}$ 大于 $FAR_{流量}$,那么得出的效率及 NO_x 偏高,而 CO、UHC(未燃碳氢化合物)偏低。即使以 EI_{NO_x}、EI_{CO}、EI_{UHC} 来表示时仍如此。

(4) 低污染燃烧室,尤其是贫油预蒸发预混合的低污染燃烧室,常有燃烧不稳定的问题。这样,无论在哪种类型的低污染燃烧室试验中,动态压力的测量是必不可少的。在表达动态压力测量结果时必须注明这是尖峰到尖峰的动态压力,或 RMS 动态压力,或半尖峰(从零到尖峰),同时应注明频率。

测量动态压力有两种,一种是动态传感器直接与燃烧产物接触(常要水冷却);另一种是"无限长"管测动态压力的方法。要注明用什么方式测量,特别是有些测动态压力的位置并不在火焰筒表面(不与燃烧产物接触),而是在燃烧室冷却空气环腔中,或燃烧室头部的上游。这样测出的动态压力与直接测压点放在火焰筒表面有相当大的差别。

10.2　低污染燃烧室试验配合

由于低污染燃烧室中常常没有主燃孔和掺混孔,在冷却空气比例和燃烧空气比例模拟很好的情况下,最基本的油气模研发试验,都可以在圆筒形的、金属的、空气冷却的、单个油嘴与单个空气模的单模燃烧室中做。从低污染燃烧技术研发的角度说,油气模的研发是最基本也最重要的部分。几乎燃烧技术研发的一半以上的工作（只就技术研发而言）是在单模燃烧室上做的。最好这个单模燃烧室试验能做到 100％工况。即使在单模燃烧室试验上各方面都很好，也不能说以后完全没问题，但大致不会出现非常大的问题。而如果在单模燃烧室试验上有问题过不去（如污染排放太高或动态压力太大），那就绝对没必要再走下去了。因为不可能在扇形或全环形燃烧室试验上会出现奇迹，一下子又变好了。

从低污染燃烧技术研发的角度，以下几件事是在单模燃烧室试验台上做不到的。

（1）点火过程中的联焰。至于说点火过程联焰后发动机"拉起"的过程，那更不可能检验了。在单模燃烧室试验台上可以做低压、低空气温度的模拟高空点火试验（由于这个试验可以在研发的早期来做，很有意义），但无论是地面点火或高空点火中的联焰，都无法在单模燃烧室试验台上检验。

（2）燃烧室出口温度分布质量。无论是热点指标，还是径向温度分布，都无法检验。

（3）在单模燃烧室试验台上，无法检验燃烧室主油分级系统的工作（如果有主油分级的话）。

在单模燃烧室试验台上检验的一些参数，与以后全环形或发动机燃烧室上的性能或工作基本相符的有下列几个。

（1）燃烧效率。

（2）气态污染排放。

（3）排气冒烟。

（4）慢车贫油熄火（一般说在全环形燃烧室上慢车贫油熄火比单模燃烧室试验上得出的略好一些）。

（5）火焰筒壁温（在同样冷却空气比例，冷却室壁结构情况下）。而在大涵道比的风扇发动机上，发动机燃烧室火焰筒外壁温度会比全环形燃烧室及单模燃烧室试验上更好一些。但内环火焰筒壁温无法比较。

（6）火焰筒头部壁温，特别是油气模的壁面温度。

（7）地面点火性能，高空点火能力（不包括联焰）。

（8）抵抗自燃及回火的能力。

在单模燃烧室试验台得出某些结果，尚不能卜肯定的结论，如燃烧室振荡燃烧的特性。实际上就算在全环形燃烧室上测出动态压力，还是会与发动机上略有不同，最后只能在发动机台架试车上做最后检验。但应注意到，如果在单模燃烧室试验上做出振荡压力过高,那就没必要再做下去,必须修改设计。需要指出的是,单模燃烧室试验都成功是好的燃烧室的必要条件,但还不是充分条件。

单模燃烧室试验台解决不了的问题中,有"一项半"可以在扇形燃烧室试验中解决——点火过程中的联焰和出口径向温度分布。如果只是为联焰目的,只需要做一个带两个油嘴及两个空气模的扇形燃烧室就可以了。如果从已经点着的油嘴与空气模可以传焰到邻近的一个油嘴与空气模,那么整个环形燃烧室的联焰不成问题,由于只有两个"头",做低压、低空气温度的高空模拟点火试验时,要求的设备能力可以低一点。

在气源设备能力严重不足的情况下,需要用到扇形燃烧室试验。所谓气源能力严重不足,主要指流量不够。例如,设备的最大流量(在最高压力下)只有燃烧室 100%工况要求的 40%,这时用扇形燃烧室试验比较合适。如果流量够而压力不够,那只能做降压力的全环形燃烧室试验。如果压力达不到 100%工况,流量也比 100%工况要求的低,这时有两种可能供选择:其一,保证压力开到设备最高能力下,流量足以做全环形、降压力的试验;其二,压力开到设备最高能力下流量不够,就只能做在设备允许的最高压力下的扇形燃烧室试验。

以上提到降压力的全环形燃烧室试验,可以有两种不同方式。

(1) 压力、进口温度、油气比这三项参数并不按照工况来开车:压力肯定达不到 100%的压力;但进口空气温度可能做到超过 100%工况的进口温度;油气比可以开到高于 100%工况的油气比。这样做的目的是得出一套数据,然后得出试验数据关系式:

$$性能(如效率、排放) = f(p, T, FAR)$$

由此关系式推算 100%工况(或要求工况)下的性能,如图 10-1 所示。在图 10-1 中,数据列出的是在 $p = 200$ psia, $T = 672$ K 下修正到 15%氧体积分数时以 NO_x 对燃气分析的 FAR 的归纳,即数据点由试验得出的 $NO_{x15\%\,O_2}$ 乘以 $\left(\dfrac{200}{p}\right)^{1.8}$ 再乘以 $\exp\left\{\left(\dfrac{671.88}{200}\right)^{0.95} - \left(\dfrac{T}{200}\right)^{0.95}\right\}$,其中 p 的单位是 psia, T 的单位是 K。

(2) 另一种试验方法是,如果设备能力开不到 100%工况,但可以开到 85%工况(或更低一些的工况),那么全环形燃烧室试验就开到这个可能达到的工况(如 85%工况或 80%工况)。

前者称为降压力全环形燃烧试验;后者称为降工况全环形燃烧室试验。二

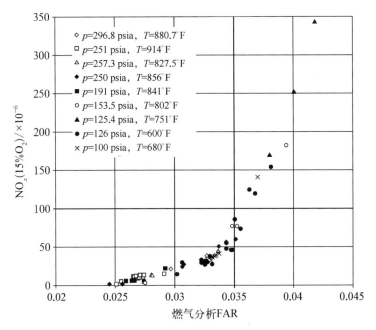

图 10 - 1　修正的 NO_x 与燃气分析的 FAR 的关系

者都是在设备能力达不到时,在发动机还未上台架试车之前,如何估计在 100％ 工况下的性能的方法(主要是排放,如 EI_{NO_x})。有可能的话,两种试验都做(这些试验是很花钱的)。在做了第一种试验后,为什么还有必要做降工况的试验呢? 因为在第一种试验时,没有一点是真正的"工况点",而将来发动机总是按工况来运转的,所以要知道如果从低工况往上沿"工况点"走,是否会有严重的振荡燃烧。在第一种试验时,无论燃烧不稳定性是严重还是不严重,都回答不了沿"工况点"走时的振荡情况。只能说,在第一种试验时振荡很厉害,那大概沿"工况点"走,情况也好不了。

　　需要强调的是,尽管大量的、基本的燃油喷射空气混合模的研发工作可以在单模燃烧室上去做,但这并不能影响全环形燃烧室试验在研发中的重要地位,原因如下。

　　(1) 正如前文所述,有几个方面是不可能用单模燃烧室试验去检验的。

　　(2) 全环形燃烧室能比较完整地提供空气动力学的流动(尽管与发动机里的燃烧室还有点不同)。例如,第一次将扩压器与火焰筒组合起来,考查火焰筒头部上游,即从扩压器到头部进气这一段的空气流动以及其对燃烧的影响(在扇形燃烧室试验中也可以加扩压器组合,但这时两个侧面的影响很大,难下结论)。

（3）能比较恰当地鉴定出口分布质量，有以下三种组合。

① 用热电偶测量出口分布，出口分布的质量好坏用温度来表示，这是常规燃烧室研发中最常用的。

② 用燃气取样测出口分布，然后换算成温度，仍以温度表示出口分布质量。但由于用燃气取样换算到温度，其中两个方面都与燃气取样及分析有关：测点的 FAR 和燃烧效率。这样燃气取样及分析的误差会对最后结果有较大的影响。总的来说，这个方法用于先进的高压比、高进口温度的低污染燃烧室的研发试验中。

③ 用燃气取样测出口分布，不换算成温度，直接以出口 FAR 的分布表示出口分布的质量。这种方法用于高油气比燃烧室的研发试验。因为高油气比燃烧室本来就要求以油气比表示出口分布质量，同时也因为温度太高，不可能用热电偶测量。

（4）在低污染燃烧室的研发中，燃烧不稳定性常常会是一个问题。这时要用全环形燃烧室试验，因为全环形燃烧室（带扩压器）可以提供比较真实的流动条件及声学边界条件，可在全环形燃烧室出口加一个收敛段，收敛段出口是临界流动（这给燃烧室试验带来复杂性），模拟发动机中燃烧室流出的声学边界条件。最好在燃烧室下游加第一级涡轮的导向叶片来模拟，因为纯收敛段与导向叶片级的声学边界条件仍然不一样。

（5）通常在全环形燃烧室试验中做雷雨熄火试验的结果与发动机上的结果相同。

（6）如果单模燃烧室低压、低温高空模拟点火试验结果不错，在扇形燃烧室低压、低温高空点火（联焰）结果也不错，那么在全环形燃烧室上只需做地面点火试验（可在最冷的冬天做），而不必做全环形燃烧室的低压、低温高空模拟试验（常常由于设备限制而做不了）。

总的来说，低污染燃烧室要做哪些试验以及在什么设备上做，均要考虑现有设备的能力，特别是各种试验需要各种设备互相配合，是研发中非常关键的问题。

10.3　低污染燃烧试验的困难

低污染燃烧试验，在一般情况下，有下列 5 个试验参数。

（1）燃烧室压力（实际上可能是火焰筒进口压力）；

（2）进口空气温度；

（3）火焰筒油气比 FAR；

（4）火焰筒压力降 $\Delta p/p\%$；

（5）主副油的分配比例，实际上以副油比例表示。

这 5 个参数中，要其中 4 个保持不变，只改变一个，然后考查燃烧效率、污染物（以 EI_{NO_x}、EI_{CO}、EI_{UHC} 表示）、排气冒烟 SN、动态压力 RMS、头部壁温 $T_{w\,dome}$、空气模壁温 $T_{w\,module}$、火焰筒壁温 $T_{w\,liner}$ 等随其中某项参数的变化。典型的有慢车工况和大工况两种情况。

在慢车工况下，这时只有副油工作。这样，保持进口压力、温度、$\Delta p/p\%$ 不变（例如 554 kPa、512 K、$\Delta p/p=3.7\%$）去试验燃烧效率、排气污染随油气比的变化（只有副油工作）。预定试验的 FAR 为 0.011、0.012、0.013、0.014（循环的慢车工况 FAR 为 0.012 4），这时在试车时控制 FAR 并不严。例如，原定 FAR 为 0.011、0.012、0.013、0.014，实际开下来 FAR 是 0.011 3、0.012 3、0.013 2、0.014 5，那没什么关系，只要数据可靠，将 4 个 FAR 的数据点连成一条曲线，可以确定 FAR＝0.012 4 时的性能，这时仍保持进口温度为 512 K 很关键。因为如果温度低了，效率变差（CO、UHC 变多），同时做 LBO 的 FAR 变差；温度过高，则会向另一个方向变化，因此要求控制进口温度在（512±2）K。

总的来说，这种慢车工况的试验没什么困难。

在大工况下试验，如巡航工况、85％工况、100％工况试验，一般要保持进口压力、温度、$\Delta p/p\%$、FAR 为常值，以确定最佳的主副油比例。这 4 个参数中，$\Delta p/p\%$ 的影响最小，FAR 的影响最大。所以关键是要使 FAR 保持常值，这样才能得出一条可靠的曲线，避免数据点分散的情况。举个例子，在某发动机 100％工况时压力为 3 010 kPa，温度为 821 K，油气比为 0.028 4。这时要求压力为（3 010±10）kPa，温度为（821±3）K，关键在 FAR。如果是±1％的精度，那就是从 0.028 116～0.028 684，这范围还太宽，最好要控制在 0.028 3～0.028 6。总的来说，燃烧试验应注意以下几点。

第一，要燃烧室工况稳定，试验测量中不再做任何改动，完全让燃烧室稳定工作。

第二，测试仪器完全稳定工作。例如，UHC 分析仪需要较长稳定时间，尤其刚打开取样分析系统时。图 10-2 所示为由于 UHC 未稳定带来燃烧效率测量值的系统误差。在刚打开 UHC 分析仪时，测得的 UHC 偏高，因而燃烧效率偏低；随时间取以后几点数据时，UHC 读数降下来，燃烧效率测量值升上去。NO_x 分析仪需要稳定时间。动态压力测量的读数要稳定（仍会有波动）。

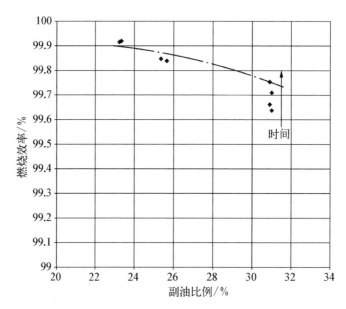

图 10-2 燃烧效率因仪器未稳定导致的测量值系统误差

第三,做试验时数据采集 10 次然后取其平均值。这样数据采集平均时间为 30 s。笔者专门对数据采集时间的影响做过研究。在燃烧室完全稳定、分析仪器也稳定的情况下,以总共采集时间 60 s 取平均值为基础。如果每 3 s 就读一点 FAR,得出 20 点 FAR,相当分散,FAR 的分散程度是平均值的±5%,这意味着每 3 s 取一读数,分散太大了。NO_x 数据基本没有散布(因已经稳定)。如果 6 s 取一点,共 10 点。FAR 分散度为±2%。如果 30 s 为一点(采集两次,取平均),只是比以 60 s 为一点取平均值的 FAR 偏差小于±0.2%。这样数据采集就定为 30 s,取平均。这主要由空气流量读数和燃油流量读数的波动造成。数据采集平均时间太短,FAR 的测量结果散布太大(见图 10-3);但如果平均 60 s 取一点,试验总时间太长,"工作效率"太低。

这里着重说了在大工况燃烧试验时,为考查最佳主、副油比例的试验,保证 FAR 为常值的重要性。无疑,这时保持压力、空气温度恒定也很重要。例如,别的都不变,把燃烧室出口的排气降温的喷水量增大,也会引起燃烧室压力变大,而调整燃烧室下游的喷水是经常需要的。

在高压比发动机燃烧室最大工况燃烧试验时,压力很高(如大于 40 atm),空气温度很高(如大于 900 K),油气比也相当高(如 FAR 为 0.032)。这时连接燃烧室进口的燃油管路经过长时间试验后是否漏油变得非常重要。一旦漏油,通

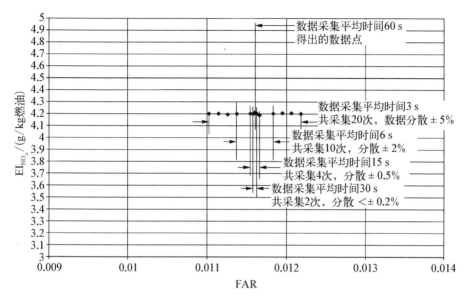

图 10-3　因数据采集平均时间过短导致 FAR 测量值分散

常总是导致燃烧室破坏。最后与燃烧室相连的接头用焊接的方法可以很保险（但很麻烦）。再上游，接头漏油也不好，但后果不至于那么严重。试验台要用摄像机（video camera）观察上游是否滴油。在高压比大工况的燃烧试验时，不能随便停车（除非紧急停车）。要停车，需要保持燃烧室工作，将空气温度降低至420 K 以下再切断燃油（至少也要降至 470 K）。因为在高空气温度下停车，会引起油嘴积炭（油嘴吹除并非完全有效）。

10.4　高油气比燃烧室试验特点

高油气比燃烧室中等工况以下的燃烧试验（如油气比在 0.035 以下）与常规燃烧室没什么不同。有特色的是大工况的试验。

（1）在单模燃烧室试验，一般可以做到 100% 工况。这时遇到的一个难题是有时排气冒烟很黑。这时最好的办法是停下来，没必要做下去，因为不管其他参数怎么好都没有用。若继续做下去会把取样系统全都"污染"了，这时应该先采取改进措施，至少冒烟要到"可以容忍的地步"，再走下一步。

（2）最大困难在全环形燃烧室试验。在全环形燃烧室试验时，往往试验设备的能力达不到做 100% 工况的试验所要求的压力、进口温度和空气流量。这样要考验承受热负荷的能力，做降压力（因而降空气流量）但不降进口温度，也不降油气比的试验,称为降压力 100% 工况试验。就算这样降流量,从准备到试验,不算燃烧室加工,大的全环形燃烧室试验(指一系列试验),预定批准的经费(即不需要另打报告批准)在几百万元人民币以上,所以要减少费用,其中缩短试验时间(但不降低试验质量)就成了关键。

(3) 在第 8 章中提到高油气比全环形燃烧室出口分布不以温度分布来定义,而以出口油气比分布来定义;不用热点指标,采用油气比不均匀指标;采用油气比径向分布代替出口温度的径向分布,这对大工况的全环形燃烧室试验带来非常大的影响。为了同时测燃烧效率及油气比分布,需要在出口布置少量的(如两个)多孔混合取样的取样头(靶子),由燃气分析确定燃烧效率。重点放在单孔的单点取样加移位测量。因为要测其分布,必须单点取样分析。

(4) 重要的问题在移位测量上。前文提到稳定取样到由分析仪得出可靠数据大致要 30 s 时间,这已专门做过试验,同时测量移位也需要一点时间。这样每测一个点,大致要 30 多秒,全环形出口径向有 5 个位置,周向每 6° 取一个移位,整个出口环形一共不到 300 个移位点(除去两个固定的靶子),就以 300 点,每点 30 s 计算,整个出口环形移位需时间 9 000 s,即 2.5 h。这只是一个工况点,即一个压力、一个进口温度、一个 $\Delta p/p$(%)、一个 FAR、一个副油比例下的试验。若要稍微多做几点,就要花一天时间。要缩短试验时间,可以将每隔 6° 一个移位改为每 12° 一个移位,那么一个试验工况也要 1 h 15 min,若加大移位间隔,必然大大降低试验质量。但试验时间拉长不仅是耗费的问题,还有要长时间保持试验状况稳定不变的困难问题(即可能出现漂移)。从燃烧试验的角度,可以采取下列措施缩短试验时间而又不降低试验质量。

a. 采用多台气体分析仪,多个单点取样管,多个取样系统。实际上是采用双重的取样分析系统,这就使移位测量时间减少一半。但有趣的是问题并不出在买一套气体分析仪,因为一次全环形燃烧室试验的费用就可以买不止一套的气体分析仪。困难在于:气体分析仪放在测试间或试验操纵间,其体积像一个大衣柜,事先没有设想过要装两套,现在空间成了问题(新建的试验台就留出了一些地方);不仅是气体分析仪,取样管线(带保温套)是挺粗的一条管线,要从取样头与之连接处开始沿室壁走,然后穿过壁洞到测试间或操纵间,如果事先没有设计安排好,也会是一个问题。

总之,采用两套燃气取样分析系统有实际安排问题,而非经费问题。这说明我国在开始建立高压、大流量的准备做高油气比燃烧室试验的设备时,要考虑到以后有可能采用两套燃气取样分析系统及分析仪的安排问题。

　　b. 最为现实的是将移位方式加以改进。通常都是先径向移位，走完 5 个径向位置后，再周向移动一个位置，如图 10-4 中①所示，即先径向，后周向。沿径向的方向，取样的油气比变化很大，因而必须有 30 s 的稳定时间。笔者建议的是先走周向，走完周向预定的一段后（并不一定走完 180°，也可以走 90°或预定的周向位移），然后径向移一个位置。由于在同一个径向位置上油气比变化小，燃气组成的变化也少，这样取样测量时间可改为一半，即 15 s。这也就是尽管只用一套燃气取样分析系统，大体上总的测试时间也能减少一半，这种移位如图 10-4 中②所示，即先周向，后径向。特别符合取得出口径向分布的目的。因为有人怀疑这样缩短测试时间，会把油气比测点的高峰或低谷删掉，对出口不均匀参数可能有影响，但这与径向分布关系不大。因为本来试验结果在某一个径向位置上（span%）取沿周向 FAR 的平均值，即使把高峰或低谷都去掉，对平均值也没什么影响。顺便提一下，以油气比定义的出口不均匀参数（相当于热点指标），目前其重要性尚不明确。过去为什么要确定热点指标？是为了涡轮导向叶片。燃烧室出口的热点（由热点指标确定）代表了涡轮导向叶片可能（但不一定）遇到的最高温度，这会影响导向叶片的寿命。现在 FAR 的最高点并不是最热的点，所以用油气比表征的不均匀参数到底有多大的现实意义还是个问题。

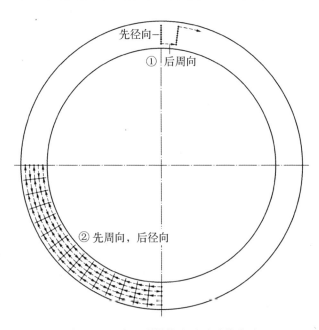

图 10-4　全环形燃烧室试验移位方式

　　c. 对于高油气比燃烧室试验,要重点考虑如何缩短试验时间。除了最大工况外,很多试验都先用热电偶测。最难做的是最大工况下出口油气比分布,可以在扇形燃烧室上做,其目的是避免富燃的产物进入涡轮。注意不必在10％环高处和90％环高处移位测油气比,因为这两处不会出现过富混气;另外,也不用逐点移油气比。每个点也不是30 s,总之要研发出一套新的试验规范。例如,不是360°移位,而是两个90°的移位(用两台燃气分析仪是正确的)。

　　所讨论的两种移位方式的比较如图10-5和图10-6所示。图10-5和图10-6中,扇形以矩形来替代,周向移位位置可以不同,这里只是示意。应当说明,这种移位方式的改变不仅节省时间,还对提高试验质量有利。对于测量出口径向分布,有一个很困难的问题:如何保证移位机构移位走的圆和燃烧室出口环形的外圆及内圆真正同心。注意到出口环形其环高尺寸很小,所以即使很小的不同心度就会带来很大的误差,即所平均的并非同一个径向(span)位置的测量值。可能在一边是30％径向位置的测量值,到另一边是40％径向位置的测量

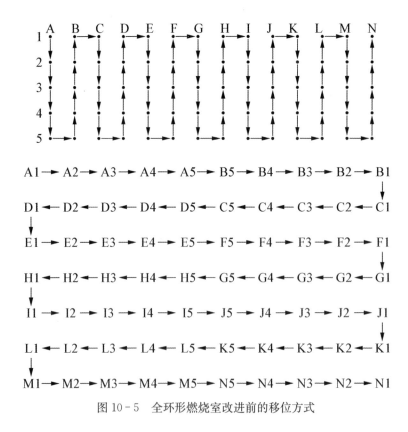

图10-5　全环形燃烧室改进前的移位方式

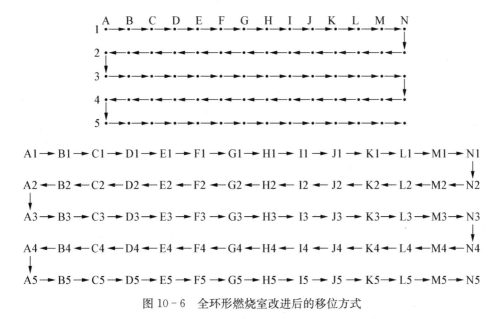

图 10-6　全环形燃烧室改进后的移位方式

值,将如何计算呢?现在主要沿周向移位,有利于检查发现这个不同心的问题。

高油气比燃烧室试验中最困难的是大工况全环形燃烧室试验,其中尤其是(尽量)高的大工况、高油气比燃烧室试验中的出口分布试验,而其恰好又是要害所在。所以,可以先在中、低工况不太高的油气比下用热电偶,同时也用燃气分析互相比较,取得经验,调整设备(如调整移位机构的同心度),再做(尽量)高的大工况、高油气比燃烧室试验,就会"不打无准备之仗"。

10.5　燃烧室试验核心技术文件

首先要说明,尽管 SAE 不是政府机构,只是一个学会,它制订的航空宇航推荐做法(ARP)文件只是推荐这样做,但实际上与国家标准差不多,甚至是国际标准,因为得到大家公认。在低污染燃烧的技术报告中都会提到"本试验按照 SAE ARP 某某号的文件进行"。因此,低污染燃烧试验通常是按照以下三个技术文件进行。

(1) SAE ARP 1533(Rev. B):Procedure for the analysis and evaluation of gaseous emissions from aircraft engines。

(2) SAE ARP 1179(Rev. D):Aircraft Gas Turbine Engine Exhaust Smoke Measurement。

(3) SAE ARP 1256(Rev. D):Procedure for the Continuous Sampling and

Measurement of Gaseous Emissions from Aircraft Turbine Engines。

SAE ARP 1533(Rev. B)是针对飞机发动机排气组分测量的分析和评估的方法。由燃气分析仪器得出的 CO、CO_2、UHC(未燃碳氢化合物)、NO_x,导出燃烧试验结果的参数:燃烧效率(由燃气取样分析得出燃烧效率);燃气取样得出的油气比(FAR);EI_{NO_x}、EI_{CO}、EI_{UHC};排气的热力性质参数。

其中,EI 是低污染燃烧最感兴趣的。衡量燃烧室(或整台发动机)是否符合降低污染的要求,主要是考查污染物的 EI。

燃烧效率当然对每型发动机都重要。而取样得出的油气比(FAR),代表了燃烧试验数据的质量。例如,在 SAE ARP 1533B 中明确规定对气态排放物的测量由燃气分析得出的 $FAR_{分析}$ 与由空气和燃油流量测量得出的 $FAR_{流量}$ 的差别为

$$| (FAR_{分析} - FAR_{流量})/FAR_{流量} | < 5\%$$

值得一提的是,由流量测量得出的 FAR,其中空气流量是湿空气(即直接由流量计读出的流量),而燃气分析得出的 FAR,其中空气流量是"干"空气流量。所以,从根本上它们就有那么一点点小差别。

SAE ARP 1533B 文件说的是飞机航空发动机排气的分析评估,但其方法可以用于燃烧室排气的分析评估(包括工业燃气轮机或其气体燃料的燃烧室)。

该文件第一版是在 1996 年 1 月制订的,最近的一次修订是 2013 年 1 月。SAE ARP 每隔一段时间会修订一次,对从业人员而言,要选用最新修订的 SAE ARP 技术文件。

SAE ARP 1179(Rev. D)是关于测量冒烟的文件,第一版是 1970 年 5 月制订的,最近的修订版 Rev. D 是 2011 年 7 月修订的,每次修改都会有少量改动。同样,发动机燃烧室试验应该按照最新的版本来做。

SAE ARP 1256(Rev. D)是关于气体排放测量的文件,第一版是 1971 年 10 月制订的,最近一次修订是 2011 年 7 月。同样,有关气体排放测量应按照最新的修订版进行。

为了搞清 SAE ARP 1533 这个技术文件的内容,先从技术术语和定义开始。

燃烧效率:定义为一个比值,分子为燃烧过程中实际释放的能量;分母为如果燃料中的碳原子都氧化成二氧化碳,燃料中的氢原子都氧化为水蒸气时可能释放的能量。

燃气化学组成:定义为待测化学组分在燃烧产物混气中的体积分数,SAE

文件中使用的符号为 ppmV，即以 ppm（百万分之一）为后缀。

污染指数（emission index）：定义为每燃烧掉 1 kg 燃料所产生的所讨论的污染物的克数，单位是 g/kg 燃料。

燃料-空气比：定义为燃料质量流量除以发动机（或燃烧室）的空气质量流量。同样适用于气体燃料。

低热值：定义为燃烧产物中水蒸气为气态（而不是液体水）所对应的燃料热值。

总碳氢化合物：在燃烧产物中的碳氢化合物可以是多种组成，包括各种不同分子量的碳氢化合物。概括起来说，就是总碳氢化合物。

ppmC：如果 1 ppm 的 CH_4 定义为 1 ppmC，那么 1 ppm 的 C_6H_{14} 定义为 6 ppmC，即从某化学组分的 ppmV 值乘以在该碳氢化合物中的碳原子数目。

该文件中讨论的污染排放测量包括下列几项：

（1）一氧化碳（CO）；

（2）二氧化碳（CO_2）；

（3）一氧化氮（NO）；

（4）二氧化氮（NO_2）；

（5）总碳氢化合物（C_xH_y）；

（6）周围空气中的露点温度及取样气体的露点温度；

（7）氧体积分数并非分析所要求的测量参数，但通常都测，以提供对所得数据的质量评估。SO_2 并不要求测量，但在该文件中也包括了，以说明其他组分附加进去（它是有相当的量）会有什么变化。

文件所用的标准空气如表 10-1 所示。

表 10-1　标准空气成分

组　分	化学式	相对分子质量	体积分数/%
氮	N_2	28.013 4	78.084（干）
氧	O_2	31.999 8	20.948（干）
氩	Ar	40	0.934（干）
二氧化碳	CO_2	44.009 8	0.034（干）
水蒸气	H_2O	18.015	必须测量
总计		28.965 9（干）	100（干）

　　进口空气基本组成及各组分露点温度要予以测量。文件明确：如果与上述"标准空气"有很大的差异，如进口空气中水蒸气含量很高（例如我国某些省份，夏天很热，又很潮湿，就是这种情况），或周围大气中 CO_2 含量很高（通常在繁忙的公路边上出现），那时要用实际测量的组成替代上述的标准空气组成。

　　由测量得出的露点温度计算样气中的水汽含量列于该文件的附录 B。

　　该文件的主要部分是列出燃料与空气燃烧的化学方程，并由燃气取样测出的组成决定燃烧效率、取样油气比、污染物指数。1 mol 燃料燃烧的化学方程如下。

$$C_m H_n O_P N_q S_r + X[R(O_2) + S(N_2) + T(CO_2) + h(H_2O) + U(CH_4)] \rightarrow$$
$$P_1(CO_2) + P_2(N_2) + P_3(O_2) + P_4(H_2O) + P_5(CO) +$$
$$P_6(C_x H_y) + P_7(NO_2) + P_8(NO) + P_9(SO_2) \tag{10-1}$$

其中，$P_1 \sim P_9$ 分别为 CO_2、N_2、O_2、H_2O、CO、$C_x H_y$、NO_2、NO、SO_2 的化学计量系数。

　　由这个化学方程，写出碳平衡、氢平衡、氧平衡、氮平衡、硫平衡的方程，写出 CO、CO_2、$C_x H_y$、NO_x、NO 和 H_2O 的物质的量的方程式，再加上总的燃烧产物物质的量的方程，用这些方程来解常数项。

　　需要说明，在实际的燃气分析系统中，测量得出的某些组成要加以修正，具体如下。

　　(1) 由于二氧化碳的存在，会对一氧化碳的测量值带来干扰。

　　(2) 由于水蒸气的存在，会对一氧化碳的测量值带来干扰。

　　(3) 由于二氧化碳的存在，会对一氧化氮的测量值带来干扰。

　　(4) 由于水蒸气的存在，会对一氧化氮的测量值带来干扰。

　　(5) 由于氧气的存在，会对二氧化碳的测量值带来干扰。

　　有关这些测试的专门修正可参阅 SAE ARP 1533(Rev. B)。

　　此外，NO_x、NO_2、NO 的测量方法如下。

　　测试仪器有两种档次。一种是放在 NO_x 档次，整个样气通过一个转换器，把 NO_2 转换成 NO，这时读出的 NO_x 实际上是在认定所有氮氧化物统统都是 NO 情况下的 NO_x；另一种是放在 NO 的档次上，这时样气不通过转换器，测出的是 NO。做燃烧试验的人必须清楚现在放在什么档次上。要测 NO_2，必须做两次，而 NO_2 就是 NO_x 与 NO 之间的差别。这个转换器有一个效率 η 的问题，并非能把 NO_2 百分之百地转换成 NO。这个效率大体在 $0.9 \sim 1.0$。这样测量

得出的 NO_x 就是

$$NO_{xms} = \eta \cdot NO_2 + NO \qquad (10-2)$$

在数据处理时要考虑 NO_2 对 NO 转换效率的问题。

该文件提到有关燃气分析数据处理的另外一个问题是湿样气、半干样气、干样气问题，即样气的干燥问题。若干气体分析系统要求在气体分析仪器之前的取样管线上有一个水汽分离器。这些水汽分离器通常又并不能完全彻底地把样气中的水蒸气清除掉。这样在这水汽分离器出口的样气通常称为半干样气。测量水气分离器出口样气的露点温度后，根据文件附录 B 所列的方法可以计算水蒸气饱和蒸气压力。同样方法适用于燃烧室进口空气。半干样气的总物质的量比干样气的总物质的量大。把几方面样气分析的相互干扰、NO_2 到 NO 的转换效率、取样气干燥对测量影响等因素都要包括进去，最后得出

$$EI_{CO} = \frac{P_5 M_{CO} \times 10^3}{m(M_C + \alpha M_H)} \qquad (10-3)$$

$$EI_{NO} = \frac{P_8 M_{NO_2} \times 10^3}{m(M_C + \alpha M_H)} \qquad (10-4)$$

$$EI_{NO_x} = \frac{(P_7 + P_8) M_{NO_2} \times 10^3}{m(M_C + \alpha M_H)} \qquad (10-5)$$

其中，M_{CO}、M_C、M_H、M_{NO_2} 分别为对应的 CO、C、H、NO_2 的相对分子质量；α 为燃料中氢原子数与碳原子数之比；m 为燃料中碳原子的数目；P_5、P_7、P_8 分别为 CO、NO、NO_2 项的化学计量系数。注意到，在计算 EI_{NO} 时用的是 NO_2 的相对分子质量。

$EI_{C_x H_y}$ 由式(10-6)确定。

$$EI_{C_x H_y} = \frac{X P_6 M_{C_x H_y} \times 10^3}{m(M_C + \alpha M_H)} \qquad (10-6)$$

其中，$M_{C_x H_y}$ 是未燃碳氢化合物的相对分子质量；X 是干空气的物质的量与燃料物质的量之比；P_6 为 $C_x H_y$ 的化学计量系数。

燃烧效率由式(10-7)确定。

$$\eta_b = \left(1.00 - 4.346 \frac{EI_{CO}}{H_C} - \frac{EI_{C_x H_y}}{1\,000}\right) \times 100 \qquad (10-7)$$

其中，H_C 是燃料的低热值，单位是 Btu/lb(1 Btu/lb＝2 326 J/kg)，对常用航空煤油可取 18 540 Btu/lb。

式(10-7)非常有用。例如，在某低污染燃烧室试验的显示屏上看到 EI_{CO}＝32 g/kg 燃油，EI_{UHC}＝2.4 g/kg 燃油，马上就可知道燃烧效率为 η_b＝99.01％。由此可见，EI_{CO}、EI_{UHC} 不仅是考虑排气污染时要知道，确定燃烧效率时也必须知道。

燃气取样确定的燃料-空气比 F/A 是燃料 C_mH_n 与干空气的质量流量之比。由式(10-8)计算(注意到式中忽略了燃料中的少量组分以及空气中的少量组分)。

$$F/A = \frac{（燃料的物质的量）（燃料相对分子质量）}{（干空气的物质的量）（干空气相对分子质量）} = \frac{m(M_C + \alpha M_H)}{XM_{air}}$$

$$(10-8)$$

其中，M_{air} 是空气的相对分子质量。

再一次强调，文件规定检查燃烧试验数据的质量，由燃气分析得出的油气比与由流量测量得出的油气比的差别要小于由流量测量得出的油气比的±5％。这并不很容易做到。很多人采用等面积分布的多孔取样头。其实关键不在于多孔取样头的多孔怎么分布，关键是取样头与燃烧室出口(或截面积)的相对位置。例如，把取样头的孔移向冷却空气的区域，得出的燃气取样 F/A 向贫的方向移；取样头的孔移向中心区域，则取样 F/A 向富的方向移。当然，这里说的是一般正常情况，不包括异常情况，如取样头堵了、样气流量非常低、取样头漏水、取样头烧坏、燃气分析仪坏了等。反正如果燃气取样的 F/A 与流量测量的 F/A 差30％以上，燃烧试验就没有必要做下去，肯定有问题，待查；就是做下去，数据也没有意义。

10.6　冒烟的测量方法

SAE E-31 技术委员会推荐 SAE ARP 1179 仍然用于对飞机发动机排气的可见性定量检测。SAE ARP 1179(Rev. D)是最新文件，SAE E-31 技术委员会宣布针对该文件今后将不再进行周期性的修改。

SAE ARP 1179(Rev. D)中规定的冒烟测量方法是普遍适用的，可以用于发动机出口(取样孔数不同)，也可以用于燃烧室试验。要说明冒烟测量不可能太准确。就算严格地按照参考 SAE ARP 1179(Rev. D)去做，冒烟测量能达到的最好的 SN 是±3。该文件规定不适合飞行试验中的冒烟测量，也不适合带加力工作时的冒烟测量。

下面先讨论技术术语和定义。SAE ARP 1179(Rev. D)规定的是用过滤纸印痕测反射率来确定冒烟的方法。

过滤纸材料：规定为 Whatman No. 4 过滤纸。需要说明，用什么样的过滤纸对冒烟测量结果影响非常大。有的燃烧试验室不用规定的过滤纸，结果是不被认可的。冒烟数 SN 是无量纲的，定量地表征烟的排放。SN 值为 0~100。用指定的过滤纸，在指定的过滤纸夹具下，以规定范围内的过滤印痕大小，在印痕过滤单位面积（每平方米）上通过 $W/A = 16.2\ kg/m^2$ 的取样气体（由于印痕面积是一定的，这也就意味着通过一定量的样气），用反射率计测量印痕的反射率。SN 的定义为

$$SN = 100\left(1 - \frac{R_s}{R_w}\right) \tag{10-9}$$

其中，R_s 是带烟颗粒物的印痕的反射率；R_w 是完全清洁的（新鲜）过滤纸的反射率。

在从 SAE ARP 1179(Rev. B)到 SAE ARP 1179(Rev. C)的修订中，对 SN 的定义，特别是对单位印痕面积上通过的流量有所改动，这个改动从 Rev. C 到 Rev. D 原封不动地保留下来。在 Rev. B 中规定要以三个不同的单位印痕面积上流量(W/A)来取三个 SN'，然后以最小二乘方的方法作一直线($SN' - W/A$ 的对数)，插值得出 $W/A = 16.2\ kg/m^2$ 下的 SN。在修订版中除了可以继续用原来的方法外，还允许用恒定的（即一个）W/A 值来取样，这个 W/A 值就是 $16.2\ kg/m^2$，取三次印痕，得出三个 SN，然后取一个算术平均值。后一种方法显然简便得多。这就是燃烧工程师要及时知道 SAE ARP 最近修订了哪些内容的原因。

SAE ARP 1179(Rev. D)中规定了取样系统，此处从略，值得说明的有以下几点。

（1）整个取样系统中压力降的 80% 要在取样管上，即希望系统和管线的压力降要小。

（2）取样管线，从取样管出口到过滤纸夹具进口的距离要尽量短，不能超过 25 m（这一点很重要）。这项规定是有原因的。因为烟颗粒物会在取样管线的壁面上黏附。管线越长，过滤纸夹具进口处烟颗粒物浓度与燃烧室（或发动机出口）的实际烟颗粒物浓度相差越大。

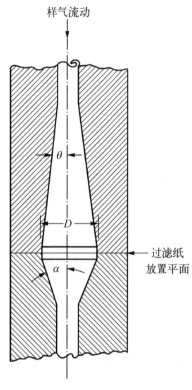

样气流动

θ

D

α

过滤纸放置平面

图 10 - 7 过滤纸夹具尺寸

（3）取样管线内径为 4.0～8.5 mm（理由同上）。

（4）从取样头到过滤纸夹具进口处之间要尽量取直线，不要有曲折，最多允许有 4 个转弯，转弯半径不小于 10 倍管线内径。管线材料可以是不锈钢（最常用）、铜等。

（5）过滤纸夹具尺寸有明确规定，如图 10 - 4 所示。在图 10 - 7 中，D 为印痕直径，要求为 19.0～37.5 mm（0.75～1.50 in），$\theta=5°\sim7.5°$，$\alpha=20°\sim30°$。

举个例子，如果印痕直径为 20 mm，印痕面积为 0.000 314 16 m^2，按要求单位印痕面积上通过 16.2 kg/m^2 的样气，对这个冒烟测试系统，每次测量要通过过滤纸的样气量为 $W=$ 0.000 314 16×16.2＝0.005 089 4 kg。

在实际冒烟测量中，测量的是样气的总容积（不是体积流量）。这个要求的总容积为

$$V = 0.287\ 1W\ \frac{T}{p} \qquad (10 - 10)$$

其中，W 为样气的总质量，单位为 kg；T 为样气温度（进入容积测量仪前），单位为 K；p 为样气压力（进入容积测量仪前），单位为 kPa。

这样可以确定要求通过过滤纸样气的总容积。

（6）不仅要测量样气的总容积，对样气的流量（每分钟多少升）也是有要求的。其体积流量为（14±0.5）L/min。建议采用一个常值的 W/A 取三次样，测三次 SN 后取算术平均值。但 W/A 值在每次测量时不可能绝对一样，其要求是（16.2±0.7）kg/m^2。一直到至少三次得出的 SN 在±3 的范围内为止。

文件中也详细规定了取样管线、接头等要保持温度为 333～448 K；规定了样气总容积 V 的测量精度为±2%；温度及压力测量要在总容积测量仪的入口处；压力测量精度为±0.2%；温度为±2 K；样气流量测量［即（14±0.5）L/min］要求精度为±5%。文件对反射率计也有要求。文件详细规定了系统漏气检查、

系统清洁性检查(这一点非常重要)、试验准备、取样步骤以及数据质量的指标。

在冒烟测量中遇到的一个很大的实际问题是,系统的清洁程度(或脏的程度)对测量的影响很大。

在每次试验之前,检查系统已经清洁了,把取样的阀门关掉。假定说,第一个工况点要测冒烟的就是 SN 很高(如 SN=42)的燃烧,这时再打开样气阀,按照规定程序去做,但这样得出的 SN 一定比实际的低。例如,不是 SN=42,而只有 SN=34。原因是有一些烟颗粒物留在取样管线的壁面上(黏壁)了。还可能有另一种情况:前一点的冒烟非常黑,测量的 SN=48,然后把样气阀门关了。现在这一工况的 FAR 降下来了,SN 应该只有 28。但把样气阀门打开,按程序测量,由于系统本来很脏,结果得出 SN=33。这样本来两个工况,SN=42 和 SN=28,有明显的差别,现在变成 SN=34 和 SN=33,就没什么差别了。取样管线越长,弯道曲折越多,这种情况会变得更严重。为此,做冒烟试验一般从 SN 较低的工况开始一步一步往上做,样气阀门也不要关,让气体一直在流动,这样可减少系统清洁(或脏)的影响。还需说明一点,没必要做 SN>50 的燃烧冒烟测量,因为没有什么意义。SN=56 的系统并不见得比 SN=62 的干净。若做 SN=56 的冒烟测量,结果把系统弄脏了;更有害的是,在气态污染物分析仪的前面有一个过滤器,如果取样 SN=56 的"脏"气,很容易把这个过滤器堵塞,结果测量 CO、UHC、NO_x、CO_2 都不准确。因此,凡是测量了 SN>50 的样气,最好要检查一下过滤器是否堵塞。

10.7　气态污染物的测量方法

SAE ARP 1256 最近的一次修订是 2011 年 7 月,从 Rev. C 到 Rev. D 的修订主要在于对碳氢分析仪的设定点温度范围(set point temperature range)作了规定,详见 SAE ARP 1256(Rev. D),其他的没有更改。

该文件规定如何对航空发动机排气(也包括燃烧室排气)进行连续地取样和分析。它与 SAE ARP 1533 不同。SAE ARP 1533 规定的是从测出的 CO、NO_x、UHC 等原始读数(从 SAE ARP 1256 中来)如何导出燃烧效率、EI 污染物、FAR 分析等;SAE ARP 1256 是规定燃气取样系统,用怎么样的仪器,用怎么样的操作程序测量 CO、CO_2、NO、NO_2、总碳氢化合物和水蒸气。该文件并不规定发动机或燃烧室的操作程序,同样不适用于飞行试验中的测量,不适用于发动机开加力的工况。

下面讨论几个技术术语。

火焰电离检测器(flame ionization detector, FID)：氢空气扩散火焰检测装置，它产生一个信号，该信号与进入火焰的碳氢化合物的质量流量成正比，通常认为这与进入火焰的碳氢化合物解离而产生碳离子的数目相关。

非色散红外分析仪(nondispersive infrared analyzer, NDIA)：这种分析仪有选择性地以吸收红外线能量，测量特定的组分。

校正气体(span gas)：一种检验合格的示踪气体混合物，用于常规例行程序如对分析仪器响应的核实与校正。

调零气体(zero gas)：一种检验合格的示踪气体，用以确定给定分析器量程中校正曲线的零点。典型的是用高纯度的氮气或空气，这取决于仪器的种类。

总碳氢化合物：由包括火焰电离检测器的仪器测量的各种类型、各种分子量的所有碳氢化合物的总和。

文件中特别提到仪器性能说明书中说的测量精度是指全刻度。如果测量的值只有全刻度的 20%，那么测量误差可以是说明书上说的误差的 5 倍。

对 CO 及 CO_2 采用非衍射红外(non-diffraction infrared, NDIR)来测量。正如前面提到的，由于 C_2H_4、CO_2、H_2O 的存在，会干扰 CO 的测量；O_2 会干扰 CO_2 的测量。但 SAE ARP 1533 中的修正系数和 SAE ARP 1256(Rev. D)略有不同，应以最新文件为准。

分析仪反响时间：对 NDIR，从引入样气至达到最后读数的 90% 的时间间隔不应超过 10 s。实际上未燃碳氢化合物的仪器最终响应时间比 CO 要长。取读数必须在分析仪的响应时间之后，所以 10 s 是不够的。

总碳氢分析仪：值得提及的是这种仪器的精度，在量程超过 100 ppmC 的全刻度时精度为 ±1% 全刻度；在量程在 10～100 ppmC 的全刻度时精度为 ±2% 全刻度。以上精度以丙烷为校正气体所确定。之所以提到这一点，是因为量程越小，精度越差。所有气体分析仪的使用中，量程的选择都非常重要，最好放在自动量程选择模式(auto range)。

氮氧化物的分析仪是化学荧光分析仪，带有一个 NO_2 转换器分别测量 NO_x 或 NO。这个转换器有催化热反应，使 $2NO_2 \rightarrow 2NO + O_2$，让 NO_2 变成 NO，而不致影响原来已经存在的 NO。如果样气先通过这转换器，化学荧光分析仪得出的就是 NO_x；如果样气不经过转换器而直接进入化学荧光分析仪，得出的是 NO。所以，仪器有一模式转换，必须选择放在 NO 模式，或放在 NO_x 模式。前文提到由 NO_2 向 NO 的转换效率在 90% 以上。如果在分析 NO_x 之前样气已去除水汽，那必须验证在去除水汽过程中并没有损失 NO_x。这样去除水

汽的装置要位于 NO_2 的转换器的下游。因为 NO_2 在水中的溶解性很高,如果没有干燥器,样气在分析仪中的流程温度要保持足够高以避免水汽凝结。

在该仪器中 CO_2、水蒸气的存在会干扰 NO_x 的读数,同样有修正系数。

文件中规定了各分析仪的线性度的检查、FID 的反应最佳化、NO_2 转换 NO 效率的检查、周期性仪器检查、校正气体及调零气体的使用等,此处从略。

文件中提议系统的安排及试验程序是很重要的。特别是样气管线温度要保持在如下范围。

总碳氢:(433 ± 15)K;

CO 及 CO_2 分析仪:(338 ± 15)K;

(没有干燥器);

NO_x:(338 ± 15)K。

在燃烧室试验中测量燃气排放涉及以下几个实际问题。

(1) 在低压比发动机燃烧室慢车状态试验时,如燃烧室压力低于 3 atm,如果取样管线比较长,这时排气压力不够,排气流量太低,结果未燃碳氢分析仪读数不对。这再次说明取样管线不应太长。

(2) 前文提到 NO_x、NO 的分析仪有两种模式。一般在做低污染燃烧试验时只要 NO_x 模式,因为并不需要知道 NO_2 有多少。

(3) 前文提到量程选择是重要的,最好放在自动量程切换(auto range)上。因为多次出现过如下情况:没有放在自动量程上,工况改变,但读数保持 1 052 ppm 不变。实际上这时已经远超出量程了。转换量程发现已经是 1 540 ppm,这样前面若干个数据都作废了。

(4) 尽管文件并没有说 O_2 必须测量,但实际上 O_2 一定要测量。尤其做工业低污染燃烧试验,要求的不是 EI_{CO}、EI_{UHC}、EI_{NO_x},而是换算成排气 15% 氧体积分数情况下的 CO、UHC、NO_x,其换算公式如下。

$$CO_{15\%O_2} = CO_{mea} \cdot \frac{0.21 - 0.15}{0.21 - O_{2\,mea}} \tag{10-11}$$

(5) 燃烧试验中同时有气体污染及有冒烟测量会涉及一个实际问题。冒烟数测量不是在线测量,并不马上就知道结果(只有印痕很黑,那可知一定可见冒烟)。冒烟取了样,留下二个印痕,如果等全部试验做完,再用反射率计算读数去确定 SN,这样并不好。这时如果有一个工况,三个 SN 值分别为 22.1、25.2、28.4,其读数差别超过 ±3,再重复测一次,那就又要重新点火,再开到那个工况,很麻烦。所以经验证明,反射率计要放在冒烟测量过滤纸夹具旁边,取出印痕后马上读数(若不马上读数,过滤纸上的烟颗粒物也会遗落)。等三个印痕都读完(没多少时间),再调整燃烧室工况。读完之前先将燃烧室工况稳在那里不动,印痕读出来如有不合适,可以马上再取印痕。

10.8　微粒物质的测量方法

近年来,关于微粒物质对人体健康以及环境质量的影响越来越多地引起社会公众、环境保护机构以及科学界的关注。现在已清楚,小于微米级的微粒物质,特别值得注意,它们在散射或吸收太阳辐射方面很有效,这当然取决于颗粒物的种类;对云的生成也很重要;它们也是引起人们健康问题的空气污染中的关键。而飞机发动机排出的颗粒物,恰好绝大部分是直径小于 400 nm(即 0.4 μm)的颗粒物(1 μm$=10^{-6}$ m$=10^3$ nm)。

尽管其他的工业、动力装置、运输工具都会排放类似的颗粒物,但飞机发动机排放微粒物质有其特点。

(1) 主要集中于机场及其附近的区域。在美国,有 25% 的机场是在"空气质量不达标"的区域(50 个大机场中有 41 个不达标),于是机场要扩建就很难批准。

(2) 在飞行路线上排放。在巡航的高度,飞机是直接向大气排放非挥发性微粒物质的唯一来源。

现在飞机排放微粒物质是所有排放微粒物质的污染源中了解最少的;而在飞机排放中微粒物质排放又是了解最少的[21]。

为了改变这种局面,美国 NASA 从 2004 年 4 月起专门组织了飞机微粒物质排放试验。这是在 NASA 的 Dryden 飞行研究中心、爱德华特空军基地专门对 DC8 飞机的 CFM562C1 发动机的微粒物质排放进行的研究性试验。研究微粒物质排放随以下因素的变化:发动机工况、燃油组成、排气喷管出口下游的距离。

这里说的发动机工况是指从慢车一直到 85% 或 100% 工况,包括 4%、5.5%、7%、15%、30%、40%、60%、65%、70%、85%、100% 共 11 个工况。实际上,由于在地面上不运动的飞机要开到 100% 最大起飞推力工况有点令人担心,实际上只开到 93% 工况(尽管试验数据点上仍标 100% 工况)。在该工况下,时间只限于 1.5 min。在其他工况下,都有 4 min 时间。

试验的燃油有三种,要检查硫含量和芳香烃含量对气相以及颗粒物排放的影响。首先,基本的燃油是 JP8,由爱德华特空军基地提供,含硫量为 383×10^{-6} (质量分数),芳香烃含量为 17.6%(体积分数)。其次,高含硫量的油用以下方法得到:在基本的燃油输油车中加入大量的叔丁基二硫化物(tertiary butyl disulfide),使燃油含硫量增大到 1595×10^{-6}(质量分数)。如果用同样办法得到高芳香烃含量的油,那么需要大量的芳香烃附加剂,花费太大。最后,在加利福尼亚州各炼油厂进行调研,选了一种 JetA 油,含硫量为 530×10^{-6}(质量分数)(与基本油差不多),而含芳香烃 21.6%(体积分数)。

取样头在飞机右舷的发动机排气喷管出口下游 1、10、30 m 的位置。预计在 10 m 的位置处,发动机排气与周围空气的混合比例为 1:10;而在 30 m 的下游位置处,混合比为 1:30。在 1 m 及 10 m 位置处,有 6 个微粒物质取样头和 6 个气体取样头,这样可以研究排放沿发动机出口截面空间的分布。微粒物质取样头的设计已经考虑到可以在取样头进口的下游引入同轴安排的 N_2 冲淡气体。在 30 m 处,预计样气已经冲淡,所以这里的微粒物质取样头不带稀释气体。

用发动机风扇转速定义发动机的工况。

使用一系列的测试仪器测量气样及颗粒物(此处从略)。在试验时,EPA(美国环境保护局)也自带一套仪器来测量。

试验测量结果概括如下。

1. 气相排放的测量

在 1 m 位置取样测量的 EI_{NO_x}、EI_{CO} 与 ICAO 定型时 CFM562C5 发动机数据相符,此处从略。

2. 微粒物质测量

图 10-8 所示为 2004 年 4 月 20 日在 1 m 位置处用高含硫的燃油由 NASA 的气相取样头 G1 及颗粒物取样头 P3 测量得出的飞机排气微粒物质尺寸分布的比较。测量结果如下。

(1) 总的颗粒物排放。在 1 m 位置处,排放的颗粒物符合正态分布,是单峰的,直径从几纳米到 300 nm。在下游 30 m 处,颗粒物呈典型的双峰分布。其中一个峰对应于非挥发性的颗粒物,大致其峰值在与 1 m 位置处有同样的直径;另一个峰是新的成核的硫化物和有机颗粒,峰值直径小于 12 nm。除了以前定义的污染物指数(EI,即 1 kg 燃油烧掉后,生成多少克的污染物)之外,对微粒物质还有一个 EI_n 指数,即烧掉 1 kg 燃油所产生的微粒物质的数目。在这次试验中 EI_n 的范围为:在 1 m 位置处,低于 1×10^{15} 颗粒物/kg 燃油;在 30 m 位置处,为

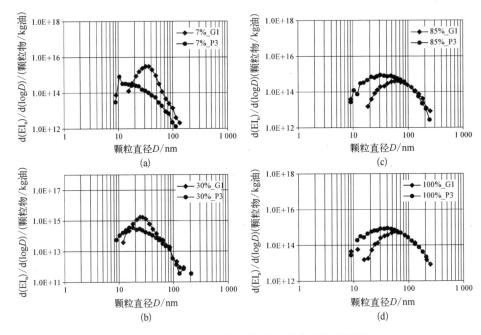

图 10-8 飞机排气微粒物质尺寸分布测试结果

6×10^{16} 颗粒物/kg 燃油。在 1 m 及 10 m 的位置,在中等发动机工况下,EI_n 最低;在 30 m 位置处,慢车时 EI_n 最大,随推力的增大,EI_n 单调减小。在 30 m 位置处,对所有试验的燃油,在较低环境温度时,可以观察到有成核过程,其平均直径小于或等于 10 nm。在 30 m 位置处,总的颗粒数 EI_n 比在 1 m 处高 5~20 倍,说明有大量的新颗粒物生成。在 1 m 位置处,测量得出的 EI_n 值沿着发动机排气柱的直径有很大的变化。在一定的工况下,在排气柱边缘上测的 EI_n 值比在中心处测的 EI_n 值大 10 倍。

另外一种表达微粒物质的参数是 EI_m。这是颗粒质量的 EI,即燃烧 1 kg 燃油产生多少克的颗粒物。还有 EI_{mBC},专门指燃烧 1 kg 燃油产生多少克黑色炭颗粒物。EI_m 和 EI_{mBC} 在低工况时最低,随工况增大而增大。在工况超过 85% 时,数值可超过 0.3 g 颗粒物/kg 燃油。在高工况下,颗粒物质量排放完全由黑的炭颗粒所主导(在所有取样位置)。低工况下,在 1 m 位置,硫化物颗粒物可忽略不计;但在 30 m 位置,取决于工作燃油中的硫含量,可以在总颗粒物质量中占 20% 甚至更多。在 30 m 位置,有机物颗粒物也在质量分数中占重要地位。随着排气柱距离的下移,可挥发性颗粒物的分量明显增大。在 30 m 位置(取决于燃油组成及工况),可挥发性颗粒物在数目上从 50% 至 90% 以上;在质量上占

40％～75％(注意,这里所说的是低工况)。非挥发性颗粒物(主要是黑炭颗粒物)排放是单峰的对数正态分布,尺寸为 3～300 nm(直径)。其平均几何直径大致上与发动机工况呈线性关系增大,在慢车时约 15 nm,到最大工况时约 40 nm。非挥发性的 EI_n 在 0.16×10^{15}～3×10^{15} 颗粒物/kg 燃油。在慢车状态及起飞推力状态时为最大,相应于返场(30％工况)时最小。非挥发性颗粒物的尺寸以及 EI_n 和 EI_m 与燃油组成无关,同时也不随下游取样位置而变。EI_m 的数值随发动机工况呈非线性变化。典型地说,在 4％～70％发动机工况下,小于 20 mg 颗粒物/kg 燃油;在大于 85％工况时,超过 200 mg 颗粒物/kg 燃油。

在下游的位置取样,常包含会在 300℃ 以下蒸发的大量颗粒物。尽管在 30 m 取样位置处,可挥发性的颗粒物是很明显的,但在 1 m 位置处看不到;在 10 m 位置处也几乎测不出。在下游的位置,形成新颗粒物的同时,低挥发性的碳氢化合物以及硫在非挥发性颗粒物表面凝结,增大了这些原来非挥发性颗粒物的直径。在 30 m 位置,可挥发性颗粒物的 EI_n 是非挥发性颗粒物 EI_n 的 5～20 倍,也很大程度取决于硫含量。在高含硫量的燃油的试验中大大地增多。在 30 m 位置处,随发动机工况增大,非挥发性颗粒物 EI_n 增大,而挥发性颗粒物 EI_n 减少,两者结合起来,随发动机工况增大,总的颗粒物 EI_n 减少。

还有一种表达微粒物质排放的参数是 $nvPM_{mass}$,单位 $\mu g/m^3$。CAEP/8 对亚声速涡喷/涡扇发动机的微粒物质排放做了规定。已在 3.4 节阐述,此处不再赘述。

(2) 微粒物质测量的取样问题。研究飞机发动机微粒物质排放目的之一是考查采用普通的气相取样头对带有颗粒物排放的取样是否可行。因为在本章前面部分说到冒烟测量时,已提到烟颗粒物在取样管内有贴壁的问题。现在考虑对带颗粒物排放的取样采用样气冲淡技术——在取样头进口处,恰好下游一点点的位置加入稀释气体,把颗粒物的浓度冲淡,然后在测量后再把已知流量的稀释气体的效应扣除掉。问题是这样的取样(比较麻烦)是否必不可少?

图 10-8 显示在 1 m 的取样位置,在各种工况下,用以下两种取样方法得出的颗粒物尺寸分布是很不一样的。

① 用普通的气相取样头(G1 取样头)直接接到保温的取样管线,在这里冲淡的氮气在取样头进口下游约 15 m 处加入。

② 用颗粒物取样头(P3 取样头),在取样头进口处即加稀释氮气。稀释氮气与样气之比为 4～10 倍,稀释气是同心式地冲淡样气。

在气相取样管中成核作用及凝聚作用增强(颗粒物密度大),在输运过程中损失加大（颗粒物贴壁），使气相取样管得出的 EI_n 和 EI_m 数值与由颗粒物取样头得出的有很大差异。在发动机低工况下，由于成核凝聚作用，气相取样的 EI_n、EI_m 常常高于颗粒物取样头得出的数值[见图 10-8(a)和(b)]。在高工况下，这个趋势相反，即颗粒物取样头得出的 EI_n、EI_m 高于气相取样头的测值[见图 10-8(c)和(d)]。

用颗粒物取样头测出的颗粒物尺寸分布，呈现很规则的对数正态分布，比气相取样头得出的规律得多。这样看来采用特殊的颗粒物取样头带来的耗费和复杂性是值得的。

上述测量已说明对于颗粒物取样（通常说的两相取样），用稀释气体冲淡是必要的。但冲淡比例多少为合适？冲淡比例是指稀释气体与样气流量之比。

为确定恰当的稀释比，重复地进行试验，即同一工况，同一取样位置，采用不同的稀释比，看其结果。在 1 m 的取样位置，稀释比范围为 6～93。结果表明，在 N_2 与样气之比超过 10 时 EI_n 值变化很小；但在稀释比小于 10 时影响较大。尽管试验表明当稀释比为 20～30 时，数据重复性最好，但由于仪器负荷等实际的因素，在整个试验计划中，稀释比保持在 8～13。也就是说，大体上用 10 倍的 N_2 去稀释颗粒物取样，这一点很现实。因为不管在哪里，N_2 都需要另外专门准备。如果稀释比大大增大，如 50，那么 N_2 消耗得太快，同样取样管下游样气流量也会太高。

10.9　燃烧室技术研发试验

这里的研发试验，不同于研究性试验，它的油嘴、空气模、火焰筒冷却室壁等很接近于发动机燃烧室，它的试验是按工况来开的，而研究性试验并不涉及慢车工况、返场工况、爬升工况、最大起飞推力工况、高空最大马赫数巡航工况等。研究性试验最多涉及一个高压、一个低压，而空气温度、油气比与压力完全是不匹配的。但研发试验不一样，它有明确选定的循环及各 ICAO 工况，不能随便开车。因为若随便开车，没法说相对于 CAEP/6 NO_x 减少多少，CO 及 UHC 减少多少。同时，每一工况，其压力、空气温度、FAR、$\Delta p/p$ 都是一定的。要照这样的参数来试验，当然为了作一条曲线：可以在压力、空气温度、$\Delta p/p$ 一定的情况下，改变 FAR，这样有一条性能 FAR 曲线（这是对慢车工况）；或者在压力、空气温度、$\Delta p/p$、FAR 都符合要求的情况下，改变副油比例，这样得出性能副油比例的曲线（对除慢车之外的其他工况）。所以，试验台、试验件设计、试验方法、试验参数、测试数据、测试方法都和研究试验很不一样。

技术研发试验也不同于燃烧室型号试验,两者的区别如下。

(1) 型号的全环形燃烧室带机匣和进口扩压器,是完整的一个燃烧室,而不仅仅是一个环形火焰筒;而技术研发试验有可能不带扩压器。

(2) 型号的全环形燃烧室油嘴从机匣装入,采用的是发动机油嘴,对常规燃烧室意味着每个油嘴带分流阀门(flow divider valve)。

(3) 对于型号的全环形燃烧室,主、副油嘴结合在一个油嘴里带有分流阀门,在燃烧试验台上只有一条油路,一个燃油流量计,只能读出总的燃油流量,无法像技术研发试验测出主油、副油的分配,即不知道主油流量、副油流量分别是多少。

(4) 型号的全环形燃烧室带扩压器,试验参数(控制参数)是燃烧室的总压损失系数,即

$$(p_3 - p_4)/p_3 \tag{10-12}$$

而不是火焰筒的总压损失系数,即

$$(p_{3.1} - p_4)/p_{3.1} \tag{10-13}$$

如果对现存的发动机,只将燃烧室改为低污染燃烧室(这种情况叫retrofit),其他的不动,这时很可能机匣和扩压器是现成的(试验全环形燃烧室带机匣和扩压器)。如果对新发动机,或者是新的技术验证机计划的技术研发,很可能还没有机匣和扩压器,那么试验的全环形燃烧室可能只是一个带油嘴及空气模的全环形燃烧室火焰筒。这时所试验的油嘴不见得完全是发动机上的油嘴,可以是专门给研发试验的主油嘴和副油嘴分开的油嘴。这样的试验台上有两条油路、两个流量计、两个控制活门,分别控制和测量主油流量和副油流量。除慢车工况外,其他各工况下,试验者可以对主副油分配比例独立操纵,以适合技术研发的需要。当然,也可以用发动机上的油嘴来试验,这时势必要带燃烧室机匣和扩压器。在不带扩压器和机匣的全环形燃烧室试验(势必采用贮气罐式的试验段,因而是中、小型的),控制参数是火焰筒的 $\Delta p/p$(%),在做发动机全环形燃烧室试验时,最好模拟放气(如果原来有的话)。总之,技术研发试验不同于研究性试验,也可以不同于型号试验。

10.10　燃烧室试验技术说明

首先要明确燃烧室试验是一门技术,与通常说的测试并非一回事。燃烧室

试验技术应包括以下几项。

（1）需要做哪些试验。这当然得根据研发需要，有 TRL 3、TRL 4、TRL 5 等。到 TRL 6 发动机上的燃烧室试验，往往就不属于技术研发了。

（2）试验设备。特别是燃烧室试验段的设计安排、试验件的设计。

（3）试验方法。具体地说，是试验怎么做，模拟什么，怎么模拟。例如，怎么做模拟高空点火试验；如何做慢车贫油熄火试验。

（4）测试方法。包括测试设备、测试仪器的选用。

（5）试验状况的判别。

（6）试验结果的判别、整理、分析和表达。

从广义上说，试验包括上述各方面，但具体要做哪些试验往往不能一概而论。正常情况下已有一套"规范"和步骤，但可能出现特殊情况。例如，低污染燃烧室研发中出现剧烈的振荡燃烧，就可能需要专门做振荡燃烧的试验。这里不再详细讨论。

试验设备的设计通常不包含在试验技术的概念内，但应包括燃烧室试验件的设计，这一点十分关键，10.10 节将予以讨论。

上述第（3）～（6）点都属试验技术的范畴。

试验方法正确与否直接牵涉到试验结果的可靠性和可用性。以下举两个例子说明。

（1）慢车贫油熄火试验。一般将燃烧室调至慢车工况（燃烧室压力、空气温度、$\Delta p/p$、油气比），然后把油门关小一直到熄火。但开始关小油门的这一点工况很难每次都一样，压力可以高些，油气比可以高些等。注意到随着油门关小，油气比降低，燃烧室压力也在降低，这样到熄火时燃烧室压力可以在很大程度上低于慢车工况。如果空气温度也变化（如高或低 5℃），那么熄火的油气比结果会相当分散，同时降低油量的每一小步也很有关系。有时在 FAR 还是 0.007 时稳定燃烧，操纵手若一步操作太大，就会一下子熄火了。熄火时 FAR 读数为 0.005 8，但显然不能以 0.005 8 作为熄火油气比，只能说在 0.007 至 0.005 8 之间，这样不确定性就太大了，因此笔者做熄火试验时，按以下步骤进行。

① 首先把燃烧室调至稳定的慢车工况，其中进口空气要很稳定，与慢车工况空气温度差控制在 2℃ 以内。

② 采用一步减小油量，一步增大空气量的方法，这样容易保持燃烧室压力恒定，使试验结果的分散度大大降低。

③ 到 FAR＝0.007 之后，每一步（无论油量还是空气量）都非常小，而且都

要稳定 10 s 之后再走下一步。

④ 采用摄像头(空气冷却)直接观察火焰确定熄火。

在采取一系列措施后,仍然每次熄火试验做三次,再取平均值,这三次熄火的 FAR 数值分散非常小,如 0.005 76、0.005 74、0.005 77,这样可以使慢车贫油熄火油气比的数据十分可靠。

(2) 模拟高空点火试验。首先要说明在研发早期就要做模拟高空点火试验,因为在后期其他方面已经定下来了,而如果高空点火通不过,那势必要做改动,就麻烦了。

首先做单模燃烧室的高空点火试验,这时只模拟低压,不模拟低温。因为只模拟低压比较容易,只需要采用引射就可以,引射不加热的也可以,因为单模的流量很小,要至少能抽到 0.30 atm,这样试验至少要拉到 0.4 atm 还能点着。但这时没有考验联焰的情况,与熄火试验一样要用摄像头观察点火。过去通常规定在 10 s 时间内没点火就算点火失败。后来笔者在初期高空点火试验时将这个时长改为 20 s,同时在一次成功点火之后至少需要等待 2 min,让火焰筒壁温降下来(要以壁温热电偶读数确定),否则由于热壁会产生点火改善的假象。

接着进行双头部或扇形(由设备能力决定)的低压、低温高空模拟点火试验。在双头部低温、低压点火试验时可以采用 Andrews 等[13]介绍的由高压空气产生低温空气的装置。如果用扇形燃烧室,可以有膨胀涡轮产生的低温空气。值得说明的是,如果要作一条点火与无点火的边界线,那么必须在同一状态多次重复,这种边界线不是像“楚河汉界”那样分明,同一状态下可能点着,也可能点不着,所以要画两条线,一条线之上是肯定 100% 点着,在这条线之下到下面一条线之间是可能点着的过渡区域,在下面一条线之下是 100% 点不着的范围。

有关测试方法和测试技术,在 10.5 节～10.8 节已有讨论,此处从略。

以下举例说明试验状况的判别。

在试验过程中及时判别该试验是否正常是非常重要的。有一次做全环形燃烧室大工况相当高油气比的燃烧试验(笔者不在场),当结束后打开燃烧室一看,已经严重烧毁,连机匣也部分烧坏。为什么当时不早停车?因为如果一旦发现情况不对就马上停车,火焰筒可能刚刚烧出一个小洞,以后还可以补了再用。等到火焰筒烧坏了一大片,连头部也烧坏了,就完全不可挽救了。随后把试验原始数据(试验时每 3 s 把包括试验操纵的所有参数用计算机存储下来)调出来,发现很早就已经出现不正常情况。例如,正常情况下随着 FAR 增长,燃烧室 AC_D 是变小一点(至少不会增大)。但当时 AC_D 是不断缓慢增大,而燃烧室压力在慢慢降下,只是试验的指挥员及操纵员都未加注意,引发了试验大事故。

按上述所说,是否一旦试验参数出现某些不正常就马上紧急停车? 也不是。因为在大工况下,空气很热,火焰筒的头部、室壁都很热,紧急停车必然带来油嘴堵塞的情况。在笔者的一次试验中,操纵员怕出事故,慌慌张张紧急停车,在停车前副油嘴流量数 FN 为 2.5,在过了 20 min 重新点火起动后,这个副油嘴的流量数 FN 就只有 2.3,这很麻烦,不得不拆下重新洗一下。所以不能随便紧急停车。

有一次燃烧试验,突然燃烧室的 AC_D 增大了近30%,操作员马上停车,认为 AC_D 增大很多,燃烧室估计烧了个大洞。但拆开检查后发现燃烧室完好无损。笔者认为燃烧室压力、空气流量、燃油流量、火焰形状(这可以由摄像机看到)都没有变,只是 $\Delta p/p$ 一下子变得很小,它引起了 AC_D 突然变大,这说明测 Δp 的传感器坏了,所以不应该紧急停车,应该有计划地停车。等到将测压差的传感器拆下,发现的确其膜片破了。以上例子说明在试验现场及时作出正确判断是必不可少的,并有可能立即采取相应措施。

再举一个实际例子。20 多年前某全环形燃烧室试验台建成开始第一次试验。当时同时检验四方面:新建的全环形试验台;新建的空气加热器;新的全环移位机构;新的为推比 8 预研的短环形燃烧室。

试验当天燃烧室火焰烧不起来,只在有点火器的两个位置有火,全环的其他地方火焰传不过去;另外,从移位也能证实只在点火器位置有温升。情况是试验台的进气阀已经关到最小位置,点火空气流是漏气过来的,压气机站的供气压力也没有变动。这就是说,空气流量可认为常值,当时燃烧室进口空气温度超过820 K,火焰仍然无法烧起来,了解情况后笔者即提出建议把空气加热器关掉,让进口空气温度降下来。当时很多人疑问这么热的空气火焰尚且还烧不起来,空气温度降下来怎么可能使火焰环传。问题就出在他们担心火点不起来,一开始就从 500 K 着手,但点火一直不成功。等了很长时间,空气温度已接近室温。笔者让操纵员将燃烧室点火,一次点火即成功,火焰传遍了全环。经过几小时,全部试验完成,燃烧室完好无损。这里为什么降低进口温度反而火焰环起来点火成功,请读者思考。

以下举一实例说明需要对燃烧室试验结果加以判断。

通常燃烧室试验的过程如下。燃烧室设计者做完设计,由设计部门指定专人负责加工、组装,然后送到试验室。设计者编写试验任务书,试验室在做完试验后写出试验报告。要指出的是,这个试验可信不可信,要由设计者自己加以判断。为了能正确判断,设计者必须参与试验全过程。一般来说,不管燃烧结果如何,报告总是说这是燃烧室的"真实表现"。但实际上往往不是如此。在笔者从事研发 15 年多的时间内,出现过相当多的次数,试验报告所说的并非燃烧室的真实表现,而是由台子及试验缺陷所造成扭曲的表象。笔者在 2005 年做过一个低污染燃烧室单模燃烧室低压室温点火试验,可以在 0.34 atm 下成功点火,后因其他原因对该模略微修改。在 2007 年又做了一次同样的试验,此次试验中,该单管燃烧室只可以在室温、0.68 atm、很窄的油气比范围内点火,降至 0.544 atm,就怎么也点不着了。燃烧室试验报告当然说这是燃烧室设计上问题,但该模是笔者设计的,2005—2007 年期间并没有大改,副油嘴没有动,旋流强度没改,火焰筒没有动,因而不可能出现这么大的退步。笔者要求把试验的全部原始数据调出来(燃烧室试验时每 3 s 录取原始数据一次,就是没打印的也都在计算机中存储),发现在 0.95 atm 时,燃烧室 AC_D 与冷态试验时基本相符;在 0.68 atm 时,其 AC_D 就变小了;而到 0.544 atm 时, AC_D 读数比 0.68 atm 时的读数小了 40% 以上;压力再降下一点, AC_D 几乎少了 50%。因为从 0.68 atm 之后没有成功点火,这些数据都没有打印出来。同时检查到燃烧室的压力降与空气流量、压力不对应。这明显说明在压力低于大气压时,空气从外面漏进燃烧室,使实际流过火焰筒的空气流量比由空气流量计读出的要大很多。所以真正的 FAR 比显示的油气比贫很多,压根点不着火,测出的 Δp 是真实的,而流量计读数偏小很多,使 AC_D 偏小,而且压力越低,漏气越厉害, AC_D 就更小(顺便提一下,燃烧室在高压下漏气是往外漏, AC_D 偏大;在低于大气压下漏气是往里漏, AC_D 偏小),后来证明试验台的确有漏气。其原因是试验台的密封垫圈适合高压密封,但不适合真空密封。由此重新组装试验台,再做的点火试验的确改进了不少,但仍与 2005 年的试验结果相差很大。笔者再一次调出全部原始数据,发现点火用副油嘴应该流量数为 2.3。但试验中有时为 2.7,甚至个别时候到 3.3,这说明油嘴有漏油。这是一个贮气罐式的试验台,把试验舱打开,油路通油,的确看出有漏油,又加以改正。于是再做试验,在室温下压力一直降至 0.272 atm(4 psi)仍可以点火,这时因为设备能力限制,压力低不下去了,同时流量太小,流量计读数也不准了。后来在另外一个地方有两个头部的低压、低温模拟高空点火试验台上,确定在进口温度为 −23℃、压力为 0.34 atm 下仍可以顺利点火。同样,由于设备能力有限,无法确定点火边界。由此看出,试验结果的正确判别是很重要的。简单地说,不能看试验室报告怎么说,就全接受了。可以说,实际上试验现场状况的判别以及试验结果的判别是试验技术中最困难的,因为要靠经验。

燃烧室试验结果的分析也有讲究,下面举两例子说明。

(1) 在低污染燃烧的研发中,经常有人将 NO_x 对应预混模 FAR 来作图,这样来表达在燃烧空气比例为恒定或变化不大时是可以的。但显然有以下两种情况,虽然预混模的 FAR 一样,但 NO_x 却有非常大的差别。

① 火焰筒 FAR=0.024,冷却空气 40%,模 FAR=0.04;

② 火焰筒 FAR=0.032,冷却空气 20%,模 FAR=0.04。

(2) 也有不少人喜欢将 NO_x 对应燃烧温度来表达。因为影响 NO_x 的最重要因素是燃烧温度。但以下两种情况虽然燃烧温度一样,但 NO_x 差别非常之大。

① 进气温度为 1 200 K,油气比低,燃烧温度为 1 700 K;

② 进气温度为 700 K,油气比高,燃烧温度为 1 700 K。

说一个极端的情况:进气温度为 1 700 K,出口温度也是 1 700 K,那就没有什么 NO_x。在同样进口温度、不同压力下,用燃烧的 NO_x 相对燃烧温度概括 NO_x,如果是一条曲线,表示压力影响小,燃烧情况好。

10.11 燃烧室试验的设备

要做燃烧试验,必须有相应的试验设备。本节讨论与试验设备有关的问题。只说多年来遇到的实际问题。

1. 基本建设及基本设备

燃烧试验台以一层楼平房为宜。

一个试验间只布置一个试验台,不宜两个试验台挤在一个试验间内,但可以共用同一个操纵间、测量间、燃油箱、加热器;可以有共同的燃气取样系统、燃气分析仪、测冒烟设备、动态压力频谱分析;共用一个水系统、点火电源、点火激励器(exciter)等。一个试验间只布置一个试验台,可以集中搞好一种试验,容易使取样管线长度符合规定。可以用一个操纵间管理两个试验间。

试验间的大小要考虑取样管线不超过 25 m 的要求,太小了会拥挤,太大了也没用。

气源无疑是最重要的,它决定了可试验燃烧室的最大工况。对高压单模燃烧试验台,气源要求压力 60 atm,流量 10 kg/s,进口温度 1 000 K,并要有空气干燥器。含有很多水汽的空气会带来燃烧试验结果需要修正湿度的问题;也会带来空气管道生锈的问题。管道如果是碳钢,将会严重锈蚀,即使是不锈钢,由于长期有水汽,有液态水也会生锈,有可能堵塞过滤器和油嘴(油里也有锈)。如果没有空气干燥装置,每次几个小时的燃烧试验后可在空气管道最低点放出近一加仑[gal, 1 gal(US)=3.785 L, 1 gal(US, dry)=4.405 L]的水。

空气管路及控制阀门要大、小管道,大、小阀门并联。小管道、小阀门用于慢车状态,地面点火,特别是用于模拟高空点火的小流量。

排气管道垂直向上,通过屋顶出去,曾出现过两次大事故。其一,屋顶不能用沥青,不能用油毛毡。因为有一次试验高油气比燃烧,排气喷水不够,排气温度高,又是夏天,排气管伸出屋顶不多,排气管与屋顶之间由金属薄片防漏,结果引起屋顶起火。所以要伸出远一些,绝不能用油毛毡。其二,有一次试验大流量工业燃机燃烧室,又是喷水不够,致使排气管热得通红,第二天满地铁锈皮,因为排气管壁整整去掉了一层,不得不更换排气管。

设备应有排气引射器,最好用热蒸气引射,可试验低压点火。

空气加热器的能力决定了多大流量下进口温度可达多高。要换热器式加热器(用天然气,或用油都可以)和电加热器组合。最好两者都带自动控温,或至少有一个带自动控温。没有自动控温,需要非常有经验的操作人员,并浪费不少试验时间。常因进口温度不稳定而不能取数据。分开两个加热器便于做小流量的试验。

油路是另一个重点。首先油箱不能用碳钢,油中带锈,会产生严重问题。油箱盖要密封,防止灰尘、杂物进入,油箱底部要有泄水开关。油箱中有水,会带来一系列问题:滋生微生物,冬天结冰,结果造成开动油泵时使电机烧坏。油箱油泵若完全置于露天,会使冬天做试验很不方便。

副油路也是大、小并联。小油管、小阀门用于做慢车贫油熄火及模拟高空点火。如果是贮气罐式的台子,油管用水冷软管。

试验台水系统有很多用处:排气喷水降温、做喷水熄火试验、取样头水冷、进油管水冷等。常见的问题是做高压大流量试验或高油气比燃烧室试验时水量不够;水质没经软化,燃烧室下游排气管积大量水垢;取样头水冷效果变差;测试及喷水段的水套由于水垢要常清洗,否则会出现裂缝。

燃烧室排气管道及排气阀门要大、小并联。在做大流量但低压试验时,若出现排气阀全部打开但压力仍下不来的情况,是因为这时管道压力降太厉害。

进气阀、排气阀的可操纵性是常遇到的问题。操纵台上进行操纵时可能阀门没反应,等到有反应了,可能会跳上去(或跳下来)一大块,无法达到要求的精确流量或压力。

油门操纵也有同样的问题。一般来说，很难控制精确流量，尤其是小流量。

试验台除电加热器的电系统外主要是点火器的电系统。应该与飞机上的电系统一样，飞机上点火器电源频率是 440 Hz，所以试验台首先应由市电变到 440 Hz。这个电源并不贵，但如果没有它，点火电嘴无法采用航空电嘴。电系统由市电到电源，然后到激励器，再接到航空点火电嘴，这是做模拟高空点火所必需的。

操纵台上最重要的是用 LabView 控制试验台及数据采集，包括操纵台上打开（或关闭）取样管线的阀门，操纵台上要有污染物、燃烧效率，特别是振荡压力的实时显示。

燃气分析仪是低污染燃烧试验的关键设备。专门做高油气比的全环形燃烧室试验，可能要两套燃气分析系统，要用知名品牌，因为有良好的售后服务，而燃气分析仪常常会出问题。试验台要有地方贮存大量标准校样气瓶，尤其是位于山区的试验台，送一次标准样气并不容易。

基本试验台要专用，所说的高压单模燃烧室台是使用频率最高的，除维修外几乎一年到头没有闲置的时间。只要知道一年中做了多少小时单模燃烧室试验，就可以知道该发动机研究所搞了多少燃烧室技术研发，但有的发动机研究所居然没有高压单模燃烧室台。

2. 试验段

全环形燃烧室（除了很小的燃烧室之外）试验台都是联管式的；而单模燃烧室试验台可以是联管式或贮气罐式。高压单模燃烧室试验台倾向于贮气罐式。以下着重讨论这种形式的试验段。

贮气罐在试验段有几个带有大法兰的门：一个供拆装燃烧室；一个供燃油管道进入；一个装光学窗户，监视上游漏油。然后有若干个小的法兰，供以下用途：下游测试段取样头进出；安装点火器（上游位置和下游位置）；测静态压力、动态压力的出口；热电偶线出口；淬熄的水进口。

排气管转弯处有一法兰及气冷窗户，装下游摄像头。

要试验大流量的燃烧室，其单模燃烧室贮气罐内径为 300 mm 即可。因为压力高，尺寸要尽量小。

试验段下游由大法兰分开。试验燃烧室固定在下段的安装台阶上，然后合拢。

上游有两条水冷供油软管。

上游监视漏油的摄像机镜头在贮气罐外（带光学窗户）。

贮气罐本身可以有水外冷却或有水冷隔热衬套。

取样头、点火电嘴都是伸长型的,从外面伸入。

取样头的设计见图 2-4。利用现成的型材。取样头的冷却若不好,会经常烧坏。

在贮气罐式的试验段上,测动态压力还是用"无限长"管的方法。曾试过用水冷感头,但导线还得装在气冷导管中。联管式的可以用水冷感头直接装到火焰筒表面。这个"无限长"管大致有 20 m 长就够了。在测动态压力时,振频低但振幅高时属于噪声(noise),要除去。

水冷测量段(同时提供下游点火安装)的设计草图见图 2-3,图上尺寸单位为 in。其中有两个"立交"。喷水是顺轴线方向,即与排气流平行,水柱包围了高温排气流,这是最佳喷水降温方式。试验证明将淬熄用水与测试段冷却水合一是正确的措施。

3. 高压单模燃烧室试验的几项考虑

观察上游漏油很有必要。

下游观察熄火,可使慢车贫油熄火试验大为改善。

做返场工况雷雨熄火试验时,在进气管道中喷水或水蒸气,然后换算试验结果(如果要在单模燃烧室试验台上做的话)。

在单模燃烧室试验台上做低压、低温模拟高空点火试验非常合适。其中,低温用涡流管(Vortex Tube)实现,很实用,笔者曾用过 EXAIR 公司的该产品,很满意,价格也不贵,完全可以达到$-30℉$。

在预混主模外壁上热电偶测壁温是监视自燃的有效方法。

在燃烧试验中要保证燃气分析得出的油气比和由流量测量的油气比相符并不很容易,如相差很多,要移动取样头的径向位置。

为了减少试验燃烧室油嘴的沉积,采取下列措施:保证燃油清洁(特别是无锈);用 $2×10^{-6}$ m 的燃油过滤器;如果是贮气罐式的,试验段连到头部的燃油管道是水冷软管内装燃油细管(见图 10-9);每次停车前先将热空气温度降下来,然后切断燃油。让燃烧室保持火焰,直到 T_3 低于 300℉才关闭燃油阀门。

在低污染燃烧试验中,常"不知不觉"地进入高振荡状态,甚至不知道如何退出此状态。这里总结了"小步稳步试车法",即有以下 5 项参数:BIP、BIT、FAR、$\Delta p/p(\%)$、副油(%)。

试车时每次只调一个参数,而且只调一小步,然后观察动态压力,等读数稳定了再前进一小步,否则就退回去。经验证明,这样开车随时可以退回到不危险

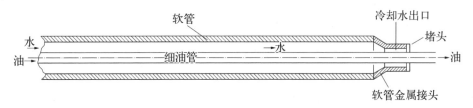

图 10 - 9　水冷油管-软管组合设计草图

的状态。很多开车的人往往同时调几项,结果进入大振,搞不清是哪一步出的问题,也不知道如何"撤退",很快使燃烧室破坏。为了保证顺利试车,采取这样的方法是必要的。

我们要自行设计、研发先进燃烧室技术,必"先利其器",即把燃烧试验搞好。首先搞好一个高压先进单模燃烧室试验台,能进行完整的测试。总之,没有好的燃烧试验,不会有先进燃烧室。

第11章 发动机及燃烧室发展讨论

针对很多读者关心的航空发动机以及航空燃烧室的发展问题,如英、美发动机及燃烧室发展道路、正确设计研发理念、民航燃烧室设计的主要问题以及军航燃烧室发展的技术革新等,本章将进行讨论。

11.1 英国、美国航空发动机发展道路

笔者多年来从事航空发动机的研发,对英、美两国航空发动机的发展有诸多了解,并有亲身经历,概括认为航空发动机的发展道路可如下表述:预先研究→技术研发→型号研发→服役后继续发展。本节将重点讨论技术研发,这可能是目前我国航空发动机发展比较薄弱的地方。

1. 技术研发对航空发动机发展的重要性

在20世纪70年代之前,航空发动机界没有技术研发这个概念。这个概念是1971年英国罗罗公司(Rolls-Royce)破产之后才被提出来的。下面我们就谈谈罗罗公司破产这件航空发动机界惊天动地的大事。

20世纪60年代后期,罗罗公司研发RB211民航发动机。当时在风扇叶片上采用碳-碳复合材料是一个热门话题,但罗罗公司也刚开始研发,还并没有掌握先进技术,但与美国的洛克希德(Lockheed)公司签了合同,用于L1011飞机上。合同规定要用碳-碳复合材料的风扇叶片,并且规定要通过6磅的活鸽子(当时还不是塑料做的模拟鸟)的吞鸟试验,结果到交货时发动机试车台上吞鸟试验怎么也通不过。一方面要付罚款,另一方面又要投入大量研发费用,资金周转不过来,只能申请破产。在破产后三年不到(距现在50多年前)笔者进入安尼斯顿(Ansty)的工业与船用发动机分部(Industrial and Marine Engine Division)实习,人们谈及破产,犹如谈虎色变。很多人不理解,这么大的而且有名的发动机公司,全世界数一数二,怎么会因为小小的风扇叶片而破产。笔者也完全不理解。过了30年,笔者已从事发动机研发多年,又遇到另一大事,这时理解了不掌

握先进技术而上型号发展,的确有破产的风险。

总之,1971 年罗罗公司的破产,告诉航空发动机界的人们——要先掌握了先进技术,才能上型号,否则有破产的风险!

现在 50 多年过去了,世界航空发动机界普遍认识到要先搞技术研发后上型号发展。笔者曾在很早之前看到过有一个航空发动机研发单位发表的文章中有类似这样的表述:要以基础研究及预先研究为依托建立直通发动机型号的桥梁。这就是说,要由预先研究跳过技术研发直接搞型号。但如今几十年过去了,仍坚持预先研究直通型号就不合时宜了。这里最实质的问题是:预先研究是否是型号发展之先? 还是技术研发之先? 美国有一个专门针对国防领域的预先研究单位(每年经费 70 多亿美元),使用科学基金会的开题、报题、选题的管理方法。在不少征求开题通知上有附加说明,要在几年时间可以转换成技术研发,说明预先研究(preliminary research)是在技术研发(technology development)之先。现在广泛认同的预研,包括提出新的理念、确定研发的大方向、提出新的设计方案等,这些都不能直接到型号上去。例如,笔者曾提出了新的一代航空燃烧室的设计方案[22],引起了广泛注意。但这个方案只是预先研究,只有经过大量的技术研发工作才可能真正用到型号上。

以低污染航空发动机的发展为例,在 1975 年 NASA 召开的低污染燃烧技术论证会确定有两条发展路线,一条是贫油预蒸发预混合(LPP)的路线;另一条是富燃-快速淬熄-贫燃(RQL)的路线。这是预先研究。之后经过 20 多年漫长的技术研发,才真正走到型号上。应当说明,发动机型号不是年年有的,搞了几年型号,发展到定型量产服役,型号的发展就告一段落(技术的发展并没就此结束)。大部分发动机公司在没有型号发展时,就算没有国家层面下达的航空发动机技术研发任务,自己也每年抽出一些经费搞自己的技术研发。所以技术研发是长期的积累,并非一朝一夕之功。新的技术长期积累,成熟后才可能放心用于型号上。例如,复合材料的风扇叶片,50 年前导致罗罗公司破产,现在广泛、可靠地用在几乎所有型号发动机上。而现在陶瓷基复合材料在航空发动机上的应用,大多还处于技术研发,再过一段时间可以广泛、可靠地用于型号发动机。综上,由预先研究跳过技术研发直通型号的这条直通路不是现在航空发动机发展的道路。

2. 如何进行航空发动机的技术研发

笔者以美国为例来说明。需要言明,笔者曾亲自参与技术研发计划,而且作为主力队员得到奖状,所说的是实际感受。

　　首先,航空发动机的技术研发由国家层面通过所属研究"国家队"来实施领导(请注意,这里用"领导"两字,不是简单的促进)。这三个"国家队"如下。

　　(1) 空军研究试验室(Air Force Research Laboratory)。这不是一个简单的研究试验室,是一个很大的研发单位(当然不仅研究航空发动机),有非常强的研发技术力量(有一次军方代表团来找笔者了解燃烧室方面的研发。一位年轻上尉军官提出很多问题,水平之高,超过笔者想象,可见他们不是坐办公室的人),有非常好的试验设备,其所属的赖特-帕特森空军基地(Wright Patterson Air Force Base)是专搞航空发动机的,有全环形燃烧室试验台,该试验台不亚于任何一个发动机工厂的设备。他们不坐政府办公室,手上掌握经费,自己研究,主管研发。几十年来军用航空发动机的方向是他们指出的。多个军用航空发动机技术研发计划是在他们的领导下完成的。这是一个对于航空发动机发展非常重要的单位。

　　(2) 国家航空航天局格伦研究中心(NASA Glenn Research Center)。该单位主管民用航空发动机的技术方向及技术研发,同样有很强的研发技术力量,有很强的试验设备。笔者多次在他们的 CE5 燃烧室试验台和 ASCR 燃烧室试验台试验自己设计的燃烧室。该单位同样不是一个政府办公室,手上掌握经费自己研究,也指出方向,是几十年的低污染航空发动机技术研发的领导组织者。

　　(3) 能源部摩根能源技术中心(DOE Morgantown Energy Technology Center)。该单位面向工业燃气轮机的技术研发,笔者没接触过。

　　要说明这几个团队,不搞型号,主要方向不在学科性课题研究,主要进行技术研发(其他国家也有国家层面的研究院,如法国的 ONERA、德国的 DFVLR,进行很多学科性研究课题或单项的技术研发,其作用和影响远不如 AFRL 和 NASA Glenn Research Center 那么大)。

　　这几个"国家队"的功用是什么? NASA 民航发动机低污染技术研发总结性报告(NASA aircraft gas turbine combustor emissions research past, present, and, future)[23]其中有一段政策性的说明如下:NASA 以推进技术研发适应国家的需要——将高风险的技术推向前进或合作开发,技术转移给公众及工业界。这些技术要工业界自己去研发就风险过大或代价太大。

　　航空发动机技术就是这里说的高风险技术中最典型的。这就是说,航空发动机的技术研发,不能国家不管全部推给企业(并没有说企业不研发,实际上就算没有大计划,企业自己也一直在研发)。

3. 航空发动机技术研发的组织和经费管理方式不同于科学基金会

在民用航空发动机的技术研发上，由 NASA Glenn Research Center 选定几家航空发动机公司（如 AST 项目和 UEET 项目时选定 4 个航空发动机公司），一个一个地签研发合同，而不是公开招标。

研发经费各出一半，即 NASA 出一半，公司自己出一半。

不直接与大学签研究合同，由承担研发的公司与相关的大学单独签合同。在 NASA 的总合同中明确与大学合作研发的经费可能为 10% 或 20%，这样做就意味着航空发动机技术研发以发动机研发单位为主，大学为辅，同时吸收大学技术力量参与，使得大学的技术力量汇集到航空发动机技术研发统一的洪流中。

研发合同规定了研发的发动机整机或部件的设计参数。在这点上和型号研发是一样的。参加研发的发动机研发单位有研发大发动机的，有研发中等发动机的，有研发小发动机的。所规定的循环参数是根据所研发的发动机大小而定的。也就是研发单位根据自己所搞的发动机类型、大小，确定自己研发的循环参数。所以研发出来的技术是仅自己可用的，不是泛泛研发什么技术，研发的是自己马上可用的技术。这正是技术研发与科学基金会方式在开题、报题和选题上的重大区别之一。科学基金会方式的重大专项达不到如此具体的发展技术（而且该技术就在设计研发者手中），很可能搞技术研发的技术力量随后就是型号发动机研发队伍的主力（尤其对军航发动机的技术研发）。要知道，别人搞的研究、研发，写了报告，转到设计研发者的手中，请他们去采用，其效果远不如由设计研发者自己搞技术研发，然后自然地自己用到实际发动机上去。

技术研发的结果如何检验、评定？这与科学基金会的方式完全不同，这时主要不是写技术报告，而是在研发队伍按循环参数设计，制造自己做了试验的整机或部件，要到指定设备上去试验。例如，低污染燃烧技术设计燃烧室就在 NASA Glenn Research Center 的燃烧室试验台上由他们的人员操作，做出的试验结果评定是否达到研发合同规定的目标。例如，低污染燃烧技术研发，有两家达到，有两家未达到。

技术研发的成果如何转化到型号发动机上？这是个大问题。民用航空发动机与军航发动机有很大区别。民用航空发动机的型号很大程度上由市场的发展决定。在民航发动机技术研发计划完成后，不见得就有新的型号上马，这时航空发动机公司就把已经取得的技术成果局部地用于改进现有发动机（这很有限）或者航机陆用，即用到工业燃气轮机上。这里引出一个问题，为什么技术研发取得成果要尽量用到型号上去？回答是，取得先进技术要及时在产品上将技术凝固下来,否则过几年,由于人员变动情况变动,这个先进技术就"凉"下来了。军航发动机的情况不同,军航发动机的技术研发成功了,往往可以较顺利地应用到型号上。因为军方不仅是装备的订购者,更是技术推进的组织者,型号发展也很大程度上由军方确定。这里以变循环发动机先进技术研发说明技术开发的组织在几十年时间中有了很大进步。在 IHPTET(Integrated High Performance Turbine Engine Technology)计划 2005 年结束后,有一个 VAATE(Versatile Affordable Advanced Turbine Engines)计划,当时有人抱怨航空发动机太贵了,于是推动一个降低发动机费用并兼顾其他的计划,结果深度研发搞出变循环发动机(价格没降多少)。VAATE 是个大计划,其中一部分叫 ADVENT(Adaptive Versatile Engine Technology)计划,它从 2008 年开始,研发新技术包括一个全环形 CMC 的燃烧室;也做核心机试验,其中包括了 GE 公司的最先进的压气机系统。经过评估,美国空军确定 GE 公司可以得到进一步的经费,一直到 2012 年,为第二阶段。

GE 公司的 ADVENT 计划总经理报道"在第二阶段,要显示好几个关键性的技术,包括以 CMC 为标志的热部件、验证一个高压比的核心机、先进的可变压比的风扇以及 GE 下一代的涡轮冷却""这些技术如果成功验证的话,将用在 GE 的下一代航空发动机上"。这里说的下一代就是新一代第六代战机的新航空发动机,这些先进技术都得到证实(注意是技术验证,不是概念验证!)。

在 2012 年进入第二阶段,开始验证变循环航空发动机。到 2015 年,地面验证机成功,开创航空发动机历史上最高水平的压气机以及最高油气比的燃烧室。到 2016 年就进入向型号过渡(transition),这时提出一个大问题: 向什么型号过渡? 当时第六代战机还没确定什么时候提到日程上来(现在已经确定了,为F47),而这样的先进技术停滞并非好事。于是就提出结合到 F135 发动机上,改进 F135 变成变循环,改装 F35。经过相当激烈的讨论(有反对的,如维护费用会大大增加,机组需要两套机件,两套维护程序,到 2025 年每飞行一小时要 25 000 美元),最后还是决定改进 F135 发动机。

这一变化使发动机技术研发与型号发展计划密切相连接,这是航空发动机发展道路上前进的一大步。这就是 GE 的 XA100 发动机,是三股流的变循环发动机,用于洛克希德·马丁的 F35 战机的改装;也是美空军第六代战机 NGAD(Next Generation Air Dominance)推进系统的基础。GE XA100 的详细性能未公布,只是笼统地说推力为 45 000 lb。2021 年 5 月在俄亥俄州埃文代尔(Evendale Ohio)完成高空台试车,宣布歼击机的动力装置由低涵道比的涡轮风扇进入三股流的变循环发动机。

为什么在这里详细又简明地列出变循环发动机的诞生？那根本不是直通型号跳过技术研发的航空发动机发展道路所能搞出来的。要知道多少年前由普惠公司(Pratt Whitney，PW)研发 F135 以及 GE 和罗罗的美国分公司合作研发 F136 时，GE 提出的总体方案就是变循环发动机，搞了预先研究，证明了变循环发动机方案具有很大的优越性，但是 F136 搞了没多久就完全停下来了，其理由是军方认为变循环发动机方案没有足够的技术研发，不能当作型号来用。

整个的变循环发动机的诞生过程，对航空发动机的发展有以下重大意义。

(1) 再一次证明没有足够的技术研发不能上型号。F136 型号发展停下来是正确的，再一次证明跳过技术发展直通型号不是航空发动机正确的发展道路。

(2) 在 F136 型号发展停下来后，GE 对变循环发动机的技术研发继续进行。军方对变循环发动机技术研发不仅支持，而且是强有力组织领导的进行。

(3) 一个接一个的技术研发计划，连续搞了多年，终于技术验证成功。说明搞技术研发必须有恒心，同时一步一步稳扎稳打(不是概念发展)。

(4) 搞出先进技术，立即结合到型号上去，这一步是很不容易的。这意味着重新定型试车。重新定型过程，意味着组织一个新发动机的生产线(好在与 F135 不在同一个公司)。装备部队有新的一套另备件，新的一套维修程序，耗费很多费用和非常大的工作量。

(5) 这个决定证明了发动机的发展绝对不是止于型号定型、服役。投产服役后要继续发展，甚至是重大的发展。一个航空发动机投入定型生产后几十年不作改进原封不动地生产几十年(如涡喷-6)只能是一种特例情况。现在变循环航空发动机从技术上研发成功了，型号也研发出来了，但价格太贵了，这样还需要继续研发。

4. 英国、美国航空发动机发展道路的差别

第二次世界大战结束时，英国在喷气式航空发动机上位居世界第一。美国的喷气发动机起步是在英国帮助下开始的。1941 年 5 月 15 日英国的 W1 喷气发动机在飞机上进行首次以涡喷发动机为动力的飞行(世界上第一次)；同时研发推力更大的 1 600 lb 的 Whittle 发动机，定名为 W2B。随之，一台 W2B 发动机实物连同整套图纸被送到美国 GE 公司。在 6 个月内 GE 造出两台仿制发动机。1947 年，普惠公司从罗罗公司购买了 Nene 发动机专利，开始其喷气发动机的发展(苏联购买了英国共 25 台早期著名的 Nene 发动机)。可见当时英国的喷气式航空发动机是世界第一。

1943 年,美国 Westing House 公司完全独立自主设计研发了一个喷气发动机,代号为 J30 轴流压气机六级,压比 3.1(这就是当时的水平),推力 1 200 lb,发动机重量 830 lb,推重比 1.64(美国自行设计研发的航空发动机是从推重比 1.64 开始的),用的油不是煤油,而是 100/130 航空汽油。值得说明的是,笔者有机会详细检查该台 J30 发动机,其燃烧室长度经本人实际测量为 48 in(1.22 m),真是长燃烧室! 美国航空发动机也是从买、抄、仿开始的,当时水平很低,是从 20 世纪 50 年代到 70 年代打基础后来才赶上英国。美国的仿制过程有以下情况。

(1) 很快走上独立自主的研发,摆脱仿制的阴影。例如,1954 年就研发出可调压气机叶片,这段时间建起研发需要的试验设备;确定了研发航空发动机的大、中、小几个厂家(Westing House 公司退出了)。

(2) 理顺研发体系。在 20 世纪 50 年代从国家层面推动航空发动机进展的有 NACA(NASA 的前身)在克利夫兰(CIeveland)的刘易斯研究中心(Lewis Research Center, Glenn Research Center 的前身);军方有航空推进动力实验室(Aero Propulsion and Power Laboratory)在俄亥俄州的赖特-帕特森空军基地(Wright Patterson Air Force Base),是研究及技术研发的中心。在 1997 年由 4 个空军实验室及空军科学研究办公室(Air Force Office of Scientific Research)联合起来构成空军研究实验室(Air Force Research Laboratory, AFRL),是很大的研究、技术研发、试验的基地,它有 11 500 位军职、文职及合同工作人员,每年经费 70 亿美元以上,在美国航空发动机的技术研发上有很重要的作用。到 20 世纪 70 年代,研发体系中哪个管预先研究,哪个管推进技术研发(这一点重要),哪个管型号,已经各就各位,这是基础。搞航空发动机的队伍稳定了,有 GE、普惠、DDA(现在英国的罗罗公司),有 Allied Signal、Honey Well(这两家在 1999 年合并了)。

(3) 到 20 世纪 80 年代前搞成了多个精彩的航空发动机,显示与英国并驾齐驱了。例如,由军机转民机的 CF-34、CFM56。尤其是有一个好的发动机,有很多改进、改型,不断地发展。有的成为大受欢迎的发动机。以下用 J79 发动机为例,考查有多少种改型。

J79-GE-2 装在 F-4A 飞机上,加力推力 16 100 lb;

J79-GE-3 装在 YF-104A、F104A 上;

J19-GE-3A 装在 F104B 上;

J79-GE-5A、5B 用于 Convair B-58 HusHer;

J79 - GE - 7、7A 用于 F104C、F104D、F104F；

J79 - GE - 8 用于 F4H - 1(F4B)，加力推力 16 950 lb；

J79 - GE - 10 用于 F - 4J，加力推力 17 900 lb；

J79 - GE - 11A 用于 F - 104G、TF - 104G；

很多 J79 - GE - 11A 发动机在欧洲专利生产，包括 Fiat 等；

J79 - IHI - 11A 由日本专利生产；

J79 - MTU - JIK 由 MTU 在德国专利生产；

J79 - GE - 15 用于 F - 4C、F - 4D、RE - 4C；

J79 - GE - JIE 由以色列专利生产，加力推力 18 750 lb；

……(并未全部列出)

可以看出，从 20 世纪 50 年代开始研发的 J79 - GE - X 到 20 世纪 70 年代已经大幅度提高改进，广泛应用，已经赶上英国航空发动机。

(4) 20 世纪 80 年代后的大发展。20 世纪 80 年代后第一个大发展就是研发 F119 航空发动机。它比 F100 上了一个台阶。F100 用高压 10 级压气机，F119 只用 6 级压气机；高低压涡轮转向相反；去掉一级静子，发动机缩短了；风扇与压气机采用整体叶片转子。F119 由普惠公司在 20 世纪 80 年代初开始研发，到 1991 年被选定定型。开始时和普惠公司同时提出设计方案的有 GE 公司的变循环发动机。军方认为普惠公司的常规方案可靠性高，当时变循环发动机的技术研发还不够，GE 的变循环方案被否了。F119 发动机从以前的 ATEGG (Advanced Turbine Engine Gas Generator)计划以及 JTDE(Joint Technology Demon stration Engine)计划吸取了先进技术。值得注意的是，ATEGG 计划的概念论证是从 1966 年启动的概念研究与可行性实验测试项目(Conceptual Study and Feasibility Experimental Test Program)论证开始的。从 1966 年提出论证，到 20 世纪 70 年代着手技术研发，20 世纪 80 年代进入型号，1991 年型号成功，这就是发展道路的几步走，不是一步直通型号之路。后来发展更快了。F100 的推重比为 7.8(与罗罗公司的 RB199 同一个档次)，F119 的推重比为 9.0。1992 年第一台 F119 地面试车，到 1997 年 9 月装有 F119 的 F22 战机首次飞行。这里强调的是，F119 发动机的成功是建立在 ATEGG 及 JTDE 技术研发的先进技术的基础上的。国家层面的有力的技术研发计划是美国航空发动机成功发展最重要因素。相比较的话，英国发动机就缺乏技术研发，导致罗罗公司 1971 年破产，甚至在 2000 年时关闭了(英国)国家燃气涡轮发动机研究所 (National Gas Turbine Establishment，NGTE)。这里曾是英国研究及研发航空发动机的一个试验研发中心。在其 50 年的生命中,可以说曾经是世界上发动机研发及试验的最大基地之一。Harrier、Tornado 发动机都在这里试验过。而当时英国海军军舰上装的所有发动机都曾在这里做过检查。英国航空发动机道路上的错误导致其在军航发动机上无法与美国抗衡,在民航发动机上勉强维持在世界三强之一。

美国在 20 世纪 80 年代后大发展的第二件大事是 IHPTET 研发计划。这个军方的计划,其中有过头的事,如在 2000 年要把推重比翻一倍,操之过急了。该计划还有一个缺点——涉及面太广,重点不突出。该计划由空军牵头,包括海军、陆军、NASA、DARPA 以及工业界,搞了 18 年,有成绩,但不够理想。正是由于很多参与者带来各自的要求,于是涉及面过于宽广。尽管有不足之处,但IHPTET 计划取得了很可贵的技术进步,体现在 F135 发动机的研发结果。F135 在 F119 之后有大幅度的改进,推力由 35 000 lb 提高到 43 000 lb(F135 - PW - 100),重量由 3 900 lb 降至 3 750 lb,加力推重比由 9.0 提高至 11.5,发动机总的压比提高至 28,涵道比由 0.3 提高至 0.57,特别是燃烧室油气比由 F119 的 0.038 提高到 F135 的 0.046。普惠公司在各方面吸收了 IHPTET 的技术研发结果。例如,其加力燃烧室不再是几十年的传统火焰稳定器及喷油杆;采用了装有雷达吸收性能的陶瓷材料的很厚的曲叶片,喷油和叶片结合在一起,这样加力是隐身的;喷管是向量喷管,特别要说明空军的技术力量非常强。空军主导在航空发动机发展中起了很大的作用。

(5) 近 20 年来的加速发展。美国进入 21 世纪以来在航空发动机上有加速的发展。过去从开始技术研发到掌握了技术可以上型号并开始做发动机的定型工作,大体上需要 20 年时间(如低污染燃烧室和高油气比燃烧室);而近来这个时间正在逐步缩短中,特别是从技术研发过渡到型号发展大大缩短了。

变循环发动机的技术研发已经做了很长时间。从 2008 年开始进入深度技术研发的第一阶段;到 2012 年进入深度技术研发的第二阶段,这时 AETD (Adaptive Engine Technology Demonstrator)计划验证机是变循环航空发动机验证机(请注意这里是 Technology Demonstrator,不是 Concept Demonstrator,绝对不是概念验证);到 2015 年验证机地面试车成功;再到 2016 年就进入向型号的过渡(这就是深度技术研发的所在);2021 年 5 月高空台试车成功。这些都是实打实的发动机技术的发展,决不能说是概念的发展或者概念的成熟。关于变循环发动机的发展全貌,请读者参阅文献[24]。该文献全面、深入地概括了变循环发动机的发展,可以分为 4 个阶段:20 世纪 60 年代初到 70 年代中期的概念探索阶段、20 世纪 70 年代中期到 80 年代末的概念验证阶段、20 世纪 90 年代初到 21 世纪初的概念发展阶段以及 21 世纪至今的概念成熟阶段。其中，第一阶段的确是概念探索阶段，也就是预先研究。后面的三个阶段不再是概念阶段了，应认为是技术研发，只不过是初期的技术研发、中期的技术研发，以及深度技术研发。

发动机先进技术的研发怎么能以概念的演变来表达？概念的演变（无论是概念验证、概念发展、概念成熟）不等于技术研发到技术成熟。概念成熟了还是个概念，概念就是概念，概念绝对不等于设计以及技术发展。

综上，如果不理顺航空发动机的研发体系，航空发动机发展道路不明确，没有国家层面对航空发动机技术研发的领导管理，搞一个科学基金会式的项目，技术力量高度分散，航空发动机研发中心各处涌现，搞几百个攻关课题，这样仍然是行不通的。

11.2　航空发动机设计研发理念

正如前文提到的，有些航空发动机的研发人员坚持从预先研究直通型号研发的理念，中间缺乏技术研发这一步，究其原因，可能是对概念的理解不清。本节就此再次详细阐述预先研究、技术研发、型号研发三者的关系。

1. 预先研究不是型号研发的"预先"，而是技术研发的"预先"

预先研究的英文是 preliminary research，实际上应该叫"初步研究"。这里 preliminary 主要意思是"初步"，因为已经习惯叫预先研究，也就不改了，问题是这个"预先"是在"谁"之"预先"，它可以就在型号研发之"先"吗？

美国有一个机构专门负责国防领域的预先研究，全名是国防高级研究计划局（Defense Advanced Research Project Agency，DARPA）。它包括 6 个技术办公室，一共有 100 名左右研究项目经理，管理近 250 个研究项目。特别注意的是，这些项目经理当然管经费的下达，但他们中每一位都是各自领域的领先者（原文是 at the top of their fields）。这与行政办公室人员大不一样。DARPA 采取"科学基金会"式的报题立项办法，即 DARPA 出选题，各方人士报请批准开题（这是预先研究和科学基金会开题方式）。特别说明，DARPA 开出选题征集报题，其中有一条："该选题要在 5 年时间内转换成技术研发。"

这就明确了，预先研究是在技术研发的"预先"，不是型号研发的"预先"，这是基本概念。

2. 航空低污染燃烧的预先研究

预先研究可以针对整台发动机,如变循环的航空发动机的预先研究;也可以针对某个部件,如低污染燃烧室的预先研究;也可以针对某个单项技术,如专门针对降低耗油率的预先研究。

以航空低污染燃烧为例,其预先研究集中体现在 1975 年由 NASA 刘易斯研究中心召开的燃烧专业会议。该会议由 Lefebvre 写成最终综合报告,成为 NASA 的一个 CP 文件,其中明确 LPP 和 RQL 为航空低污染燃烧的两条路线。在此之后广泛开展技术研发,以 NASA 刘易斯研究中心(后来的 Glenn 研究中心)为代表,先后有小发动机低污染燃烧、民航超声速低污染燃烧及民航亚声速低污染燃烧等。其中以亚声速民航机低污染燃烧最有成效。

当时航空低污染燃烧技术研发分为两个阶段。第一阶段相对于 CAEP/2 有 50% 的 NO_x 减少;第二阶段相对于 CAEP/2 有 70% 的 NO_x 减少。一直到 20 世纪 90 年代开始进入型号研发,而且是先从工业燃气轮机开始的。可以看出,从预先研究到技术研发,经过 10 多年的技术发展才进入型号研发。特别要说明,技术研发阶段的经费下拨不采用"科学基金会"的方式。以亚声速民航机低污染燃烧为例,由刘易斯中心直接选定两个大发动机公司和两个小发动机公司,其中 10% 或 20% 的经费由承担的公司确定协作的大学另外单独签合同搞研发,不采取由各方面各大学自由申报的方式。这里说的低污染燃烧室是经过十多年的技术研发才能上型号研发的。

3. 下一代航空发动机燃烧室预先研究

下一代的航空发动机燃烧室包括压比 70 以上的超高压低污染民航燃烧室以及超高油气比(大于 0.051)的军航燃烧室。笔者在美国航空航天学会(AIAA)推进与能量会议上撰文(AIAA 2018 - 4921、AIAA 2019 - 4327 和 AIAA 2021 - 3452)讨论了下一代的航空燃烧室方案。这些都是预先研究,涉及构思(idea)、设计方案建议(proposal),引起了英美技术界的注意。这里要说明的是,这样一种构思、方案不可能直接拿来进行型号研发,必须要有相当长的技术研发(可以预见这里肯定有这样的技术研发),且若干年后才会有型号研发,不可能搭一个桥梁跳过去。

4. 在技术没有基本掌握前搞型号研发会出现的问题

由 11.1 节可知,20 世纪 60 年代后期,罗罗公司在碳-碳复合材料的技术研发没有过关,其技术并未基本掌握的前提下,与美国的洛克希德公司签订合同,研制碳-碳复合材料风扇叶片的 RB211 民航发动机。到交货日期,那是 1971

年,发动机吞鸟试验通不过,碳-碳复合材料的风扇叶片不过关。一方面要大量投入,继续研发;另一方面要支付罚金。就因为风扇叶片的技术,使罗罗公司没有收入反而需要大量对外支付,从而导致公司破产。

这是一件航空发动机历史上非常著名的大事件,说明一点:必须由技术研发掌握基本技术后才能投入型号研发。其实这种型号研发拖拖拉拉很长时间拿不出发动机的在其他地方也有,只是有国家兜底没有破产而已!事实上破产了也吸取教训,也算是坏事变好事。有的发动机公司没有明确的技术研发,早早开始型号研发(这样可以拿到经费),实际上技术问题一大堆。

有人会问为什么要分出技术研发阶段和型号研发阶段两个阶段,混在一起不行吗?要知道航空发动机公司需要与民航公司、飞机公司签合同(军用航空发动机也类似),靠将自己的产品卖出去来养活自己。型号交付时间一般为三年(很少有五年的),绝对不可能耗费八年、十年,从公司来说进入型号研发阶段的费用支出比技术研发阶段要大很多。所以,必须经历技术研发(费用较低的)阶段,有了技术基础再与飞机公司(或民航公司)或军方签合同,进入型号研发阶段。这时必须速战速决,拖不起(没有国家经费长期兜底)。

5. 近期非常成功的由技术研发转入型号研发的例子

在 21 世纪初有预先研究提出军用航空发动机的变循环方案可能大大改善其性能及工作。2007 年由美国空军和海军(空军为主)发起名为 ADVENT 的变循环发动机的技术研发计划。这是更大的也是非常有名且成功的 VAATE 航空发动机技术研发计划的一部分。

2012 年变循环发动机技术研发进入计划,这时就有验证机了。2015 年 GE 的地面试验机试验得出航空发动机历史上最高纪录的压气机及涡轮的温度。随后在 2016 年进入 AETP(Adaptive Engine Transition)计划。这时开始由技术研发向型号研发的转变。要点是继续为第六代战机发动机研发和试验变循环发动机。而更重要的是将这台变循环发动机马上用到 F135 发动机上,为 F-35 换装发动机。在验证机阶段两家发动机公司都参与了。GE 公司的发动机型号为 XA100,普惠公司的发动机型号为 XA101。到 AETP 计划就逐步转向更为现实的现有发动机的改进。因为一种新的技术产生了,最好有型号将其技术沉积下来或者说凝固下来。第六代战机还不会马上就出来的。所以在 AETP 计划中提出 10% 的推力加大以及 25% 的燃油消耗改进并显著改进余热管理可以在 F135 上实现。到 2018 年进一步技术研发落入新的计划,由美国空军寿命周期管理中心(Air Force Life Cycle Management Center,AFLCMC)给出合同。这时焦点集中在 F-35 的换装,这样 GE 的 XA100 发动机设计变成"F35 改进设计为中心"(同时也有研究可以将这新技术用到 F-15、F-16 和 F-22 的改进更新上)。GE 的 XA100 发动机设计在 2019 年 2 月完成。在 2021 年 5 月在俄亥俄州埃文代尔高空台顺利完成试车。

XA100 变循环发动机可以根据需要用第三股涵道风扇气流改善燃油经济性以及用于冷却放热。需要加大推力时将第三涵道气流引入核心机及风扇。该发动机除了有三股气流的可变循环外,还采用了 CMC 材料使涡轮温度更高,性能得到改善。

从 2007 年技术研发到 2012 年、2016 年、2018 年,可以很明显地表明如何由技术成熟到型号研发。目前 GE XA-100 已经是一款经过试验的型号发动机。这 12 年的时间(2007—2019 年)是成功的技术研发转到成功的型号的范例。正如其他航空发动机的技术研发,经费及力量投入完全放在研发单位,采取的都是适者生存法则。GE 是唯一的获得研发计划并完成 ADVENT 及 AETD 计划的单位。这一段历史有很多可吸取之处。

6. VAATE 以及 IHPTET

首先有人把 VAATE 也称为预先研究,完全是不正确的。IHPTET 开始于 1987 年,结束于 2005 年。从政府方面包括空军、海军、陆军、NASA 和 DARPA。IHPTET 是一个成功的航空发动机技术研发计划,已为 F100 发动机提供技术(装于 F-15 和 F-16)。技术也用于 F119 发动机(装于 F/A-22)以及 F135 发动机。总的来说,着重于高性能由 IHPTET 研发的技术最成功的事例是 F-22 战机在超声速巡航时可不用加力燃烧室。IHPTET 研发的技术给短距离起降和垂直起降(short takeoff and vertical landing,STOVL)的 F-35 战机提供足够的垂直升力。

IHPTET 研发计划已被认为是很成功的技术研发计划,研发了关键性的军用航空发动机技术,也发展了军民两用的技术。它分阶段的确定目标及检验总结为以后的技术研发计划提供经验。总的来说,普惠公司在这个计划中的表现优于 GE 公司。例如,2004 年 6 月,普惠公司完成了大型军用验证机的最后试验,成为 IHPTET 成功的最终典型。该试验机(XTE67/1)特别显示了好的推重比,这使普惠在 F135 超过 GE-罗罗的 F136 而最后得以签约。总的来说,这 IHPTET 计划使美国航空发动机上了一个大台阶。

有趣的是,IHPTET 及 VAATE 的立场文件均由美国航空宇航学会提出的,如" The Integrated High Performance Turbine Engine Technology

(IHPTET) Initiative"(AIAA Position Paper，Aug. 1991)，以及"The Versatile Affordable Advanced Turbine Engines（VAATE）Initiative"（AIAA Position Paper，Jan. 2006）。

VAATE 计划不同于 IHPTET 着重于性能的特色,转而研发各方面的技术要求。计划涉及军航及民航两方面的发动机,实际上仍以军航为重点,包括涡轮风扇/涡轮喷气、涡轮轴/涡桨发动机甚至涉及无人飞行器和发动机。实际上从 2005 年开始以来,最大的成就就是变循环发动机技术的研发成功以及型号发动机的成功。

7. 技术研发与预先研究相混淆的原因

预先研究开始于 20 世纪 80 年代的推比 8 发动机的预研。当时虽然罗罗公司的破产已成为历史事件,航空发动机界普遍认识到先搞技术后搞型号的重要性,但还没有像 IHPTET 及 VAATE 这样有组织有领导的技术研发计划。所以当时取名为推比 8 发动机预研完全可以理解。实际上就燃烧室而言,那是一个技术研发计划。该预研计划设计了一个类似 RB199(从一张简图开始)的蒸发管燃烧室,建设了一个全环形燃烧室试验台,做出了全环形移位机构,完全自力更生地建设了五层楼高的空气加热器等。最终全环形燃烧室试验成功,是非常了不起的成就。

为什么说这实际上不能叫预先研究? 如前所述,搞一个全环形燃烧室,建一个全环形试验台,建一个空气加热器以及全环形移位机构,这都不属于大家公认的预先研究的概念。出于对概念的理解不对,现在还有把技术研发范畴内的东西纳入预先研究的情况。

综上,航空发动机的研发路径已有定论,由预先研究到技术研发,在掌握基本技术后立项型号研发,再定型投产和售后改进。作为航空发动机研究单位,不搞技术研发,由预先研究直通型号研发,这是概念性错误。

11.3　民航燃烧室设计的主要问题

本节是笔者针对民用航空发动机低污染燃烧室设计的主要问题所做出的简单扼要而又明确的讨论,只限于民航燃烧室。虽然高油气比燃烧室的设计在很多方面与本节所述有相同之处,但笔者将在 11.4 节进一步专门讨论高油气比燃烧室设计的相关各方面问题。

本节明确只是"简述",所以不展开详细讨论。笔者曾经提到航空燃烧室的设计与风扇不一样,燃烧室的设计至今仍和研发结合在一起,不可能一旦设计图纸出来,加工制造出来,即可装上发动机去工作。而风扇的设计,现在不需要太多的试验研发。当然,近 20 年来航空燃烧室的发展,使得其设计不再需要很多试凑(try and cut),但仍然离不开试验研发。但为了简便起见,本节只提航空燃烧室的设计研发,同时"燃烧室"三个字之前没有"加力"两个字的均是指主燃烧室,因而本节中燃烧室之前都不必加"主"字。

航空燃烧室设计包括以下两方面:气动热力设计(aero-thermo design)和机械设计(mechanical design)。两者有先后次序,重要性也不同。

无论是技术研发的燃烧室设计还是型号研发的燃烧室设计,都是气动热力在先,机械设计在后。只有气动热力设计做到设计定型(design frozen)才能做机械设计。气动热力设计还没定下来,有的还要改变,怎么能做机械设计? 气动热力设计要做大量的试验研发,机械设计也要做若干试验。例如,燃烧室哪怕有很微弱的振荡燃烧,也要做燃烧室自振频率的测试。

再说重要性。先进的民航低污染燃烧室要发展的是燃烧低污染,那么机匣无论怎么先进设计,用什么材料,都不能与低污染燃烧相提并论。所以决定燃烧室先进水平的是气动热力设计,不是机械设计。这就是为什么通常讲燃烧室设计及其研发,指的是其气动热力设计,而没有提到机械设计(如机匣设计等)。这不是说机械设计不重要,只是燃烧室设计有主次之分,气动热力设计是主要的。

1. 气动热力设计的内涵

对燃烧室的要求以及设计的起始点,已见很多表述,本节从略。先从气动热力设计有哪些内容说起,包括:

(1) 进口扩压器设计;

(2) 空气流路设计;

(3) 燃烧平均油气比(或当量比)的设计;

(4) 空气分配及燃烧区气动热力设计;

(5) 燃油喷射及散布设计;

(6) 油气混合设计;

(7) 火焰稳定及点火设计;

(8) 预防低污染燃烧室不正常燃烧的设计;

(9) 掺混及出口温度分布的设计;

(10) 冷却及火焰筒设计。

以上从(3)至(8)统称燃烧组织设计,是气动热力设计的核心,本节重点讨论这些内容。

2. 燃烧平均油气比(或当量比)的设计

对低污染燃烧室燃烧平均油气比有两种选择：非贫即富。选择其中一种很大程度上取决于该研发团队在技术研发时做的是哪一种，一旦选定很难再改。

所谓贫，就是贫燃预混合燃烧(对液体燃油是LPP)或者贫燃直接混合燃烧。所谓富，就是富燃-快速淬熄-贫燃(RQL)。

研发民航燃烧室不可能离开这个最重要的问题。现在航空及工业燃机低污染燃烧室的主流是贫燃。为达到低的 NO_x，大体上要设计工况平均当量比为0.7，这就决定了燃烧室总的空气中有多少要用于燃烧。例如，如果燃烧室油气比为0.036，那么要达到0.7的燃烧平均当量比，就要有75%的燃烧室空气用于燃烧。这对整个燃烧室的设计起到决定性的影响。如果讨论燃烧室设计，怎么能不讨论这个问题？

对于压比非常高的发动机(如压比70)，不能采用LPP，因为自燃延迟时间太短，没有好处也不可靠。压比非常高的发动机或者对低污染要求不是非常高的燃烧室，可以采用贫燃直接混合燃烧(LDM)。

RQL有其本身致命的弱点，要低污染，燃烧平均当量比要在2.2(仍然要混合的均匀)，而要设计快速淬熄非常困难，实际上淬熄过程不可能无限快，总有一小股是通过化学恰当比燃烧的时间(不可能将化学恰当比跳过去)。如果总油气比再升高，就需要更富，而由此带来出口冒烟问题更不好办，因此笔者不倾向于富燃。

总之，搞民航低污染燃烧室，离不开对贫燃还是富燃问题的选择，这是设计上最重大的问题。

3. 空气分配

空气分配是燃烧室(不仅是航空燃烧室，所有燃气涡轮发动机燃烧室都如此)设计中最基本也是最重要的问题，从事燃烧室研发的人要记住一条：空气流量分配是 AC_D 的分配，不是几何面积 A 的分配，其中 C_D 是各组件的流量系数。

燃烧室各进气通道的流量系数是不相等的。旋流器的流量系数怎么会等于进气孔的流量系数？头部冷却孔的流量系数也不等于火焰筒的冷却孔的流量系数，火焰筒上冷却孔的流量系数也不等于掺混孔的流量系数。总之，假设各部分进气组件的流量系数相等是绝对错误的。几十年来所有流量系数研究以及试验的工作全部白费了！这绝对不是"准确性基本能够被接受"，除非研发人员根本不想好好地搞燃烧室！

对于新的进气组件，没有现成的流量系数试验数据怎么办？例如，笔者提出的复合角切向进气冷却孔(之前没人研发过),必须自己设计试验件,做试验,得出流量系数供设计所用。

对于一些简单几何的进气组件,也可以由 CFD 得出流量系数数值,由试验验证,然后由 CFD 得出更广范围的流量系数数据。

试验测量流量系数的定义为通过进气组件的实际流量与理论流量之比,但有的地方说理论流量为 $\rho_j u_j A_h$,其中 ρ_j 为通过小孔流体的密度,u_j 为小孔内的射流速度,A_h 是小孔的通流面积。所以理论流量为

$$理论流量 = A_h \cdot \left[2\rho_j (p_1 - p_j) \right]^{0.5}$$

特别需要说明的是,这里 p_1 是孔(或组件)上游的总压,而 p_j 是孔(或组件)下游(即出口处)的静压,这个 $p_1 - p_j$ 不是总压损失。因而火焰筒孔的上游总压减下游静压可为 3.2%,而火焰筒开孔的总压损失不会是 3.2%。

总之,空气流量是按 AC_D 分配的,不是按进气组件几何面积分配的,各个进气组件的流量系数是不相等的,AC_D 是设计必知项。

4. 燃烧区气动热力设计

空气动力学设计是燃烧室设计中最基本的内容,除了进口扩压器及环腔流路设计之外(这些不至于对燃烧有很大影响,本节不谈),最主要的是火焰筒燃烧区的空气动力学设计。这一点随着低污染燃烧室的发展有很大变化。搞燃烧室研发的不能只知道扩压器怎么设计,而对低污染燃烧有非常大影响的空气动力学设计不予理会。过去常规燃烧室有部分旋流从头部进入,从主燃孔进入非旋流,而这两部分合起来决定了燃烧区的流态。这时整个燃烧区是一个大回流区,而主燃孔的轴向位置对这个回流区有很大影响,因而主燃孔的大小、位置都要通过几次研发来确定。在低污染燃烧室中全部空气都是从头部进来(先进的冷却设计,可以假设没有冷却空气参与燃烧),所以燃烧区的流态完全由头部进气确定。这对燃烧室设计者是一大好事。但就算如此,低污染燃烧室的设计者只管单个旋流器设计,而不管燃烧区的空气动力学设计是绝对不行的。

低污染燃烧室空气动力学设计中一个最基本的问题是是否选用强旋流。当低污染燃烧室开始研发时,不少设计者认为强旋流有利于油气混合,很多采用强旋流,结果频频出现振荡燃烧,成为发展中一大障碍。笔者吸取这个教训,从开始就采用 35° 的旋流角,没有出现振荡燃烧。特别需要说明,空气进动涡核(PVC)是坏东西,要避免。

低污染燃烧室的空气动力学设计与过去常规燃烧室有很大不同的是不再是

整个燃烧区这一个大回流区,而是有 N 个油气模所生成的 N 个回流燃烧区。这一个变化给燃烧室设计研发者带来非常大的好处。这是一个重要的空气动力学设计的变化。

低污染燃烧室的空气动力学设计上另外一个很重要的点是副模的空气动力学设计起到关键的作用。主模的空气动力学设计的要点是不要干扰副模的空气动力学,是旋流与非旋流的组合。

燃烧室设计研发者不可不见森林,只见单棵树木。不研究如何实现低污染燃烧的战略,不谈低污染燃烧的空气动力学,只涉及单个孔、单个旋流器的设计是不能实现低污染的。

5. 燃油喷射及散布设计

燃油喷射设计无疑是燃烧室设计中一个主要问题。

首先是燃烧室设计者对燃油喷射系统作用的认识。笔者看到有人说"油嘴负责将供入燃烧室的燃油雾化",但身为燃烧室设计研发者,必须说"油嘴不仅是雾化,燃油喷射还要对燃油的散布穿透适合于油气混合负责"。研究雾化的人员可以说油嘴(atomizer)要做的就是雾化(atomization),但作为燃烧室设计研发者就不应该只考虑雾化。

对于民航低污染燃烧室的设计,有一个大问题:为什么不采用成膜式空气雾化油嘴?当然更不会采用双油路油嘴了。对于贫燃预蒸发预混合的低污染燃烧室,副油和副空气模预混(后来发现不预混,直接混合也挺好),如果主油和主空气模要预混(后来发现对超高压不预混也可以),这样主油嘴和主空气模结合在一起,都从机匣装进去。这样总的副、主油气模的尺寸相当大,有一个公司曾用成膜式空气雾化油嘴做研发,那个油气组合体达到八十多毫米的尺寸。这还不算,更差劲的是就这样污染排放还不怎么样。这就是在低污染技术研发计划的进展中需要确定以下内容。

(1) 副油用简单离心油嘴,可以不用预混(这样对点火有利,而又不影响污染排放、燃烧效率)。

(2) 主油用直射油嘴,主油嘴和副空气模、副油嘴组合一体,由机匣装入,而主空气模就固定在头部,不从机匣出入,主油由组合体径向喷入主空气模(这就是必须用直射油嘴的原因)。

民航发动机低污染燃烧室的燃油喷射系统设计的第二个大问题是是否采用主油分级。这个问题是这种燃烧室设计者无法避免的。如果是预混合燃烧室(包括工业燃气轮机燃烧室),如果不采用局部扩散燃烧,那必须用主油(或主气体燃料)分级;如果是直混低污染燃烧室,可以不用主油分级。主油分级有不少麻烦事,尤其是影响可靠性。

民航发动机低污染燃烧室燃油系统设计的第三个问题是一个燃烧室总共用多少个油气模;或者说用多少个副油嘴,多少个主油嘴。这个问题最主要考虑的是点火后的联焰,包括高空点火着火后的联焰,而重量和成本上的考虑(油气模的成本常常是燃烧室成本的三分之一)是第二位的。但最少的数目不是 16,很多不算小的发动机燃烧室完全可以用 12 个油气模;而最多的数目不会是 30,很大的燃烧室用到 24 个油气模也可以了,而且现在的燃烧室设计者不会喜欢 30 这个数目的。

燃油喷射系统设计必须包括燃油散布的设计,这体现在贫燃预混的低污染中。主油是由副油气模组合体径向直射喷入主空气模的。而在直混低污染燃烧室中,主油是带径向角度的直射喷入主空气模的出口下方。

6. 油气混合设计

油气混合设计是低污染燃烧组织设计中的大课题。

我们常常看到燃烧室设计说要油气混合均匀,即油气比分布均匀,似乎这样燃烧就会低污染。其实这个设计理念并不恰当。就算在最大设计工况,整个燃烧区也不是油气比完全均匀的。副油与副空气燃烧要油气比均匀,主油与主空气燃烧要油气比均匀,但整个燃烧区还有一个区域——冷却空气区,那里的油气比最好为零。

至于低工况,如慢车工况,只在副油-副空气燃烧的区域油气比均匀,主空气流动的区域就是油气比为零。在 30% 工况,对主油分级的燃烧,只是副油-副空气的油气比均匀,工作燃烧的主油-主空气模内油气比均匀,在不工作燃烧的主空气模内其油气比为零。所以油气混合的设计理念是:在要燃烧的区域油气比均匀,在不要燃烧的区域油气比零。所以必然是大范围内的不均匀性和要求的范围内的均匀性相结合。

提到正确设计理念的重要性,可以说正确设计理念(正确的概念)是正确设计之母,错误的概念是不会搞出正确的设计的。

对于直混燃烧的低污染燃烧室,其中在低工况(如 30% 工况),设计者故意不让主油和主空气混合,要到大工况了,才让主油和主空气混合(这里主油与主空气恰如牛郎织女,只待大工况才可相见)。

在低污染燃烧室要求油气混合均匀的地方,要遵循油气混合的准则——小尺度混合(small scale mixing)。正是这个小尺度混合使副油-副空气直混燃烧在效率、污染排放上达到与预混燃烧一样的水平。小尺度混合也适用于预混主油-主空气模中的混合。

7. 火焰稳定及点火设计

火焰稳定设计主要是慢车工况及 30% 工况的火焰稳定(对低污染燃烧室大工况火焰稳定不是问题)。讲民航燃烧室设计,不能不提这两种工况的火焰稳定。

慢车工况贫油熄火油气比是评定火焰稳定性指标之一,往往采取以下措施。

(1) 在慢车工况只有副油工作,副油嘴是简单离心油嘴。

(2) 副油-副空气的燃烧以慢车工况为设计工况,这样副油燃烧和主油燃烧不是同一设计工况。

(3) 副油-副空气在慢车工况下以略高于化学恰当比的油气比来设计(如当量比为 1.2),这样设计对慢车工况的 EI_{NO_x} 并没有什么坏影响,而燃烧效率很好,EI_{CO}、EI_{UHC} 很好。注意到起飞着陆循环的 CO 与 UHC 大部分是在慢车工况产生的。

(4) 慢车工况副油嘴的压力降要高,如设计在 8 atm 以上。

(5) 副油嘴雾化锥角为 90°,而副空气旋流器的旋角为 35°,有利于油气混合。

(6) 主空气模的出口内径在径向离开副空气模出口直径有一定距离(减少对副油燃烧的淬熄作用)。

(7) 主空气模由旋流和非旋流组成,非旋流在内侧。

对于民航燃烧室研发人员,慢车贫油熄火绝对是必须考虑的,要求贫油熄火油气比 0.006。下面阐述 30% 工况火焰稳定设计。

30% 工况的火焰稳定性要求是该工况下向燃烧室喷水,在喷水量是燃油流量的 5 倍时,仍然不熄火。

应该说明,这是几十年前民航燃烧室定下的火焰稳定性要求。当时民航飞机已到达机场上空低高度(如 3 000 ft),遇上大暴雨而熄火,这时飞机要拉起也很危险,所以对燃烧室有这样的要求。但是,现在如果机场区域有大暴雨,这时民航飞机早就接到信息,不在该机场着陆了,但燃烧室设计研发者在没得到民航方面的正式通告之前,仍然要达到这样的火焰稳定要求。采取措施如下。

对于预混燃烧室,在 30% 工况时保持副油-副空气燃烧仍在略微高于化学恰当比;工作的主油-主空气模的燃烧要在当量比 0.8 以上。

对于直混燃烧室,副油-副空气燃烧油气比和预混的燃烧室一样;主油的喷射压力降很低,以至于主油并入副油-副空气燃烧。

以笔者的经验,这里的要求实质上是对燃烧室设计及研发者水平的考验。其中可见副油-副空气燃烧设计的重要性。所有工况下火焰稳定关键看副油-副空气的燃烧。

对民航燃烧室地面点火通常不是问题,就是高寒地区也不至于出现大问题。高空点火的问题比军航燃烧室要好多了,因为高空巡航是平飞,没有机动飞行,不会有格斗,不可能发射导弹,所以在低污染燃烧室研发中民航方面允许将可点火高度从 35 000 ft 放宽到 30 000 ft,但对继续要求放宽到 26 000 ft 就坚决不同意了。

高空点火的关键点又在副油嘴的流量数上。设计者选定慢车工况油嘴压力降在 8 atm 以上,按照前述设计副油-副空气模,可预计高空点火没什么问题。

高空点火着火后的燃烧效率的问题,在很早的航空燃烧室研发中是很棘手的。试验检查都在研发的后期,如果达不到 80% 以上的燃烧效率,还得改进(主要是对于军航燃烧室,因为这时燃烧效率 η 太低,影响发动机快速推力提升从而延误战机)。Lefebvre 的做法就是对 θ 组合参数及燃烧效率 η 的试验数据的拟合,他建议:在 θ 与 η 的试验数据的拟合曲线上画一条 80% 的水平线,由该曲线上读出 θ 值,然后把适当的 p_3、T_3 及空气流量 m_A 数值代入,从而选择相应的燃烧室参考面积 A_{ref} 以及火焰筒尺寸 D_{ref}。

现在对于民航燃烧室情况大大不同了。民航燃烧室的高空再点火及着火后效率,可以在研发早期由单模燃烧室模拟高空点火试验以及着火后工况的试验得出其效率。因为现在的燃烧室没有主燃孔空气,没有补燃空气,单模燃烧室试验完全可以代表整个全环形燃烧室的燃烧。以下几项试验研发都可以在单模燃烧室试验台上做:慢车工况贫油熄火试验、30% 工况喷水熄火试验、高空点火模拟试验、高空点火着火后燃烧效率试验。

多年前燃烧室设计就不用这个方法确定燃烧室及火焰筒尺寸,它们早已过时了。

θ 与 η 参数本来就只是用来概括燃烧效率的,而且这种概括因为只限于同一个油气比(或 AFR),要专门做保持油气比为常数的燃烧试验,不是普通研发试验的效率数据可以概括的,因而并不能有大量数据来概括。

θ 参数绝对不可能用来计算燃烧效率,没有这种可能性。在火焰稳定及点火设计(包括高空点火)中,最关键的是副油-副模空气的设计,特别是副油嘴在慢车工况下油嘴压降的设计。

8. 预防低污染燃烧室不正常燃烧的设计

低污染燃烧室,尤其是贫燃预蒸发预混合低污染燃烧室,预防不正常燃烧的设计非常重要,包括预防自燃、预防振荡燃烧和预防回火。这一点对于燃烧室设计绝对不可能回避。本节不谈自燃、回火和振荡燃烧的机理,只谈设计上的考虑,而且是主要的考虑。

1) 预防自燃

在低污染燃烧室的研发初期,设计者总想要在预混合模内 100％ 蒸发,因为预混合模设计得很长,最长的达到 6 in(150 mm),结果全部烧坏。在 NASA 的 AST 及 UEET 低污染燃烧技术研发计划中,笔者专门研究了压比 40 以上发动机的燃烧室预蒸发预混合模就不可能 100％ 蒸发。这就是设计理念正确的重要性,之后预混合模都变短了,先减至 2 in 左右,随发动机压比的继续升高,缩短至 1 in,总之预防自燃最重要的是预混合模缩短,同时保证预混合模进气流场的均匀性。

2) 预防振荡燃烧

在低污染燃烧室研发初期,设计者想象要很好混合,很多人采用高强度旋流,结果纷纷燃烧振荡。其实几十年前研究已证明强的旋流会引起空气进动涡核,几乎可以肯定燃烧必振。所以最主要措施是减小旋流强度,其他的措施还有:

(1) 副油-副空气采用直混燃烧,不用预混;

(2) 火焰筒的总压损失不能太低,如绝对不能低于 2.6％;

(3) 主空气采用非旋和旋流组合;

(4) 不宜把燃烧区的油气比设计得过贫,不能接近贫油熄火。

防止振荡燃烧是 LPP 民航燃烧室的关键所在。

3) 预防回火

不采用强旋流有利于预防回火,但预防回火最主要的措施是无论副空气模或主空气模其进口和出口的 AC_D 永远保持一个准则,即出口 AC_D 明显小于进口 AC_D,所以出口永远类似计量装置(metering device)。空气模在进出口组合起来后有一个有效 AC_D(这也就是设计要求的 AC_D),设计进口的 AC_D 为综合有效 AC_D 的 1.8 倍,然后确定出口 AC_D。值得说明的是,这个空气模的设计准则适用于直混燃烧的空气模以及工业燃机燃烧室空气模的设计。

对于民航低污染燃烧室的设计绝对不能不提以上三个预防设计措施。

9. 火焰筒设计

火焰筒设计涉及以下三点（火焰筒冷却孔的设计在下段"冷却设计"中阐述）。

1) 火焰筒 AC_D 的确定

这点非常重要,确定火焰筒的 AC_D 后,进行空气流量分配。确定从头部进入的燃烧空气的 AC_D、冷却空气的 AC_D 以及掺混空气的 AC_D。对于冷却空气,在确定其流量系数后就确定其几何面积,对掺混空气同样确定其流量系数后确定其几何面积。

对于头部进入的燃烧空气,先设计头部冷却空气量,其余的是主、副空气模的 AC_D。主、副空气模由设计达到相应的 AC_D。

火焰筒总的 AC_D 确定要涉及火焰筒进口总压减去出口静压,怎么确定? 因为起始设计参数中只给定了火焰筒的总压损失。比较正确的办法是,计算火焰筒出口燃烧产物(包括油及气)的流量、燃烧温度,先以总压近似代表静压确定其密度,然后参照同类燃烧室火焰筒出口估计一个出口截面积,以此计算火焰筒出口动压头。然后由出口总压及动压头确定静压。火焰筒总压损失是燃烧室总压损失减去前置扩压器及突扩损失,但火焰筒总压损失系数不是两个损失系数相减。火焰筒内由燃烧加热引起的总压损失一般大于 0.1%。

2) 火焰筒横截面积的确定

使用 A_{ref}、D_{ref} 是 60 多年前的设计了,笔者应用多年的简单可靠的方法(各个公司都有自己所用的方法)如下。

由头部进入的燃烧空气除以用头部上游静压及温度计算的空气密度得出一个平均速度,除以进气温度计算的声速,得出一个马赫数,这个马赫数对民航燃烧室应为 0.02～0.023,在这个范围内,由设计者选取。对大航空燃烧室取 0.023,对工业燃气轮机燃烧室可以取 0.018。

3) 火焰筒中线位置的确定及火焰筒长度的确定

燃烧室进口的位置低,出口的位置高,所以从进口扩压器到火焰筒头部是一条往上的中线,从火焰筒头部到火焰筒出口也是一条往上的中线。这两条中线各往上几度,确定火焰筒的位置,从而确定火焰筒的环高。火焰筒头部的下游表面至出口是火焰筒长度,大致为 8 in。搞燃烧室设计不可能不讨论火焰筒设计的这儿点。

10. 冷却设计

冷却设计是燃烧室设计中重要的、基本的一部分。冷却设计至少包括以下几点。

（1）由空气流量分配得出冷却空气 AC_D，将其分为内火焰筒冷却 AC_D 和外火焰筒冷却 AC_D。按照需要冷却的面积，大致为内 40％ 和外 60％，但因为内火焰筒的冷却结构不如外火焰筒那么有效，所以 AC_D 的分配可以为内 45％ 和外 55％（总之内火焰筒要加权）。

（2）冷却室壁结构的设计。几十年来，从波纹板到机械加工冷却环带，到昙花一现的 Lamilloy 和仍在使用但不怎么样的瓦片式结构，现在大体上都是发散小孔的冷却结构，当然还有新的冷却结构研发中。

（3）室壁材料的选择。值得说明的是，CMC 是室壁材料的发展方向。

（4）冷却孔的排列。由一个外（或内）的火焰筒上冷却空气的 AC_D，在确定孔的流量系数后，就是几何面积的分布。设计周向间距（从前到后各排的周向间距是不一样的，保证每排的周向孔数一样），在轴向间距上可以有等间距设计，也可以有更先进的不等间距设计。

（5）绝热涂料。对民航低污染燃烧室一般不需要。

（6）冷却计算。冷却设计完成后，可以选在单模燃烧室上测取壁温在周向及轴向的分布，以检验冷却计算的结果，并改进、完善冷却计算。本节只说明在燃烧室冷却计算方面，已对 Lefebvre 的计算方法有了很大改进。例如，过去涡喷发动机燃烧室机匣外没有涵道空气，机匣对外只是自然对流，其壁温可近似假设等于 T_3，这样冷却计算简单了；但现在都是涡扇发动机，燃烧室机匣受到风扇气流的对流冷却，此时机匣的温度不能再是 T_3，需要对冷却计算进行改进。总的来说，民航低污染燃烧室冷却问题的解决比军用的高油气比燃烧室冷却问题的解决轻松多了。

本节只讨论民航燃烧室气动热力设计的一些主要问题，没有讨论扩压器的设计，但需要指出的是，扩压器的设计早已不是空气动力学扩压器了，先进的扩压器设计正在研发中；本节也未讨论掺混及出口温度分布的设计。

11. 燃烧室的初步设计内涵的变化

现在先进的民航燃烧室的研发都是在型号研发之前已有相当的技术研发。技术研发的燃烧室都不带扩压器。

在历史上燃烧室的初步设计以画出全环形燃烧室的轮廓图为内容。现在看来这没什么意义，在后来的研发中到处都做修改。现在把初步设计研发定义为"完成单模燃烧室的研发"。这个变化反映了低污染燃烧室在燃烧组织上的巨大变化，即把单模燃烧室研发的重要性大大提高了。

低污染单模燃烧室有很多特点。

（1）油嘴不是发动机型的油嘴。主油和副油都由单独油管供油，这样试验时可以分别单独控制主油和副油。

（2）出口不收敛。这样单模燃烧室的空气流量是全环形的 $1/N$，但其 AC_D 和全环形火焰筒的 AC_D 的 $1/N$ 有小小的差别。

（3）冷却空气、掺混空气在 AC_D 分配上是和全环形燃烧室中的一样，但单模燃烧室的冷却设计与全环形燃烧室的并不一样，掺混也不一样，总之单模燃烧室只研发燃烧组织设计。

所以就算是型号燃烧室的研制，由于型号的压力、温度、油气比、空气总流量、总压损失系数（绝对不是总压恢复系数）这 5 项不可能与技术研发时预定的参数完全一致（尤其是空气流量），所以在型号研发时还是从单模燃烧室研发开始（即从 TRL 3 开始，不可能从 TRL 6 开始）。如果在技术研发中已经做到了 TRL 4，或者对有经验的设计研发者是可以不做四分之一燃烧室的研发而直接进行全环形燃烧室的研发（TRL 5），全环形燃烧室研发这一步（TRL 5）是绝对跳不过去的。所以型号研发燃烧室绝对不可能从 TRL 6 开始。

燃烧室的研发关键是技术研发，技术问题是重点。工程问题在任何研发中总会有的，并不可怕，只有技术问题通不过才需要攻关。技术问题就集中在燃烧组织及冷却两个方面。而冷却也与燃烧组织非常有关。所以燃烧室初步设计（研发）定在把单模燃烧室的研发完成，是很有道理的。不会在型号研发已开始后由于技术问题而大量攻关。50 多年前就是由于技术问题攻关攻不下来，一个很有名的发动机公司宣告破产，而在 20 年前同一公司又由于低污染燃烧的技术研发没有做好，在发动机长试 300～400 h 时出现自燃，而不得不进入紧急攻关的危险境地。这些都说明先进民航燃烧室发展不能没有技术研发。

本节简单扼要地阐述了民航燃烧室设计中的一些主要问题。这些主要点是民航燃烧室设计中绝对不可能不考虑的。

11.4　军航燃烧室发展的技术革新

高油气比燃烧室是涉及军事国防的航空燃烧室最重要发展方向，其发展可分三个阶段。

（1）由 20 世纪 80 年代的预先研究至 FAR＝0.046 燃烧室定型投入服役为第一阶段。这段时间设计者仍基本上采用常规燃烧室的办法设计高油气比燃烧室，遇到很多困难，如无法很好地解决慢车贫油熄火，采用常规方法还会遇到冷却问题,也会出现最大工况燃烧效率不够好(如低于99%)。这样燃烧室虽然搞出来了,但是"凑合"的办法,也已有一些改正,说明需要有新的技术创新,把高油气比燃烧室的发展导向新的高度。这是进一步发展所必需的。

(2) 独立地对FAR=0.051的高油气比燃烧室的预先研究,提出全面的技术创新的设计方案。由此,FAR=0.051的燃烧室的技术研发有了基础。这个新的一代FAR=0.051的燃烧室在若干年后会投入型号研发,是否在发动机上应用,不仅仅取决于燃烧室,还取决于下游涡轮能否接受这样高的温度水平。总之,该第二阶段在技术上前进了一大步。FAR=0.051这个阶段在经过技术研发后肯定可以实现技术创新。

(3) 再下一步是FAR=0.057的燃烧室,为了达到更高的FAR水平,需要更多的技术创新,本文提出一系列的先进设计理念,以进行预先研究。应当说明,并非所有先进设计理念都会由预先研究转入技术研发,有些设计理念尽管先进,但实现起来受到实际情况的限制,一时还不能进入技术研发。总之,技术创新都由设计理念到预先研究,然后到技术研发、型号研发、定型投入服役及役后改进。这是一条技术成熟的道路。对FAR=0.057的燃烧室,现在只处于提出设计理念进入预先研究的阶段。

至于说在达到FAR=0.057之后,是否再提高油气比,这还难以预料。据传统发动机的性能分析,最高油气比可以到0.062。但能否到这么高不仅看需要,还要看可行性。因为涡轮的冷却(无论是导向器叶片还是涡轮叶片)是曲面的冷却,比火焰筒的冷却更为困难。因此,难以形成紧贴曲面表面的冷却气膜保护,所以从燃烧室的设计研发的角度,达到FAR=0.062非常困难,但也不是绝对不可能的。主要难处在于涡轮的接受程度,就是涡轮叶片都采用CMC材料,其冷却仍是极为困难的,所以本节只讨论到FAR=0.057为止。

1. 由研发FAR=0.051燃烧室引起的技术创新

前文已述,Don Bahr几十年前的不成功的预先研究已经表明,完全套用传统的燃烧室设计技术,解决不了高油气比燃烧室发展引起的问题,更不必提Don Bahr当时研发的燃烧室FAR为0.047,而需要提升至FAR=0.051就更行不通了,所以笔者提出的方案必须跳出原来燃烧室的框框,技术有所创新,现在这些创新的预先研究已经完成,可以进入技术研发阶段(有的地方已经开始了)。本节将提供为达到FAR=0.051在燃烧室设计技术上的创新内容。

1) 火焰筒不再有主燃孔(当然不再有补燃孔),火焰筒结构大变

传统上火焰筒主燃区有贫油设计、富油设计及化学恰当比设计三种方案。

对 FAR=0.051 的燃烧室,不可能贫油设计,如果富油设计,燃烧温度高、火焰辐射高(发光因子高),那是极不合理的设计,所以最恰当的是化学恰当比燃烧。

确定 FAR=0.051 的燃烧室要化学恰当比的燃烧,那就需要 75% 的燃烧空气(此外 20% 的冷却空气,余下 5% 为掺混空气)。

按照传统的燃烧室设计,用以下的经验公式计算燃烧空气比例。

燃烧空气比例＝从头部进入的空气的全部＋由主燃孔进入的空气的

一半＋在主燃孔之上游的冷却空气的一半　　　　　(11-1)

这样要达到 75% 的燃烧空气,只能如下安排:头部进入 50% 的空气,主燃孔进入 50% 的空气,即 50%＋0.5×50%＝75%,这样就没有冷却空气了(当然也没有掺混空气了)。所以必须改变这种具有主燃孔的已经几十年的方案。

如果仍继续沿用带有主燃孔的设计又会怎样? 仍然沿用带有主燃孔的设计会引起如下问题:

(1) 慢车工况燃烧时空气太多,慢车贫油熄火很不好。

(2) 这时有人会想到,在主空气旋流器出口加装 L 形导流板,这样慢车工况下参与燃烧的空气就少了,因为主空气旋流器的气体都引向外方,慢车贫油熄火是有所改善。

(3) 但是,在最大工况下,在头部下游参与燃烧的空气严重缺少,发现主空气一直快到掺混孔处才绕回来参加燃烧,这样导致最大工况下燃烧效率会非常差,燃烧效率仅为 97%,而且出口温度分布一塌糊涂,因为火焰拉到出口外。

总之,一句话要全部燃烧空气都从头部进来,由于冷却技术的进步,可以假设前方的冷却空气不参与燃烧,所以空气分配为如下形式。

全部火焰筒空气＝75% 由头部进入的空气＋20% 冷却空气＋5% 掺混空气

(11-2)

2) 副油燃烧所用的空气和主油燃烧所用的空气实行"亲兄弟明算账"

在传统燃烧室中,实际上到底有多少空气真正参与了燃烧是不确定的。式(11-1)实际上是一种假设。笔者很清楚由主燃孔进入的空气回流参与燃烧的肯定少于 50%。所以设计者由燃烧试验的结果推算燃烧空气是少了还是多了。但实际上副油"吃"掉的空气与主油"吃"掉的空气不成比例,也就是说可能副油燃烧是富的,而主油燃烧是贫的,或者反之。这种情况在高油气比燃烧室中是绝对不希望的。在 FAR=0.051 的燃烧室中,不仅是总共一起有多少燃烧空气从头部进入要确定,而且多少空气归副油吃,多少空气归主油吃要确定。

这就是在 FAR＝0.051 的燃烧室中,副油有副油燃烧区"吃"归它所有的空气,主油有主油燃烧区"吃"归它所有的空气,这两个燃烧区不能完全分离开,但要保持一定的距离。所以笔者提出第二个技术创新点就是:副油燃烧和主油燃烧呈现同心圆式的分区,副油燃烧区在中心,主油燃烧区在外围。

这是 FAR＝0.051 燃烧室在设计上的第二个重要技术创新,为以后解决慢车贫油熄火问题打下基础。

3) 并非主副油燃烧都以最大工况为设计点,副油燃烧以慢车工况为设计点

这是 FAR＝0.051 燃烧室第三个技术创新点。传统燃烧室都以最大工况为设计点,这对 FAR＝0.051 的燃烧室不适用,不利于解决慢车工况贫油熄火。

现在副油燃烧以慢车工况为设计点,在慢车工况下只有副油工作(主油不工作)。副油以当量比 1.2 确定副空气的量,再加上其他的设计措施,FAR＝0.051 燃烧室的慢车贫油熄火问题可以妥善解决。请参阅文献[25],其中慢车工况副油嘴(简单离心油嘴)压力降在 12 个大气压以上。因为高油气比燃烧室慢车油气比高,副模旋流器是中等偏弱的旋转强度(如 35°)等设计措施也有助于问题解决,主油-主空气模的设计也有关系,见下文。

4) 不再采用成膜式空气雾化油嘴,采用带斜角喷射的顺喷空气雾化直射油嘴

在常规燃烧室中成膜式空气雾化油嘴的油在进入喷口之前已经过一个非常小的小孔,其压力已经大部分截掉了,真正从喷口出来的油没什么压力降,所以是轻飘飘的,随雾化空气一起流出,没有自己的运动力度。在 LPP 燃烧室中,如果采用成膜式空气雾化喷嘴,由于燃油要和主模空气预混合,而主油与预混合的主空气都必须与副油副空气一起从机匣装入,所以它们尺寸很大,达到 84 mm,这样不可能从机匣装入(机匣削弱得太厉害了),因而 LLP 燃烧室不用成膜式空气雾化油嘴,而是主油和副油-副空气模结合在一起,这几个合在一起尺寸还不大,可以从机匣装入,而主空气模就在头部不动。主油从这个组合体径向喷入主空气预混模,这是 0.051 高油气比燃烧室主油喷射的设计理念的来源,但高油气比燃烧室绝对不能用预混合,更不能用主油分级。

下面说下 FAR＝0.051 高油气比燃烧室主油喷射设计理念的来历。笔者在研发 LPP 低污染燃烧室取得成效后,转而研发不预混的低污染燃烧,即直接混合的燃烧,一开始主油是轴向喷出,在小工况(主油刚打开时)燃烧是很好,火焰稳定,效果很好,因为少量的主油均与副油并在一起燃烧,但当工况增大,燃烧就

不好了,尤其到大工况,主油都集中在中间区域,不与主空气混合,污染排放一塌糊涂,这就是说直接混合燃烧,其主油在刚打开时要与副油合在一起烧,而到大工况时要与主空气不仅见面而且均匀混合,这样笔者就在直接混合燃烧(LDM)的低污染燃烧室采用斜的带角度的径向直射油嘴,斜角度 15°,在小工况时仍然主油与副油合在一起燃烧(由录像显示),随工况加大,主油喷射逐渐径向外移,由于主油的喷射压力降不断加大,其径向穿透不断加大到某个主油喷射压力降时,主油就脱开副油燃烧而与主空气形成自己的燃烧区。在最大工况时,主油与主空气混合相当好,因而污染排放不错(尽管比 LPP 还差一点)。这样就解决在大工况下,主油要与主空气混合良好,在小工况下不要与主空气相混合而不需要主油分级的难题。随后发现主油喷射加一点顺流雾化空气可以帮助刚打开主油时的雾化,对小工况的效率有帮助(有助于加快工况上升时间),也有助于在加大喷射角度以改善大工况时的混合,而不至于过度穿透。这个油气模的主油喷射很巧妙地利用主油流量随工况加大而增大,因而喷射压力降增大,喷射穿透增大的特点解决大工况下要混合均匀而小工况下又不要它与主空气混合,随着工况的加大,逐步地主油与主空气混合这样的设计可以说相当巧妙的,是 0.051 油气比燃烧室第四个技术创新点。高油气比燃烧室油气模的设计方案如图 11-1 所示,其中图 11-1(a)是适合大发动机(空气流量大)的油气模方案,图 11-1(b)是适合小发动机(空气流量小)的油气模方案。

　　5) 主空气模方案

　　这是 FAR=0.051 高油气比燃烧室设计的第五个技术创新点。如图 11-1

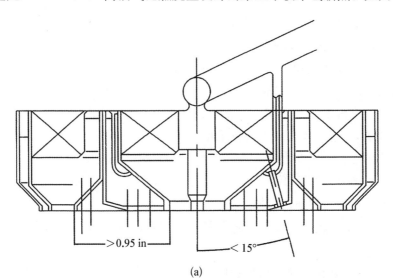

(a)

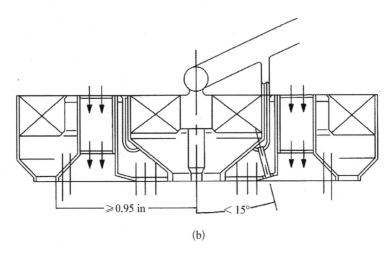

(b)

图 11 - 1　FAR＝0.051 燃烧室的油气模
(a) 大发动机；(b) 小发动机

所示,在主空气模设计上有两处是过去航空燃烧室所没有的。其一,主空气模由旋流空气与非旋流空气两部分组成,这样有利于调控主空气流的旋流强度,尤其是由流动显示表明主空气流与副模空气的回流是擦边而过,"井水不犯河水",这对慢本工况贫油熄火非常有利,非旋流空气约占主模空气的 1/3,安排在主空气模的内侧。其二,主空气模出口是收敛的(副空气模出口也是一样),出口是这条流路上的计量段,特别是主空气模出口环形的内径要距副模出口直径一段距离(如 24 mm 以上),这是解决慢车贫油熄火的又一有效措施。图 11 - 1 特别示出,对于小发动机,因为其空气流量低,需要特殊设计来达到这一点(小发动机也有需要用高油气比燃烧室的)。

　　综上所述,FAR＝0.051 的航空燃烧室在燃烧组织上与常规燃烧完全不一样了,需要强调所述设计技术完全适用于除 LPP 以外的航空燃烧室以及非预混的工业燃气轮机燃烧室(包括气体燃料),如有重型燃气轮机燃烧室的设计,就不用主燃孔了,上述燃烧室设计的技术创新在近 10 年来引导世界燃烧室技术发展。国内的工程所总以为那是针对高油气比的,所以有人至今仍抱着早已过时、十分陈旧的燃烧室理念不放,其实即使油气比低一些,如 0.038 或 0.044,都可以运用本节所述的创新,只是把冷却空气和掺混空气多放一些就是了,那也无妨。总之,航空燃烧室的技术车轮总是滚滚向前,死抱着陈旧落后的东西绝非出路!

　　此外,需要指出的是,高油气比燃烧技术的研究对下游部件的发展有很大影响。

（1）高温涡轮。对导向器叶片的材料及冷却的研发，可以用单模的或四分之一的高油气比燃烧室做供其他部件试验用的燃烧室（slave combustor），而对转子叶片的材料及冷却技术的研发，需要全环形的高油气比燃烧室。

（2）高油气比燃烧室的发展影响到加力燃烧室的设计研发。在 FAR＝0.051 的燃烧室，排气中氧的含量只有 5.2%，而在 FAR＝0.057 的燃烧室的排气中氧的含量只有 3.36%，此时排气中的氧含量过低，几乎无法用于燃烧。因此，可以考虑在涵道中实施加力燃烧。此外，加力燃烧室的火焰稳定器可以采用几何可变的径向设计，替代传统的 V 形稳定器，这不仅显著降低不开加力状态下的总压损失，还减少了油耗。总之，航空发动机热部件的研发需依赖高效油气比燃烧室及其相关技术的创新。

6）新的复合角切向进气冷却设计

要解决高油气比燃烧室冷却问题，先要明确一个概念："冷却问题的解决，不能只靠室壁冷却结构"，因为燃烧组织不好，发光因子高，辐射传热高，再好的室壁冷却结构，壁温也很高，过去传统燃烧室向壁面的辐射换热在 60×10^4 W/m^2，在良好燃烧组织的高油气比燃烧室应该在 30×10^4 W/m^2。

对于室壁冷却设计，也要明确一个概念。室壁冷却的好坏主要在于能否在室壁形成一个贴壁的冷却气膜，而不在于通过壁的材料可以吸收多少热量（如 Lamilloy），也不在于在背面可以由散热器可以带走多少热量（如瓦片式结构）。先进的复合角切向进气冷却设计如图 11-2 所示，已经证实其冷却效果很好，关键是冷却气体螺旋形地绕壁，贴得很紧。

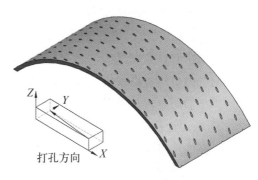

图 11-2　复合角切向进气冷却示意图

2. FAR＝0.057 的燃烧室发展需要新的技术创新

首先要说明 FAR＝0.057 的燃烧并不可怕，因为已经有燃烧实验做到 0.057 5，燃烧效率为 99.3%，但要实现新的技术创新。

1）空气流量分配

如果 FAR＝0.057 燃烧室仍然按化学恰当比设计，则燃烧室空气为 84%，那么没有掺混空气下也只能有 16% 的冷却空气。按照现有的材料（包括 CMC）

及冷却设计,要用低于 20%的冷却空气,那是极其困难的,这样在少一点燃烧空气(燃烧略微比化学恰当比高一点)和多一点冷却空气之间做折中,就将燃烧当量比定在 1.05(燃烧温度略微高一些),而冷却空气调至 20%(燃烧空气 80%)。就在这种情况下,冷却也是很紧张的。对冷却空气要精打细算,就提出以下的创新。

2) 室壁温度均匀化的冷却设计

现在的冷却设计,通常冷却孔的轴向排列都是等间距的,而壁温从前方向后却是先低中间高而后又转低。现在冷却空气十分紧张短缺,就提出一个创新,冷却孔的轴向不需要等间距排列,壁温低的位置少一点冷却空气(壁温上升),而壁温高的位置再多加上点冷却空气(壁温下降),这样就是壁温均匀化的设计。这对减小热应力,延长火焰筒寿命有好处。

3) 没有掺混空气的燃烧室出口油气比分布及出口温度分布设计

前文的空气流量分配中已经没有掺混空气了,这样燃烧室设计者要在没有掺混空气下调控出口油气比分布及温度分布,可能有以下两条途径。

(1) 改变主油喷口的周向分布,由均匀的周向分布改为不均匀的周向分布。

(2) 头部的冷却空气小孔适当集中于需要的径向位置。

4) 连接式放气进口扩压器

在 FAR=0.057,80%燃烧室空气从头部进入火焰筒的情况下,再采用突扩扩压器就没有什么意义了。这时应该把 80%的空气直接从头部进去而少量的冷却空气由扩压器壁放气进入环腔。当然在 FAR=0.051 时,如果连接式放气进口扩压器研发成功可以用上,那也是会有好处的。

5) 采用连接式放气进口扩压器必须改变油嘴的安装问题

可能的途径是在扩压器外壁上开油嘴安装通道。

6) 由计算机控制代替简单弹簧的主油-副油之间的分流活门

现在的分流活门就是简单的一个弹簧,这样打开压力有一个公差范围,同样关闭压力也有一个公差范围。当燃油流量低,燃油调节器压力处在打开、关闭的公差范围内时,有的油嘴可能分流活门还开着,而有的油嘴分流活门已关闭,这会影响可靠性。另外,前文提到由于高油气比燃烧室慢车工况油气比高(现在民航燃烧室在 0.011~0.013,而高油气比燃烧室可以 0.017~0.018),因而慢车副油嘴压力降设计在 12 个大气压以上,由弹簧的分流活门可以假设打开后其压力降大体上等于打开压力(crack pressure)。这样在最大工况时主油嘴压力降就比副油嘴压力降低一截。这与希望最大工况时主油嘴压力降尽可能高不相符,希望在最大工况时分流活门没什么压力降,这样主油嘴压力降与副油嘴压力降一样。

此外,FAR＝0.057 的燃烧室在不同高度、不同马赫数下巡航时最好有适合各工况的主-副油比例。而现在的分流活门在主油嘴流量数、副油嘴流量数一定、总的流量下,主-副油分配比例就由分流活门压力降决定。因此最好研发主-副油分配比例可控的分流活门。

7) 新的点火方法

FAR＝0.057 的燃烧室在高空由于各种不同原因而熄火后,要立即恢复燃烧,恢复发动机的推力,否则将延误战机。

现在的电嘴点火,点火能量源在壁面,而要点火的油气大部分在头部的中间处,两者匹配不合理。最佳的点火方法是设法将点火能量源聚焦在油气的邻近处。

总之,80 年来航空燃烧室的技术始终在向前进,我们只有通过技术创新,而绝不能保守抱着已过时的陈旧而不放,更不能以陈旧的东西指导燃烧室设计。

缩　略　语

AIAA	American Institute of Aeronautics and Astronautics	美国航空航天学会
APU	auxiliary power unit	辅助动力装置
ARP	aerospace recommended practice	航空宇航推荐做法
ASME	American Society of Mechanical Engineers	美国机械工程师学会
APEX	aircraft particle emissions experiment	飞机微粒物质排放试验
BIP	burner inlet pressure	火焰筒进口压力
BIT	burner inlet temperature	火焰筒进口温度
CAD	computer aided design	计算机辅助设计
CAEP	Committee on Aviation Environmental Protection	航空环境保护委员会
CFD	computational fluid dynamics	计算流体动力学
CMC	ceramic matrix composite	陶瓷基复合材料
DAC	dual annular combustor	双环形燃烧室
DLE	dry low emissions	干低污染排放
EI	emission index	污染排放指数
EPA	Environmental Protection Agency	（美国）环境保护局
FAR	fuel air ratio	油气比（燃料空气比）
FN	flow number	流量数
ICAO	International Civil Aviation Organization	国际民航组织
ISA	international standard air	国际标准大气
LBO	lean blow out (off)	贫燃熄火极限
LCF	low cyclic fatigue	低周疲劳寿命
LDI	lean direct injection	贫油直接喷射

LPP	lean pre-vaporized premixed	贫油预蒸发预混合
LTO	landing and takeoff	起飞着陆(循环)
NAAQS	National Ambient Air Quality Standards	(美国)国家环境大气质量标准
NASA	National Aeronautics and Space Administration	(美国)国家航空航天局
RMS	root (of) mean square	均方根
RQL	rich combustion-quick quench-lean combustion	富燃-快速淬熄-贫燃
SAC	single annular combustor	单环形燃烧室
SAE	Society of Automotive Engineers	(美国)自动车工程师学会
SFC	specific fuel consumption	单位燃油消耗率
SMD	Sauter mean diameter	索特平均直径
SN	smoke number	冒烟数
TAPS	twin annular premix swirl	双环形预混旋流模
TRL	technology readiness level	技术成熟程度
UHC	unburnt hydrocarbon	未燃碳氢化合物
WLE	wet low emissions	湿低污染排放

参 考 文 献

［ 1 ］金如山,索建秦. 先进燃气轮机燃烧室[M].北京：航空工业出版社,2016.

［ 2 ］金如山. 航空燃气轮机燃烧室[M].北京：宇航出版社,1988.

［ 3 ］Bahr D W. Technology for the design of high temperature rise combustors[J]. Journal of Propulsion and Power，1987，3(2)：179 - 186.

［ 4 ］Mongia H C. TAPS: A fourth generation propulsion combustor technology for low emissions[C]. AIAA 2003 - 2657, 2003.

［ 5 ］Johnson M R, Littlejohn D, Nazeer W A, et al. A comparison of the flowfields and emissions of a high-swirl injectors and low-swirl injectors for lean premixed gas turbines [J]. Proceedings of the Combustion Institute, 2005, 30(2): 2867 - 2874.

［ 6 ］Guin C. Characterisation of autoignition and flashback in premixed injection systems [C]. RTO Meeting Proceedings, 1999.

［ 7 ］Tacina R R. Low NO$_x$ potential of gas turbine engines [C]. AIAA - 90 - 0550, 1990.

［ 8 ］Leonard G, Stegmair J. Development of an aero-derivative gas turbine dry low emissions combustion system trans of the ASME[J]. Journal of Engineering for Gas Turbine and Power, 1994, 116(7): 542 - 546.

［ 9 ］Lyons V J. Fuel/air nonuniformity-effect on nitric oxide emission[J]. AIAA Journal, 1982, 20(5): 660 - 665.

［10］Liscinsky D S, Colket M B, Hautman D J, et al. Effect of fuel additives on particle formation in gas turbine combustors[C]. AIAA 2001 - 3745, 2001.

［11］Kress E J, Taylor J R, Dodds W J. Multiple swirler dome combustor for high temperature rise applications[C]. AIAA 90 - 2159, 1990.

［12］Folayan C O, Whitelaw J H. Impingement cooling and its application to combustor design[C]. Proceedings Tokyo Joint Gas Turbine Congress,1977, 2: 69 - 76.

［13］Andrews G E, Asere A A, Hussain C I, et al. Impingement/effusion cooling: overall wall heat transfer[C]. ASME 88 - GT - 290, 1988.

［14］全栋梁,刘松龄,李江海,等. 多孔层板冷却有效性的研究[J]. 航空动力学报,2004,19 (4)：520 - 524.

［15］Al Dabagh A M, Andrews G E, Abdul Husain R A A, et al. Impingement/effusion cooling: the influence of the number of impingement holes and pressure loss on the heat transfer coefficient[J]. Journal of Turbomachinery, 1990, 112(3): 467 - 476.

［16］ Kick D R, Guenette G R, Lukachko S P, et al. Gas turbine engine durability impacts of high fuel-air ratio combustors-Part Ⅱ: near-wall reaction effects on film cooled heat transfer[J]. Journal of Engineering for Gas Turbines and Power, 2003, 125(3): 751 – 759.

［17］ Yokichi S. Research and development of a 1 600℃ level combustor with high heat release rate[C]. ISABE 957099, 1995.

［18］ Erp C V, Richam M H. Technical challenges associated with the development of advanced combustion systems[C]. RTO AVT Symposium on "Gas Turbine Engine Combustion, Emission and Alternative Fuels", 1998.

［19］ Lukachko S P, Kirk D R, Waitz I A, et al. Gas turbine engine durability impacts of high fuel-air ratio combustors-Part Ⅰ: Potential for secondary combustion of partially reacted fuel[J]. Journal of Engineering for Gas Turbine and Power, 2003, 125(3): 742 – 750.

［20］ Kendrick D W, Bhargava A, Colket M B, et al. NO_x scaling characteristics for industrial gas turbine fuel injectors[C]. ASME 2000 – GT – 0098, 2000.

［21］ Way C C, Anderson B A, Wey C, et al. Overview on the aircraft particle emissions experiment[J]. Journal of Propulsion and Power, 2007, 23(5): 898 – 905.

［22］ Chin J, Dang J. Technical notes on next generation aero combustor design-development and related combustion research[M]. New York: Nova Science Publishers, 2021.

［23］ NASA aircraft gas turbine combustor emissions research past, present, and future[EB/OL]. [2025 – 03 – 24]. https://ntrs. nasa. gov/api/citations/20230011949/downloads/Hicks_UCIrvine2023SummerSchoolLecture_YRHFinal. pdf.

［24］ 郝旺,刘永泉,王占学,等. 美国自适应循环发动机的发展历程[J]. 推进技术,2024,45(06): 2307021.

［25］ 金如山,曾青华. 高油气比航空燃烧室慢车贫油熄火问题的解决方法(英文)[J]. 推进技术,2024,45(10): 101 – 109.

［26］ Lefebvre A H. Gas turbine combustion[M]. 2nd edition. New York: Taylor Francis, 1999.

［27］ 曾青华,冯大强,邹利民. 燃气涡轮燃烧室基础[M]. 北京: 清华大学出版社,2023.

［28］ Chin J. Design of Aero Engine Lean Direct Mixing Combustor[R]. AIAA 2018 – 4921, 2018.

［29］ Chin J. Suggestions on High Temperature Rise Combustor[R]. AIAA 2019 – 4327, 2019.

［30］ Chin J, Dang J. Design Considerations for Extra High-Pressure Ratio (70) Civil Aero Engine Low-Emission Combustor[R]. AIAA 2021 – 3452, 2021.

［31］ Chin J, Dang J. New generation aero combustor[M]//Taner T, Tiwari A, Ustun T S. Renewable energy — technologies and applications. London: Intechopen, 2021.